高等职业教育轨道交通类专业基础课系列规划教材

电工电路分析基础

李春英　张晓娟◎主　编
孙　凯　张纯伟　胡海燕◎副主编

中国铁道出版社有限公司

２０２２年·北京

内 容 简 介

本书为高等职业教育轨道交通类专业基础课系列规划教材之一。全书共分 11 章,具体内容包括:电路的基本概念与基本定律,线性网络的等效变换、一般分析法和基本定理,单相正弦交流电路,谐振电路,三相电路,非正弦周期电流电路,线性瞬态电路的时域分析,磁路与变压器,常用低压电器与三相异步电动机,电力系统与安全用电,非线性电阻电路等。全书的最后给出了各章习题的参考答案。

本书适合作为高等职业院校轨道交通类、机电类、电力类、计算机类等专业的专业基础课教材,也可作为相关技术人员的参考用书。

图书在版编目(CIP)数据

电工电路分析基础/李春英,张晓娟主编 . —北京:中国
铁道出版社有限公司,2020.10(2022.9 重印)
高等职业教育轨道交通类专业基础课系列规划教材
ISBN 978-7-113-27233-3

Ⅰ. ①电… Ⅱ. ①李… ②张… Ⅲ. ①电路分析-高等职业
教育-教材 Ⅳ. ①TM133

中国版本图书馆 CIP 数据核字(2020)第 163981 号

书　　名:**电工电路分析基础**
作　　者:李春英　张晓娟

策　　划:阚济存
责任编辑:阚济存　绳　超　**编辑部电话:**(010)51873133　　　　**电子信箱:**td51873133@163.com
封面设计:尚明龙
责任校对:王　杰
责任印制:高春晓

出版发行:中国铁道出版社有限公司(100054,北京市西城区右安门西街 8 号)
网　　址:http://www.tdpress.com
印　　刷:北京柏力行彩印有限公司
版　　次:2020 年 10 月第 1 版　2022 年 9 月第 3 次印刷
开　　本:787 mm×1 092 mm 1/16　**印张:**18.5　**字数:**470 千
书　　号:ISBN 978-7-113-27233-3
定　　价:48.00 元

版权所有　侵权必究

凡购买铁道版图书,如有印制质量问题,请与本社读者服务部联系调换。电话:(010)51873174
打击盗版举报电话:(010)63549461

在"十三五"期间,国家要求加快发展现代职业教育,深化职业教育教学改革,全面提高人才培养质量。按照教育部的要求,本着高等职业教育"以立德树人为根本,以服务发展为宗旨,以促进就业为导向"的指导思想,我们在长期"电工基础""电路基础"课程的教学研讨、实践过程中,探索适合专业需求、适合职业人才培养需求的专业技术基础课教学模式,编写了本书。

本书特色:

1. 融教、学、做于一体,培养学生的专业思维、实践技能及职业素质。学生从知道→实践→明白→提升,逐步完成知识体系的构建和技能训练,正确建立理论与实践的联系。

2. 充分考虑了知识体系的完整性,循序渐进。书中每个章节围绕能力目标和知识目标,构建、延伸并拓展相关知识内容,将专业所需的基础能力分解成若干知识点进行教学,不同专业教学选择方便灵活;带"＊＊"的章节为少学时教学提供课外兴趣学习内容。书中含有大量的习题并附有参考答案,方便学习者自学自查。

3. 书中除带"＊＊"的章节外,其他章节都有实作考核评价的内容,方便实施理论与实作分别独立考核评价的教学模式,强化学生的综合能力,促进学生职业道德、职业素养及职业精神的养成。

4. 努力贴近专业、生活及生产实例,增强技术基础课的服务性。

5. 以适量、实用为度,重在理论基础知识的运用,力求通俗易懂。

本书由南京铁道职业技术学院李春英、张晓娟任主编,孙凯、张纯伟、胡海燕任副主编,钟雪燕、张玉洁参与编写。其中,第一章、第四章由胡海燕编写,第二章、第五章由李春英编写,第三章、第九章由孙凯编写,第六章、第七章由张晓娟编写,第八章由张纯伟编写,第十章由钟雪燕编写,第十一章由张玉洁编写,习题、参考答案由张晓娟、李春英编写,实训内容由张晓娟、孙凯、李春英编写。全书由李春英组织并统稿,张纯伟协助。

编写本书时,编者查阅和参考了众多文献资料,在此向相关文献的作者致以最诚挚的谢意。

由于编者水平有限,书中难免存在不妥之处,恳请专家和读者批评指正。

编 者
2020 年 7 月

目 录

第一章　电路的基本概念与基本定律

本章介绍电路与电路模型,电路中的基本物理量(电流、电压、电功率等),电流、电压参考方向,电路的几种基本元件(电阻、电容、电感、独立电源),电路的三种状态和基尔霍夫定律。

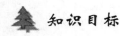 **能力目标**

(1)能识别基本电路元件,并判别元件电流、电压参考方向;
(2)能够对电压、电流、电位和功率进行分析计算;
(3)能够使用直流电流表、直流电压表及万用表;
(4)能正确识别及使用电阻;
(5)能正确连接与测试直流电路;
(6)能够运用基尔霍夫定律分析电路。

 知识目标

(1)了解电路的基本构成以及各部分的作用,熟悉电阻、电容、电感、独立电压源、独立电流源等基本电路元件及性能;
(2)掌握基本电路参数电位、电压、电流的计算以及方向关系;
(3)掌握功率、能量的计算及判断方法;
(4)熟悉电路的通路、开路及短路的三种工作状态;
(5)掌握欧姆定律、基尔霍夫定律,会运用这些定律分析与计算电路参数。

第一节　电路与电路模型

知识点一　电路组成

在日常生活及科研生产、工程实践中,电路已成为现代科学技术应用中不可或缺的组成部分,如各种家用电器、电力系统、通信系统、计算机系统、控制系统、信号处理系统中的各种线路及设备等。

电路是电流的流通路径,它是由一些电气设备和元器件按一定方式连接而成的。实际电路通常由各种电路实体部件(如电源、电阻器、电感线圈、电容器、变压器、二极管、三极管等)组成,每种电路实体部件都具有各自不同的电磁特性和功能。按照人们的需要,把相关电路实体部件按一定方式进行组合,就构成了电路。实际电路主要有以下几方面的作用:

(1)进行能量的传输、分配与转换,例如电力系统中的输电线路;

(2)传送和处理信号,例如通信系统中的传输线路及设备;

(3)测量电路,例如万用表电路(用来测量电压、电流和电阻等);

(4)存储信息,例如计算机系统中的存储电路。

电路有时也称为电网络。

各种电路系统因其实际功能需求不同,电路的构成方式多种多样,但通常主要由电源、负载和中间环节三部分构成。电源是提供电能或信号的器件,它将其他形式的能量转换为电能;电路中吸收电能或输出信号的器件,称为负载,例如电炉、灯泡、电动机等,它们将电能转换为其他形式的能量(如热能、光能、机械能等);在电源和负载之间引导和控制电流的导线和开关等称为中间环节,主要用来实现电能的传输、分配、控制等。图 1-1(a)所示为手电筒的实际电路,包含电源(干电池)、中间环节(开关和导线)、负载(小灯泡)三部分。

 知识点二 电路模型

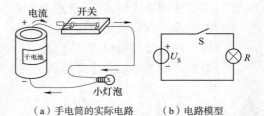

(a)手电筒的实际电路　　(b)电路模型

图 1-1 手电筒实际电路和电路模型

在电路理论中,为了方便实际电路的分析和计算,通常在工程实践允许的条件下对实际电路进行模型化处理。将实际电路器件理想化而得到的只具有某种单一电磁性质的元件称为理想电路元件,简称电路元件。常见的五种理想电路元件为电压源、电流源、电阻、电容和电感。电压源、电流源是提供电能的元件;电阻是一种消耗电能的元件;电感是一种其周围空间存在着磁场而可以存储磁场能量的元件;电容是一种其周围空间存在着电场而可以存储电场能量的元件等。图 1-2 所示为五种典型电路元件的图形符号。

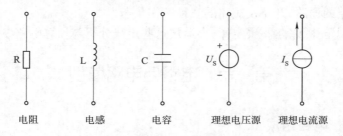

电阻　　　　电感　　　　电容　　　理想电压源　　理想电流源

图 1-2 五种典型电路元件的图形符号

实际电路可以用一个或若干个理想电路元件经导线连接起来模拟,这便构成了电路模型。图 1-1(b)所示为手电筒电路的电路模型,其中干电池用直流电压源 U_S 表示,小灯泡用理想电阻 R 表示,开关用 S 表示,导线电阻忽略不计。

知识点三　电路分类

电路可分为集总参数电路和分布参数电路。

集总参数电路是指电路本身的几何尺寸相对于电路的工作频率所对应的波长 λ 小得多,因此在分析电路时可以忽略元件和电路本身的几何尺寸。例如,我国电力工程的电源频率为 50 Hz(对应的波长为 6 000 km),在这种低频电路中,几何尺寸为几米、几百米甚至几千米的电路都可视为集总参数电路。集总参数电路按其元件参数是否为常数,又可分为线性电路和非线性电路。电路中的各元件参数均为常数,且满足线性性质的电路,是线性电路。线性电路有时也称线性网络。

分布参数电路是指电路本身的几何尺寸相对于工作波长不可忽略的电路。

本书重点介绍集总参数线性电路的分析方法。

第二节　电路的基本物理量

 知识点一　电流及其参考方向

1. 电流的定义

电路中电荷沿着导体的定向运动形成了电流,其方向规定为正电荷流动的方向(或负电荷流动的反方向),其大小定义为在电场力作用下,单位时间内通过导体横截面的电荷量,称为电流强度(简称"电流"),用符号 i 或 $i(t)$ 表示。讨论一般电流时可用符号 i,即

$$i = \lim_{\Delta t \to 0} \frac{\Delta q}{\Delta t} = \frac{\mathrm{d}q}{\mathrm{d}t} \tag{1-1}$$

因此,"电流"不仅表示一种物理现象,同时也代表一个物理量。由式(1-1)可知,电流是时间的函数。在国际单位制(SI)中,时间 t 的单位是秒(s),电荷量 q 的单位是库(C),则定义电流 i 的单位为安(A),常用的电流单位还有毫安(mA)、微安(μA)、千安(kA)等,它们之间的换算关系为

$$1 \text{ kA} = 10^3 \text{ A} \quad 1 \text{ A} = 10^3 \text{ mA} = 10^6 \text{ } \mu\text{A}$$

2. 电流的参考方向

电流不但有大小,而且有方向。

在分析与计算电路时,复杂电路中的电流随时间变化时,电流的实际方向往往很难事先判断,因此,引入了参考方向的概念,即在电路分析中,首先假定一个方向作为某条支路电流的参考方向,在电路图上用箭头表示电流的流向,并依据参考方向进行电路参量的计算。

电流参考方向有两种表示方法:

(1)用箭头表示。箭头的指向为电流的参考方向,如图 1-3(a)所示。

(2)用双下标表示。如 i_{AB},电流的参考方向由 A 指向 B,如图 1-3(b)所示。

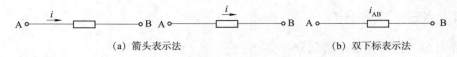

(a) 箭头表示法　　　　　　　　　　　　　　　(b) 双下标表示法

图 1-3　电流的参考方向

当选定的电流参考方向与实际方向一致时,电流计算结果为正值($i>0$);当选定的电流参考方向与实际方向不一致时,结果为负值($i<0$)。图 1-4 所示为电流的实际方向与参考方向之间的关系,其中电流的参考方向是任意选定的方向。

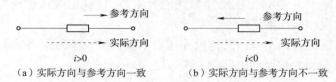

（a）实际方向与参考方向一致　　　　　　　　（b）实际方向与参考方向不一致

图 1-4　电流的实际方向与参考方向

这样,在选定的参考方向下,根据电流的正负值,就可以确定电流的实际方向。

3. 直流电流

如果电流的大小及方向都不随时间变化,即在单位时间内通过导体横截面的电荷量是恒定的,则称该电流为恒定电流,简称直流(direct current),记为 DC 或 dc。直流电流常用大写字母 I 来表示,即

$$I = \frac{Q}{t} = 常数 \tag{1-2}$$

4. 交流电流

如果电流的大小及方向均随时间变化,则称为交流电流,简称交流(alternating current),记为 AC 或 ac。对电路分析来说,最为重要的一种交流电流是正弦交流电流,其大小及方向均随时间按正弦规律做周期性变化。交流电流的瞬时值用小写字母 i 或 $i(t)$ 表示。

知识点二　电压、电位及电动势

1. 电压

（1）电压的定义

电路中 a、b 两点间的电压等于电场力把单位正电荷从 a 点移动到 b 点所做的功,即

$$u_{ab} = \lim_{\Delta q \to 0} \frac{\Delta W_{ab}}{\Delta q} = \frac{dW_{ab}}{dq} \tag{1-3}$$

式中,u_{ab} 为 a、b 两点间的电压,单位为伏(V);Δq 为由 a 点移动到 b 点的电荷量,单位为库(C);ΔW_{ab} 为移动过程中电荷所做的功,单位为焦(J)。

常用的电压单位有千伏(kV)、毫伏(mV)、微伏(μV)等。它们之间的换算关系为

$$1 \ kV = 10^3 \ V \quad 1 \ V = 10^3 \ mV = 10^6 \ \mu V$$

如果电压的大小及方向都不随时间变化,则称为直流电压(又称恒定电压),用大写字母 U 表示。在电路分析中经常用到交流电压,如正弦交流电压(简称"交流电压"),其大小及方向均随时间按正弦规律做周期性变化。交流电压的瞬时值要用小写字母 u 或 $u(t)$ 来表示。

（2）电压的参考方向

电压的实际方向是正电荷在电场中受电场力作用移动的方向。同电流一样，在分析电路时，电压也需要规定参考方向。

电压参考方向有三种表示方式，分别是用箭头表示、用正负极性表示和用双下标表示，如图 1-5 所示。

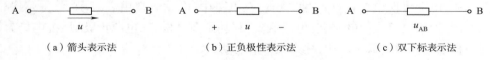

图 1-5　电压的参考方向

电压的参考方向可以任意选择。假设选定某一方向作为电压参考方向，当选定的电压参考方向与实际方向一致时，则电压值为正值（$u>0$）；当选定的电压参考方向与实际方向不一致时，则电压值为负值（$u<0$），如图 1-6 所示。

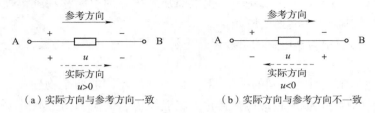

图 1-6　电压的实际方向与参考方向

（3）电压、电流的关联参考方向

在电路分析与计算过程中，可以分别假设电流和电压的参考方向。但为了分析方便，常常将同一元件的电流和电压参考方向选择一致，即规定电流流向电压降低的方向，也就是由电压的"＋"极性端流向"－"极性端，此时称该元件的电压、电流处于关联参考方向，如图 1-7（a）所示；反之，则处于非关联参考方向，如图 1-7（b）所示。

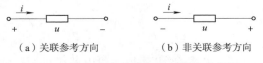

图 1-7　电压、电流关联与非关联参考方向

2. 电位

在电路中任选一点，称为参考点，参考点电位为 0。从电路中某点 a 到参考点之间的电压称为 a 点的电位，记为 V_a。电位参考点可以任意选取，工程上常选大地、设备外壳或接地点作为参考点。参考点在电路图中常用符号"⊥"表示。

在电路中，电压与电位的关系是：电路中任意两点之间的电压等于这两点之间的电位之差。也就是，a、b 两点间的电压等于 a、b 两点间的电位之差，即

$$u_{ab} = V_a - V_b \tag{1-4}$$

当 a 点电位高于 b 点电位时，$u_{ab}>0$；反之，当 a 点电位低于 b 点电位时，$u_{ab}<0$。参考点选

得不同,各点电位会有所不同,但两点间的电位差不会改变。

一般规定电压的实际方向由高电位点指向低电位点,也就是电压降的方向,即电位降低的方向。

3. 电动势

电动势是用来表征电源产生电能大小的物理量,反映的是电源把其他形式的能转换成电能的本领,电动势使电源两端产生电压。在电路中,电动势常用 E 表示,单位是伏(V)。在电源内部,把正电荷从低电位点(电源负极)移动到高电位点(电源正极)反抗电场力所做的功与被移动电荷的电荷量之比,称为电源的电动势,即

$$E = \frac{W}{q} \tag{1-5}$$

式中,W 为电源力移动正电荷所做的功,单位为焦(J);q 为电源力移动的电荷量,单位为库(C)。

例如:电动势为 6 V 说明电源把 1 C 正电荷从负极经内电路移动到正极时电源力做功 6 J,有 6 J 的其他其形式能转换为电能。

电动势的方向规定为从电源的负极经过电源内部指向电源的正极,即与电源两端电压的方向相反。

电动势和电压虽然具有相同的单位,但它们是本质不同的两个物理量。电动势是电源具有的,是描述电源将其他形式的能量转化为电能的物理量;电压是反映电场力做功的物理量,就是将电能转化为其他形式能的能力。

 知识点三　电功率与电能

1. 电功率

在电路分析中,功率和能量的计算也是非常重要的。当电场力推动正电荷在电路中运动时,电场力做功,电路吸收能量。电路在单位时间内吸收的能量称为电路吸收的电功率,简称功率,用 p 或 P 表示,即

$$p = \frac{\mathrm{d}W}{\mathrm{d}t} \tag{1-6}$$

也可以用电压、电流的关系来描述,也就是一段电路上的功率,与这段电路两端电压和流过电路的电流成正比。

一个电路最终的目的是电源将一定的电功率传送给负载,负载将电能转换成其他形式的能量,即电路中存在发出功率的器件(供能元件,也就是电源)和吸收功率的器件(耗能元件)。习惯上,通常把耗能元件吸收的功率写成正数,把供能元件吸收的功率写成负数,而储能元件(如理想电容、电感元件)既不吸收功率也不发出功率,即其功率 $p = 0$。通常所说的功率 p 又称有功功率或平均功率。

通常,在电压和电流关联参考方向下,电路吸收的功率取

$$p = ui \tag{1-7}$$

在电路分析与计算时,若计算结果为 $p > 0$,则说明电路实际在吸收功率;若计算结果为 $p < 0$,

则说明电路实际在释放（发出）功率。

若电路分析时,某元件的电压和电流在非关联参考方向下,则此时电路吸收的功率为

$$p = -ui \tag{1-8}$$

按此规定,若求得 $p>0$,则仍表示电路实际在吸收功率;若 $p<0$,则表示电路在释放功率。

在 SI 制中,功率的单位是瓦特,简称瓦（W）,能量的单位是焦（J）,即 1 W = 1 J/s。常用的单位还有千瓦（kW）、兆瓦（MW）和毫瓦（mW）等。

在直流情况下,功率可表示为直流电压 U 与流过电路的直流电流 I 的乘积,即在电压、电流关联参考方向下,直流功率为

$$P = UI \tag{1-9}$$

【例1-1】　如图 1-8 所示,已知测得某二端元件的电压、电流分别为 $I = 0.5$ A,$U = -2$ V,计算功率并判断该元件是释放功率还是吸收功率?

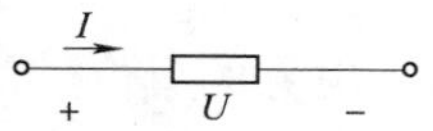

图 1-8　例 1-1 图

解　从图中可以看到该元件的电流、电压为关联参考方向,因此功率应该按照式（1-7）来计算,即

$$P = UI = -2 \text{ V} \times 0.5 \text{ A} = -1 \text{ W}$$

因为 $P<0$,因此判断该元件实际释放（发出）功率。

2. 电能

当电场力推动正电荷在电路中运动时,电场力做功,电路吸收能量,从 t_0 到 t 时间内,电路吸收（消耗）的电能可以表示为

$$W = \int_{t_0}^{t} p \, \mathrm{d}t \tag{1-10}$$

在 SI 制中,电能的单位是焦（J）。工程上和生活中,常采用千瓦·时（kW·h）作为电能的单位,1 kW·h 俗称为 1 度电。

$$1 \text{ kW} \cdot \text{h} = 10^3 \text{ W} \times 3\,600 \text{ s} = 3.6 \times 10^6 \text{ J}$$

第三节　电路的几种基本元件

 知识点一　线性电阻元件、欧姆定律及电阻的功率

1. 电阻元件及欧姆定律

电阻元件是反映电路器件消耗电能这一物理性能的一种理想元件。它有两个端钮与外电路相连接,这样的元件都称为二端元件。

在讨论各种理想元件的性能时,很重要的一个方面是要确定元件两端电压与电流之间的关系,这种关系称为元件约束,简称 VCR。欧姆定律反映了任一时刻理想电阻元件的VCR。在电流和电压的关联参考方向下,欧姆定律的表达式为

$$u = iR \tag{1-11}$$

式中,R 为电阻元件的电阻值,单位为欧（Ω）,常用单位还有千欧（kΩ）、兆欧（MΩ）等。

若电阻值 R 与其两端的电压或电流无关,是一个常数,那么这样的电阻元件称为线性电阻元件。线性电阻元件在电路中的图形符号如图 1-9(a)所示。电阻元件的电压与电流的关系曲线称为电阻元件的伏安特性曲线。线性电阻元件的伏安特性是一条通过坐标原点的直线,如图 1-9(b)所示。

应用欧姆定律时要注意电压与电流的参考方向。当电阻元件的电压和电流参考方向非关联时,欧姆定律应表示为

$$u = -iR \tag{1-12}$$

电阻的倒数称为电导,用 G 表示,即

$$G = \frac{1}{R} \tag{1-13}$$

(a) 图形符号　　(b) 伏安特性

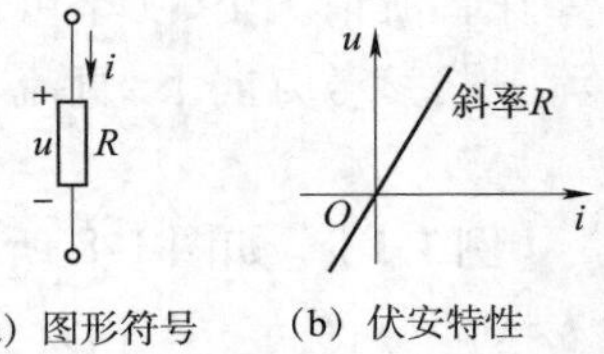

图 1-9　线性非时变电阻

电导的单位是西(S)。

同一个电阻既可以用电阻 R 表示,也可以用电导 G 表示。引入电导后,欧姆定律可表达为

$$i = uG \tag{1-14}$$

如果电阻元件的电压和电流的关系曲线不是一条通过原点的直线,也就是说电阻值不是一个常数,这种电阻元件则称为非线性电阻元件。电阻又可分为时变电阻和非时变电阻,当电阻的阻值不随时间发生变化时,称为非时变电阻,否则为时变电阻。本书只讨论线性非时变电阻电路。在后面的介绍中,若无特殊说明,电阻元件一般均指线性非时变电阻元件,简称电阻。有关非线性电阻元件的内容将在第十一章介绍。

大多数材料的电阻是可测量的,电阻的大小取决于所用的材料。电阻元件的伏安特性通常由实验测得。

电阻元件有两种特殊情况:一种情况是电阻值 R 为无限大,电压为任何有限值时,其电流总是零,这时把它称为"开路",开路相当于一个断点;另一种情况是电阻为零,电流为任何有限值时,其电压总是零,这时把它称为"短路",短路相当于一条导线。

2. 电阻元件的功率

图 1-9(b)所示的伏安特性表明,在关联参考方向下,电阻元件的电压和电流值总是同号的(都为正值或都为负值),由式(1-7)可知,电阻的功率总是正值,即总是在消耗或吸收功率,所以电阻是耗能元件。

将式(1-11)代入式(1-7)可得到计算电阻功率的其他公式为

$$p = ui = Ri^2 = \frac{u^2}{R} \tag{1-15}$$

当电阻上的电流和电压为非关联参考方向时,则电阻的功率可以表示为

$$p = -ui = -(-iR) \cdot i = i^2R = \frac{u^2}{R} \tag{1-16}$$

由此可知,不管线性电阻元件上的电压、电流是关联参考方向还是非关联参考方向,电阻都是在吸收功率,消耗电能。

如果电阻元件把吸收的电能转化成热能,则从 t_0 到 t 时间内电阻元件吸收的电能 W 为

$$W = \int_{t_0}^{t} p\,\mathrm{d}t = \int_{t_0}^{t} Ri^2\,\mathrm{d}t = \int_{t_0}^{t} \frac{u^2}{R}\,\mathrm{d}t \tag{1-17}$$

在直流电路中,由于电阻上的电压、电流不随时间变化,因此式(1-17)可以表示为

$$W = P(t - t_0) = RI^2 T = \frac{U^2}{R}T \tag{1-18}$$

式中,T 为 $(t - t_0)$;I、U 分别表示直流电流和直流电压。

【例1-2】　有额定电压为 220 V,额定功率 100 W 灯泡一个,其灯丝电阻是多少?每天用 5 h,一个月(按 30 天计算)消耗的电能是多少度?

解　灯泡灯丝电阻为

$$R = \frac{U^2}{P} = \frac{220^2}{100}\ \Omega = 484\ \Omega$$

一个月消耗的电能为

$$W = Pt = 100 \times 5 \times 30\ \mathrm{kW \cdot h} = 15\ \mathrm{kW \cdot h} = 15\ 度$$

 知识点二　线性电容元件及其电压电流关系、电容元件的能量

1. 线性电容元件

电容元件是实际电容器的理性化模型。电容效应是广泛存在的,从物理学可知,任何两个导体,中间用绝缘材料(介质)隔开,就形成一个电容器。例如,输电线与大地导体之间隔着空气,就形成对地电容,工程上称为分布电容,分布电容的量值较小,易受其他因素的影响。两个导体是电容器的两个极板,在两个极板上外加一定电压,两个极板上会分别聚集起等量异性电荷,并在介质中形成电场。去掉外加电压,两个极板上的电荷能长久存储,电场也仍然存在,因此电容器是一种能存储电场能量的元件。

电容元件的特性由两个极板上所加的电压 u 和极板上存储的电荷量 q 来表征。取 u 为横坐标,q 为纵坐标,二者之间的关系可以用一条曲线来表示。如果该曲线为一条通过坐标原点的直线,则称此电容为线性电容。直线的斜率就是电容器的电容量 C,即

$$C = \frac{q}{u} \tag{1-19}$$

式中,电容量 C 简称电容,因此电容一词既表示电容元件,又表示电容元件本身的电容值。

线性电容的图形符号和库伏特性曲线如图 1-10 所示。

在 SI 制中,电容的单位为法(F)。在实际电路中应用的电容量很小,因此常见的电容单位还有微法(μF)、皮法(pF)、纳法(nF)。它们之间的变换关系为

$$1\ \mathrm{F} = 10^6\ \mu\mathrm{F} = 10^9\ \mathrm{nF} = 10^{12}\ \mathrm{pF}$$

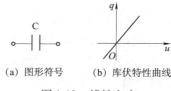

(a) 图形符号　　(b) 库伏特性曲线

图 1-10　线性电容

2. 电容元件的电压、电流关系

由式(1-19)可知,当给电容元件施加直流电压时,由于电容量是固定的常数,因此在直流电压作用下,电容极板上的电荷量也是一个不变的量,在极板间没有电流,此时电容

相当于开路,可以认为电容元件有隔断直流的作用。而当给电容两个极板施加变化的电压(交流电压)时,极板上的电荷量也将随之变化,则在电容两个极板的两边线路中产生了电流,如图1-11 所示。

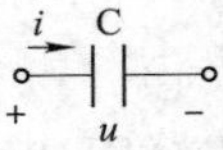

图1-11 电容电压与电流关联参考方向

当电容上的电压、电流为关联参考方向时,电容上的电压、电流关系可以表示为

$$i = \frac{dq}{dt} = C\frac{du}{dt} \qquad (1-20)$$

通过以上分析,可以得出以下结论:

(1)任一时刻,通过电容的电流与电容两端电压的变化率成正比,而与该时刻的电压值无关。当电压升高时,$\frac{du}{dt} > 0, \frac{dq}{dt} > 0, i > 0$,极板上的电荷量增加,电容器充电;当电压降低时,$\frac{du}{dt} < 0, \frac{dq}{dt} < 0, i < 0$,极板上的电荷量减少,电容器放电。

(2)对于直流电,电压不随时间变化,即$\frac{du}{dt} = 0, i = 0$,电容器在直流稳态电路中相当于开路,即电容器有"隔直"作用。

(3)在任何时刻,如果通过电容的电流为有限值,则电压的变化率$\frac{du}{dt}$也一定为有限值,则说明电容两端的电压不能跃变,否则将产生无穷大的电流。

3. 电容元件的能量

在电压、电流关联参考方向下,任一时刻电容元件吸收的瞬时功率为

$$p(t) = u(t)i(t) = Cu(t)\frac{du(t)}{dt} \qquad (1-21)$$

电容元件上电压、电流的实际方向可能相同,也可能不同,因此瞬时功率可以是正的也可以是负的。当$p(t) > 0$时,表明电容元件实际为吸收功率,即电容元件被充电;当$p(t) < 0$时,表明电容元件实际为释放功率,即电容元件放电。

在$-\infty \sim t$一段时间内,电容元件吸收的能量为

$$w(t) = \int_{-\infty}^{t} p(t)dt = C\int_{u(-\infty)}^{u(t)} u(t)du(t) = \frac{1}{2}Cu^2(t) \qquad (1-22)$$

由式(1-22)可知,电容元件在任一时刻存储的能量仅与该时刻的电压有关,而与电流无关。电容元件充电时将吸收的能量全部转化为电场能,放电时将存储的电场能释放回电路,它不消耗能量,因此称电容元件是储能元件。

【例1-3】 已知100 μF的电容两端所加电压$u(t) = 20\sin 100t$ V,u、i为关联参考方向,试求电流$i(t)$的表达式。

解 $$i(t) = C\frac{du(t)}{dt} = 100 \times 10^{-6} \times \frac{d(20\sin 100t)}{dt}$$
$$= 100 \times 10^{-6} \times 20 \times 100\cos 100t = 0.2\cos 100t$$

知识点三　线性电感元件及其电压电流关系、电感元件的能量

1. 线性电感元件

电感元件是基于磁场现象的电路元件。它是用漆包线、纱包线或塑皮线等在绝缘骨架或磁芯、铁芯上绕制成的线圈组成的。若忽略导线的损耗和线圈匝间电容,仅考虑它在电路中的电磁效应,则该线圈可抽象成理想化电感元件,简称电感。

当电感元件中通过电流 i 时,在每匝线圈中会产生磁通 Φ,若线圈有 N 匝,则 N 匝线圈总的磁通链为 Ψ,而 Ψ 是由电流 i 产生的,所以 Ψ 是 i 的函数,并且规定磁通链 Ψ 与电流 i 的方向符合右手螺旋定则。如果取 Ψ 为纵坐标,i 为横坐标,二者的关系可以用一条曲线来表示。如果该曲线是一条通过坐标原点的直线,此时直线斜率就是线性电感,即 $L = \dfrac{\Psi}{i}$,线性电感的图形符号及韦安特性曲线如图 1-12 所示。

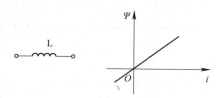

(a) 图形符号　　　(b) 韦安特性曲线

图 1-12　线性电感

在 SI 制中,磁通链 Ψ 的单位是韦(Wb),i 的单位是安(A),则电感的单位为亨(H),工程上常用的单位还有毫亨(mH)、微亨(μH)。它们之间的换算关系为

$$1\ \text{H} = 10^3\ \text{mH} = 10^6\ \mu\text{H}$$

2. 电感的电压、电流关系

当电感元件中的电流发生变化时,根据电磁感应定律,电感线圈内将产生自感电动势 e_L,即

$$e_L = -\frac{\mathrm{d}\Psi}{\mathrm{d}t} = -\frac{\mathrm{d}Li}{\mathrm{d}t} = -L\frac{\mathrm{d}i}{\mathrm{d}t} \tag{1-23}$$

从而在电感两端产生电压 u_L。电压 u_L 与自感电动势 e_L 大小相等、方向相反。图 1-13 所示为电感元件的电压、电流的关联参考方向。

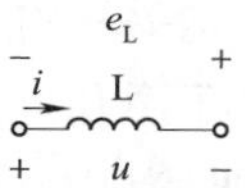

图 1-13　电感的电压与电流关联参考方向

当电感的电流 i、电压 u 的方向为关联参考方向时,电感线圈上通过的电流与电感电压之间的关系可以表示为

$$u = -e_L = L\frac{\mathrm{d}i}{\mathrm{d}t} \tag{1-24}$$

由以上分析,可以得到以下结论:

(1)电感元件上任一时刻的电压与该时刻电感电流的变化率成正比,电流变化越大,u 越大,即使某时刻 $i = 0$,也可能有电压。

对于稳恒直流电流,电流不随时间变化,$\dfrac{\mathrm{d}i}{\mathrm{d}t} = 0$,则 $u = 0$,此时电感相当于短路。

(2)在任何时刻,如果电感的电压为有限值,则电流的变化率 $\dfrac{\mathrm{d}i}{\mathrm{d}t}$ 也一定为有限值,则说明电感的电流不能跃变,否则将产生无穷大的电压。

3. 电感元件的能量

在电感元件电压、电流的关联参考方向下，任一时刻电感元件吸收的瞬时功率为

$$p(t) = u(t)i(t) = Li(t)\frac{\mathrm{d}i(t)}{\mathrm{d}t} \tag{1-25}$$

电感元件上电压、电流的实际方向可能相同，也可能不同，因此电感元件上的瞬时功率是可正可负的。当 $p(t) > 0$ 时，表明电感元件从电路中吸收功率，即电感元件存储磁场能；$p(t) < 0$ 时，表明电感元件向电路释放功率，即电感元件释放磁场能。

在 $-\infty \sim t$ 一段时间内，电感元件吸收的能量为

$$w(t) = \int_{-\infty}^{t} p(t)\mathrm{d}t = L\int_{i(-\infty)}^{i(t)} i(t)\mathrm{d}i(t) = \frac{1}{2}Li^2(t) \tag{1-26}$$

由式(1-26)可知，电感元件在任一时刻的储能仅与该时刻的电流有关，而与电压无关。电感元件从电路中吸收功率时，将电场能转化为磁场能存储起来；电感元件向电路释放功率时，将磁场能转化为电场能释放回电路，它不消耗能量，也是储能元件。

【例 1-4】 电感电流 $i(t) = 20\mathrm{e}^{-0.5t}$ mA，$L = 1$ H，求电感上的电压表达式，当 $t = 0$ 时的电感电压和磁场能（u、i 为关联参考方向）。

解 由于 u、i 为关联参考方向，所以有

$$u_L(t) = L\frac{\mathrm{d}i(t)}{\mathrm{d}t} = 1 \times \frac{\mathrm{d}(20\mathrm{e}^{-0.5t})}{\mathrm{d}t} = -1 \times 20 \times 0.5\mathrm{e}^{-0.5t}\ \mathrm{mV} = -10\mathrm{e}^{-0.5t}\ \mathrm{mV}$$

$$u_L(0) = -10\ \mathrm{mV}$$

$$W_L(0) = \frac{1}{2}Li^2(0) = \frac{1}{2} \times 1 \times 400 \times 10^{-6}\ \mathrm{J} = 0.2 \times 10^{-3}\ \mathrm{J}$$

 知识点四　独立电源元件

电源是一种将其他形式的能量转化为电能的装置或设备。根据激励信号不同，电源可以分为电压源和电流源；根据信号的输出特性不同，电源又可分为独立电源和受控源（非独立源）两种，其中独立电源是指其外特性（即端口电压或电流）由电源本身的参数决定，而受控源则是指端口电压或电流受其他某处的电压或电流控制，如果该处的电压、电流变化，受控源的电压、电流也将跟随变化。"独立"是相对于"受控"而言的。本节只介绍独立电源，独立电源分为独立电压源和独立电流源两种。

1. 独立电压源

独立电压源（简称"电压源"），是一个二端元件，其端电压由电压源本身的参数决定。电压源根据应用场合不同分为直流电压源和交流电压源两种。

(1)理想电压源

理想电压源是从实际电源抽象出来理想化的二端元件，在电路分析中，不论外电路（或负载）如何变化，其端口电压均保持恒定不变或者按照某种固有规律变化。图 1-14 表示了工程上常见的理想电压源的图形符号。

理想电压源具有如下两个特点：

①它的端电压是一个恒定的值 U_S 或是一个固定的时间函数 $u_S(t)$，与流过它的电流无关；

②流过它的电流取决于它所连接的外电路（也就是负载），电流的大小和方向都由外电路决定，根据电流方向的不同，电压源既可以向外电路提供能量，也可以从外电路吸收能量。

以端口电压 u 为纵坐标，流过电压源的电流 i 为横坐标，理想直流电压源的伏安特性如图 1-15 所示。它是一条平行于 i 轴的直线，表明端电压的大小与流过电流的大小、方向无关，因此，理想直流电压源又称恒压源。

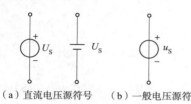

（a）直流电压源符号　（b）一般电压源符号

图 1-14　理想电压源的图形符号

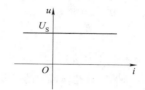

图 1-15　理想直流电压源的伏安特性

（2）实际电压源模型

在工程实际和现实应用中，理想电压源实际上不存在，实际电压源在对外电路提供功率的同时，在其电源内部也会有功率损耗，即实际电源是存在内阻的，因此，对于一个实际电压源，可以用一个理想电压源 U_S 和内阻 R_S 串联的模型来等效，称为实际电压源的等效模型，如图 1-16（a）所示。其中，U_S 为实际电压源的开路电压，内阻 R_S 有时也称为输出电阻。

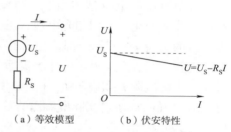

（a）等效模型　　　（b）伏安特性

图 1-16　实际电压源的等效模型和伏安特性

实际电压源的参数可用开路电压 U_S 和内阻 R_S 来表征，即实际电压源的端电压为

$$U = U_S - R_S I \tag{1-27}$$

实际电压源的伏安特性如图 1-16（b）所示，可见，电压源的内阻 R_S 越小，其端电压 U 越接近于电源供电电压 U_S，实际电压源就越接近于理想电压源。

2. 独立电流源

独立电流源（简称"电流源"）也是一个二端元件，其端口电流由电流源本身的参数决定。独立电流源分为直流电流源和交流电流源两种。

（1）理想电流源

理想电流源是从实际电源抽象出来理想化的二端元件，在电路分析中，不论外电路（或负载）如何变化，其端口电流均保持恒定不变或者按照某种固有规律变化。例如，光电池在一定光线照射下，能被激发产生一定值的与光照强度成比例的电流，其特性接近电流源特性。图 1-17 所示为工程上常见的理想电流源的图形符号，图中箭头方向表示电流源输出电流的参考方向。

理想电流源具有如下两个特点：

①它输出的电流是一个定值 I_S 或一定的时间函数 $i_S(t)$，与加在电流源两端的电压无关；

②电流源两端的电压取决于它所连接的外电路(负载)，外电路可以使它两端的电压有不同的大小和极性，因而电流源既可以向外电路提供能量，也可以从外电路吸收能量。

以端口电压 u 为纵坐标，流过电流源的电流 i 为横坐标，理想直流电流源的伏安特性如图 1-18 所示。它是一条平行于 u 轴的直线，表明端电流的大小与加在电流源两端的电压的大小、极性无关，因此，理想直流电流源又称恒流源。

 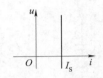

(a) 直流电流源符号　(b) 一般电流源符号

图 1-17　理想电流源的图形符号　　图 1-18　理想直流电流源的伏安特性

(2)实际电流源模型

同理想电压源一样，理想电流源也是不存在的。实际电流源的电流是随加在电流源两端的负载的变化而变化的。例如光电池，受光线照射激发产生的电流，并不是全部流出，而是有一部分在光电池内部流动。因此，对于实际电流源，可以用一个电流源 I_S 和内阻 R_S 并联的模型来表征，如图 1-19(a)所示。实际电流源的端电流为

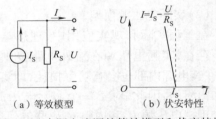

(a) 等效模型　　　(b) 伏安特性

图 1-19　实际电流源的等效模型和伏安特性

$$I = I_S - \frac{U}{R_S} \tag{1-28}$$

实际电流源的伏安特性如图 1-19(b)所示，可见，电流源的内阻 R_S 越大，其输出电流 I 越接近于 I_S，即实际电流源就越接近理想电流源的特性。

第四节　电路的三种工作状态

一个完整的电路通常是由电源、中间环节和负载构成的。正常工作时，电源都需要经中间环节与负载连接。根据所接负载的情况，电路有三种工作状态：空载(开路)状态、短路状态和负载(带载)状态。现以简单直流电路为例分别讨论这三种工作状态下电路的一些特征。

 知识点一　空载状态

空载状态又称开路或断路状态，这时电源与负载没有构成通路，如图 1-20 所示。空载状态时电路具有以下特征：

(1)电路中电流为零，负载可视为电阻无穷大。

（2）电源的端电压等于电源电压,此电压又称空载电压或开路电压,用 U_{OC} 表示。因此,要想测量电源电压,只要用电压表测量电源的开路电压即可。

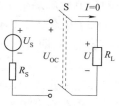

（3）因为 $I = 0$,所以电源的输出功率和负载所吸收的功率均为零。

图 1-20 空载状态

💡 知识点二 短路状态

当电源两端的导线由于某种事故而直接相连时,电源输出的电流不经过负载,而是直接经连接导线流回电源,这种电路状态称为短路状态,简称短路,如图 1-21 所示。

电源短路状态时外电路所呈现的电阻可视为零,此时电路具有以下特征:

（1）电源端口电压为短路线的电压,即端电压为 0,负载可视为电阻为零。

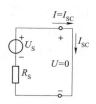

（2）电源的电压 U_S 全部降落在电源的内阻 R_S 上,因为电源内阻 R_S 一般都很小,所以,此时电源中电流最大,其值为 $I_{SC} = \dfrac{U_S}{R_S}$,此电流 I_{SC} 称为短路电流。

图 1-21 短路状态

（3）因为电源端电压为零,电源对外电路的输出功率也为零。电源的全部功率被电源内阻所消耗,其值为

$$P_S = U_S I_{SC} = \frac{U_S^2}{R_S} = I_{SC}^2 R_S \tag{1-29}$$

在一般供电系统中,最严重的事故是电源短路,由于电源的内电阻很小,故短路电流很大,电源所发出的功率全部消耗在内电阻上,从而会使电源因过热而损坏。在实际工作中,应经常检查电气设备和线路的绝缘情况,以防止电源短路事故的发生。此外,通常还应在电路中接入熔断器等保护装置,以便在发生短路时能迅速切断电路,达到保护电源及电路器件的目的。

短路不仅仅限于电源短路,正常电路中的任意两点短接在一起都会引起电路短路现象,短路线之后的外电路电阻可视为零。

知识点三 负载状态

电源接有一定的负载时,电路中有一定的电流流过,电源向负载输出一定的功率,负载吸收功率,此时称电路处于负载（带载或通路）状态,如图 1-22 所示。电路在带负载情况下运行时,具有如下特征:

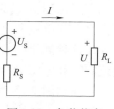

（1）电路中有电流流过,当 U_S 和 R_S 一定时,电路中的电流取决于负载电阻 R_L。

（2）电源两端的电压大小是电路中其他元件两端电压之和。电

图 1-22 负载状态

源的端电压总是小于理想电压源电压,若忽略线路压降,负载的端电压等于电源的端电压。

（3）电源对外的输出功率（也即负载获得的功率）等于理想电压源释放的功率减去内阻消耗的功率,即

$$P = UI = (U_S - R_S I)I = U_S I - I^2 R_S \qquad (1-30)$$

在工程实际中,根据不同的应用场合会对负载有一定的要求。比如有些电气设备要求应尽量工作在额定状态,称这种电路工作状态为满载状态;而当电流和功率低于额定值运行时的工作状态则称为轻载状态;当电流和电压高于额定值运行时的工作状态称为过载状态。一般情况下,设备不应过载运行,以防设备过载状态下长时间运行因过热而损坏。因此,在电路中常装设空气开关、热继电器等进行电路过载保护,用来在过载时自动切断电源,确保设备安全。

【例 1-5】　某一电阻 $R_N = 10\ \Omega$,额定功率 $P_N = 40\ W$,试问:（1）当加在电阻两端电压为 30 V 时,该电阻能正常工作吗? （2）若要使该电阻正常工作,外加电压不能超过多少伏?

解　（1）根据欧姆定律,流过电阻的电流

$$I = \frac{U}{R} = \frac{30}{10}\ A = 3\ A$$

此时电阻所消耗的功率

$$P = UI = 30 \times 3\ W = 90\ W$$

由于 $P > P_N$,因此该电阻将烧毁。

（2）已知额定功率 P_N,根据

$$P_N = \frac{U_N^2}{R_N}$$

则可以得到

$$U_N = 20\ V$$

由此可知,要使该电阻正常工作,外加电压不能超过 20 V。

在实际工程中,电路器件和电气设备均标注有额定值。额定值是指其在电路长时间正常运行状态下,所能承受的电压、允许通过的电流,以及它们吸收或释放功率的规定值。

第五节　基尔霍夫定律

💡 知识点一　几个相关的电路名词

在集总参数电路中,根据工程实际与应用的不同,会由各种不同元件相互连接构成不同需要的应用电路,而电路中各个元件之间的电流和电压是遵循一定规律的。基尔霍夫定律就是反映这种规律的,它是集总参数电路的一种基本定律,包括电流定律和电压定律。

下面以图 1-23 为例,首先介绍几个相关的电路名词。

（1）支路:支路是指电路中若干个元件串联且流过同一电流的一个分支。如图 1-23 所示,共有 ac、ab、bc、bd、cd、aed 共

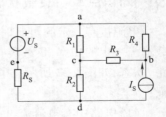

图 1-23　电路名词说明用图

六条支路。

（2）节点：三条或三条以上支路的连接点称为节点。如图 1-23 所示，共有 a、b、c、d 共四个节点。

（3）回路：由若干支路组成的闭合路径，其中每个节点只经过一次，这条闭合路径称为回路。如图 1-23 所示，abca、abdca、abdea 等都是回路。

（4）网孔：网孔是最小的不可再分的回路。图 1-23 中有 abca、bcdb、acdea 共三个网孔。

知识点二　基尔霍夫电流定律

基尔霍夫电流定律，简称 KCL，是指在任一瞬间，流入任一节点的电流之和恒等于流出该节点的电流之和。KCL 实际上是电流连续性原理在电路节点上的体现，也是电荷守恒定律在电路中的体现。用公式可以表示为

$$\sum i_入 = \sum i_出 \quad 或 \quad \sum I_入 = \sum I_出 \tag{1-31}$$

以图 1-24 为例，各支路电流的参考方向已经标出，根据基尔霍夫电流定律可以得出

$$I_1 + I_4 = I_2 + I_3 + I_5$$

上述方程也可写成

$$I_1 + I_4 - I_2 - I_3 - I_5 = 0$$

由此可知，基尔霍夫电流定律可以有另一种表述方法：任一瞬间，流入任一节点的电流代数和恒为零，即

$$\sum I = 0 \quad 或 \quad \sum i = 0 \tag{1-32}$$

这里规定流入节点的电流为正，流出节点的电流为负（在实际应用中可根据需要进行相反规定）。

注意：在列写 KCL 方程时，应首先确定各支路电流的参考方向，然后才能根据其流入或流出节点来确定它在式（1-32）中的符号。

KCL 也可推广运用于电路中的任一闭合封闭面，若将该封闭面视为一个广义的节点，则流入任一封闭面的电流之和恒等于流出该封闭面的电流之和。图 1-25 所示为一个三相负载电路，图中点画线部分为一封闭面，可以将其看成一个广义节点，根据 KCL，可以得到如下电流关系：

$$I_A + I_B = I_C \quad 或 \quad I_A + I_B - I_C = 0$$

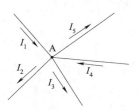

图 1-24　KCL 示意图

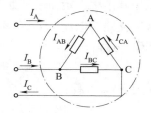

图 1-25　KCL 广义节点示意图

知识点三　基尔霍夫电压定律

基尔霍夫电压定律,简称 KVL,是指在任一时刻,沿任一回路绕行一周,所有电压降的代数和恒等于零,即

$$\sum u = 0 \quad 或 \quad \sum U = 0 \tag{1-33}$$

应用基尔霍夫电压定律列电压关系时,首先需要选定回路的绕行方向。当回路内电路元件电压降的参考方向与回路绕行方向一致时,该电压取"+"号,反之取"-"号。

以图 1-26 所示电路为例,图中各元件的电压方向已经标出,图中箭头方向表示回路按照顺时针方向绕行,假设从电阻 R_1 开始绕行,根据基尔霍夫电压定律,电压降方向为"+"电压,电压升方向为"-"电压,可以得出

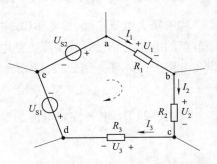

$$U_1 + U_2 + U_3 + U_{S1} - U_{S2} = 0$$

根据图 1-26 中标出的各元件的电压、电流参考方向,可知

$$U_{ab} = U_1 = I_1 R_1$$

代入上述回路方程,可得

图 1-26　基尔霍夫电压定律示意图

$$U_{ab} + U_2 + U_3 + U_{S1} - U_{S2} = 0$$

变换方程,可以得到如下公式

$$U_{ab} = I_1 R_1 = U_{S2} - U_{S1} - U_3 - U_2$$

可见,图 1-26 中 a、b 之间的电压 U_{ab},不仅可以用电阻 R_1 两端的电流、电压求出,也可以沿着 aedcb 方向按照 KVL 求得。

由此可以得到基尔霍夫电压定律的另一种表述,其含义是:电路中任意两点 a、b 之间的电压,等于从 a 点沿着任一路径到 b 点经过的各元件电压降的代数和。也就是说,基尔霍夫电压定律不仅用于闭合回路,还可以推广应用于任一开口电路,但要将开口处的电压列入方程。

注意:在列写 KVL 方程时,应首先确定回路中各元件电压的参考方向,通常按照元件电流、电压的关联参考方向来设定。如果电路中有电流源,则往往需要先设定电流源上的电压的参考方向后,再列电压方程。

【例 1-6】　试用基尔霍夫定律求解如图 1-27 所示电路中的电流 I。

解　设左侧 adc 支路的电流为 I_1,参考方向如图所示。

对节点 a 列 KCL 方程:

$$I_1 + I = 2 \text{ A} \quad 得 \quad I_1 = 2 \text{ A} - I \tag{①}$$

对回路 abcda 列 KVL 方程:

$$10 \ \Omega \times I - 10 \ \Omega \times I_1 + 2 \text{ V} = 0 \tag{②}$$

将①式代入②式,得

$$10\ \Omega \times I - 10\ \Omega \times (2\ \text{A} - I) + 2\ \text{V} = 0$$
$$I = 0.9\ \text{A}$$

【例1-7】 如图1-28所示电路中,已知$R_1 = 2\ \Omega, R_2 = 3\ \Omega, U_{S1} = 4\ \text{V}, U_{S2} = 6\ \text{V}, U_{S3} = 5\ \text{V}$。求:$U_{ac}$及a点的电位$V_a$。

解 设电流I_1、I_2的参考方向及回路cbac的绕行方向如图所示。回路cbac可以看成广义节点,由KCL可知,$I_2 = 0$,所以回路cbac中各元件上的电流相同,都为I_1。根据KVL列回路方程

$$-U_{S1} - I_1 R_2 + U_{S2} - I_1 R_1 = 0$$

代入各已知数据,得

$$-4 - 3I_1 + 6 - 2I_1 = 0$$
$$I_1 = 0.4\ \text{A}$$

由此可得
$$U_{ac} = U_{S1} + I_1 R_1 = (4 + 0.4 \times 2)\ \text{V} = 4.8\ \text{V}$$

a点电位V_a是从a点沿着任一条路径到零电位参考点的电压,即

$$V_a = -I_1 R_2 + U_{S2} - U_{S3} = (-0.4 \times 3 + 6 - 5)\ \text{V} = -0.2\ \text{V}$$

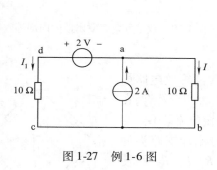

图1-27 例1-6图

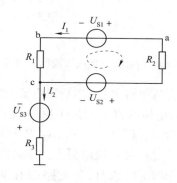

图1-28 例1-7图

实 作

实作一 直流电阻的测量分析

(一)实作目的

(1)掌握电阻的识别与判定方法。

(2)掌握电阻的测量原理及方法。

(3)熟悉万用表、直流单臂电桥的使用。

(4)培养良好的操作习惯,提高职业素质。

(二)实作器材

实作器材见表1-1。

表 1-1　实 作 器 材

器材名称	规格型号	数量
数字万用表	VC890C +	1 块
指针式万用表	MF – 47	1 块
直流单臂电桥	QJ45	1 台
电阻	RJ – 0.25 – 100 Ω、4.7 kΩ	各 1 个

（三）实作前预习

1. 万用表欧姆挡等效电路

指针式万用表欧姆挡的内部等效电路如图 1-29 所示，数字万用表欧姆挡的内部等效电路如图 1-30 所示。

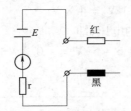
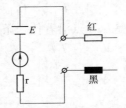

图 1-29　指针式万用表欧姆挡的内部等效电路　　图 1-30　数字万用表欧姆挡的内部等效电路

2. 直流单臂电桥（惠斯通电桥）的等效电路

单臂电桥适宜于测量中值电阻（$1 \sim 10^6$ Ω），其等效电路如图 1-31 所示。标准电阻 R_1、R_2、R_3 和待测电阻 R_x 为四个桥臂，在对角 A、C 之间接直流电源 U_S，在对角 B、D 之间接检流计 G。当开关 K_S 和 K_G 接通时，各支路都有电流流过，检流计支路沟通 ABC 和 ADC 两条支路，故称"电桥"。适当调节 R_1、R_2、R_3，可使检流计电流 $I_G = 0$，即 B、D 两点电位相等，K_G 相当于断开，此时电桥处于平衡状态，则

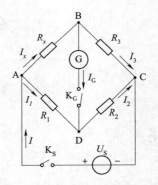

$$I_x = I_3, \quad I_x R_x = I_1 R \qquad ①$$
$$I_1 = I_2, \quad I_3 R_3 = I_2 R_2 \qquad ②$$

①、②两式相除得

图 1-31　单臂电桥等效电路

$$\frac{R_x}{R_3} = \frac{R_1}{R_2}, \quad R_x = \frac{R_1}{R_2} R_3$$

即待测电阻 R_x 等于 R_1/R_2 与 R_3 的乘积，通常，R_1/R_2 称为比率臂，R_3 称为比较臂。

3. 电阻的识别

电阻器是电气、电子设备中最常用的元件之一，主要用于控制和调节电路中的电流和电压，或作为消耗电能的负载。

（1）常用电阻器的型号

常用电阻器型号见表 1-2。

表1-2　常用电阻器型号

符号	含义	符号	含义	符号	含义
RT	碳膜	RXJ	精密线绕	RM	光敏
RY	氧化膜	RXQ	酚醛涂层线绕	RG	光敏
RJ	金属膜	RJ7	精密金属膜	RR	热敏

（2）常用固定电阻的阻值和允许误差的标注方法

①直标法。将阻值和误差直接用数字和字母印在电阻上。电阻的允许误差一般分为三级：Ⅰ级（±5%）、Ⅱ级（±10%）、Ⅲ级（±20%）。如无误差标示为允许误差（±20%）。

②色环表示法。将不同颜色的色环涂在电阻上来表示电阻的标称值及允许误差。各种颜色对应的数值及允许误差见表1-3。

表1-3　各种颜色对应的数值及允许误差

色环颜色	有效数字位	倍率	允许误差
黑	0	10^0	—
棕	1	10^1	±1%
红	2	10^2	±2%
橙	3	10^3	—
黄	4	10^4	—
绿	5	10^5	±0.5%
蓝	6	10^6	±0.25%
紫	7	10^7	±0.1%
灰	8	10^8	—
白	9	10^9	—
金	—	10^{-1}	±5%
银	—	10^{-2}	±10%
无色	—	—	±20%

a. 普通四环电阻：第一环和第二环表示电阻值的第一位和第二位有效数字；第三环表示有效数字应乘的倍率；第四环表示允许误差，一般用金色、银色和无色表示。

b. 精密五环电阻：第一环、第二环和第三环分别表示电阻值的第一位、第二位和第三位有效数字；第四环表示有效数字应乘的倍率；第五环表示允许误差，一般用紫色、蓝色、绿色、棕色和红色表示。

例如：棕　黑　棕　金　　　　表示 $10 \times 10^1 \times (1 \pm 5\%)\Omega$

红 橙 黄　　　　　　　表示 $23 \times 10^4 \times (1 \pm 20\%) \Omega$

棕 紫 绿 金 棕　　　　表示 $175 \times 10^{-1} \times (1 \pm 1\%) \Omega$

（四）实作内容与步骤

1. 电阻的测量

（1）万用表测电阻

使用指针式万用表测电阻时，每次换挡后，都要进行"调零"。取标称值为 100 Ω、4.7 kΩ 两个电阻分别用万用表进行测量，并将测量结果记录在表 1-4 中。

使用数字式万用表测电阻，取标称值为 100 Ω、4.7 kΩ 两个电阻分别用万用表进行测量，并将测量结果记录在表 1-4。

（2）直流单臂电桥测电阻

①平整放置电桥，检查电桥电池是否完好，将检流计调零。"R V M"开关置于"R"挡。

②取待测电阻，先判定电阻值，再良好接入电桥 R_x 接线柱。

③选择合适比率档位，应使比较臂的四个度盘都要用到。

④一定是顺序点动 0.01、0.1、1 按钮，一次调整比较臂的四个度盘，使检流计指针指零。

⑤读取 R_x 测量值 = 比较臂相加 × 比率臂。并将测量结果记录在表 1-4 中。

2. 误差计算公式

$$相对误差 = \frac{标称值 - 实测值}{实测值} \times 100\%$$

（五）测试与观察结果记录

测试与观察结果记录见表 1-4。

表 1-4　测试与观察结果记录

被测电阻		万用表测量				单臂电桥测量			
标称阻值	标称误差	倍率	读数	测量值	相对误差	比率臂	比较臂	测量值	相对误差

（六）注意事项

（1）指针式万用表测电阻，每换挡需重新进行欧姆调零。

（2）指针式万用表测电阻，所选量程应该使指针处于刻度的中间三分之一。

（3）不要将人体电阻并入被测电阻一起进行测量。

（七）回答问题

（1）分析使用万用表和单臂电桥测电阻时的相对误差是否在标称误差范围内？

（2）万用表的量程对测量电阻值有无影响？为什么？

实作二　简单直流照明电路的安装与测试分析

（一）实作目的

（1）会正确连接一个灯泡的直流照明电路。

（2）会使用直流电流表、直流电压表及万用表测试电路中的电流和电压。

（3）进一步熟悉和理解电路的组成及电路的三种工作状态。

（4）进一步熟悉和理解电压、电流、参考方向及电阻的概念。

（5）会排除电路中的常见故障。

（6）培养良好的操作习惯，提高职业素质。

（二）实作器材

实作器材见表1-5。

表1-5　实作器材

器材名称	规格型号	数量
直流（双）稳压电源	YB1731A,3 A,0～30 V	1 台
数字万用表	VC890C＋	1 块
小灯泡	12 V,1.2 W（红）	1 只
	12 V,1.2 W（白）	1 只
开关	3.0 A/DC 24 V,1P2T 拨动开关	1 只
电阻	RJ－1 W－30 Ω	1 个
导线		若干

（三）实作前预习

1. 标志灯额定电压等于电源电压的照明电路

当标志灯额定电压等于电源电压时，动车组标志灯模拟照明电路如图1-32所示。

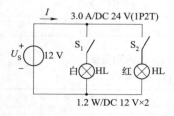

图1-32　动车组标志灯模拟照明电路

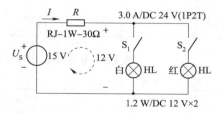

图1-33　带分压电阻的标志灯模拟照明电路

2. 标志灯额定电压低于电源电压的照明电路

当标志灯额定电压低于电源电压时，需要接分压电阻，其模拟照明电路如图1-33所示。利用基尔霍夫电压定律列回路方程，求出电阻需要承担的电压，再利用欧姆定律计算出电阻值，选定电阻的功率。

（四）实作内容与步骤

（1）按图 1-34（a）所示正确连接电路。经检查无误后接通电源。

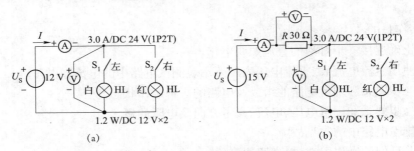

图 1-34　动车组标志灯模拟照明电路的连接与测试

（2）用万用表测量灯泡的电阻值，记录在表 1-6 中。

（3）把拨动开关拨到左边，即开关 S_1 闭合、S_2 断开，则白色标志灯亮，观察灯泡情况，分别用直流电压表和直流电流表测量电路的电流和电压，将测量结果与观察结果记录在表 1-6 中。

（4）断开电源，将图 1-34（a）电路改接成图 1-34（b）所示电路。用万用表测量分压电阻 R 的电阻值，记录在表 1-7 中。

（5）把拨动开关拨到右边，即开关 S_2 闭合、S_1 断开，则红色标志灯亮，观察灯泡情况，分别用直流电压表和直流电流表测量电路的电流和电压，将测量结果与观察结果记录在表 1-7 中。

（6）电路开路状态的测试。把拨动开关拨到中间，即开关 S_2、S_1 均断开，小灯泡都不会发光，分别用直流电压表和直流电流表测量电路的电流和电压，将测量结果与观察结果记录在表 1-8 中。

（五）测试与观察结果记录

表 1-6　灯泡的电阻值、电压和电流的测量值

$R_{红 HL} =$ ＿＿＿＿＿ Ω；　　　$R_{白 HL} =$ ＿＿＿＿＿ Ω

项目	电源	白 HL	红 HL	R	S_1 两端	S_2 两端
电压/V						
电流/mA						

表 1-7　分压电阻 R 的电阻值、电压和电流的测量值

$R_{红 HL} =$ ＿＿＿＿＿ Ω；　　$R_{白 HL} =$ ＿＿＿＿＿ Ω；　　$R =$ ＿＿＿＿＿ Ω

项目	电源	白 HL	红 HL	R	S_1 两端	S_2 两端
电压/V						
电流/mA						

表 1-8　电路的电流和电压测量值

项目	电源	白 HL	红 HL	R	S_1 两端	S_2 两端
电压/V						
电流/mA						

（六）注意事项

改接电路、接线和拆线时，一定要断开电源进行操作，切忌带电作业。

（七）回答问题

（1）开关断开时，灯泡不亮，为什么？

（2）开关合上时，要使灯泡正常点亮，电路中灯泡两端的电压必须等于多少？

（3）负载（外电路）开路时，外电路电阻对电源来说是多少？电路中的电流是多少？端口处两端的电压是多少？开关两端的电压是多少？灯泡两端的电压是多少？分压电阻 R 两端的电压是多少？

实作三　电位测量与基尔霍夫定律验证分析

（一）实作目的

（1）熟悉电位、电压及电流的测定方法。

（2）加深对基尔霍夫定律的理解和掌握。

（3）掌握直流稳压电源、万用表、电流表的使用方法。

（4）熟悉并理解电压、电流的参考方向。

（5）会排除电路中的简单故障。

（二）实作器材

实作器材见表1-9。

表1-9　实 作 器 材

器材名称	规格型号	数量
直流（双）稳压电源	YB1731A,0~30 V,3 A	1 台
数字万用表	VC890C +	1 块
指针式万用表	MF－47	1 块
直流线路板	自制	1 块
电阻	RJ－0.25－300 Ω	1 个
电阻	RJ－0.25－200 Ω	1 个
电阻	RJ－0.25－100 Ω	1 个
电阻	RJ－0.25－51 Ω	1 个
电阻	RJ－0.25－20 Ω	1 个
导线		若干

（三）实作前预习

（1）在电路中任取一点作为参考点，令参考点的电位为零，则另外某点到参考点之间的电压就是该点的电位。电位参考点可以任意选取，参考点不同，各点的电位也不同。电路中任意两点间的电压等于这两点间的电位差。电路中任意两点间的电压不会随参考点的变化而变化。

（2）基尔霍夫定律内容：

①基尔霍夫电流定律（KCL）。任何时刻，对任一节点，所有支路电流的代数和恒等于零，即 $\sum I = 0$（或 $\sum I_{流进} = \sum I_{流出}$）。

②基尔霍夫电流定律（KVL）。任何时刻，沿任一回路的各支路电压的代数和恒等于零，即 $\sum U = 0$。

（四）实作内容与步骤

1. 连接电路

按图 1-35 所示连接电路。经检查无误后接通电源。

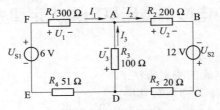

图 1-35　基尔霍夫定律验证

2. 测量电位

（1）以 A 为参考点（$V_A = 0$），用万用表测其余各点的电位。例如：测 B 点电位，将万用表的黑表笔放在 A 点，将红表笔放在 B 点，若指针正偏（或显示正数据），说明 B 点电位高于 A 点的电位，则 $V_B = V_B - V_A = U_{BA}$。若指针反偏（或显示负数据），说明 B 点电位低于 A 点的电位，应立即对调表笔，则 $V_B = V_B - V_A = -U_{AB}$。测量结果记录在表 1-10 中。

（2）以 D 为参考点（$V_D = 0$），用万用表测其余各点的电位，并将测量结果记录在表 1-10 中。

3. 验证基尔霍夫定律

1）验证基尔霍夫电流定律（KCL）

根据图 1-35 所示电流参考方向，分别测电流 I_1、I_2、I_3 的值。例如：测电流 I_1，将该支路中某点断开，把电流表的红黑表笔分别连接两个断点，即将电流表串联到该支路中去测量电流。电流从电流表的正极流入，负极流出。如指针正偏，则说明实际的电流方向和参考方向一致，电流值取正；如指针反偏，则说明实际的电流方向和参考方向相反，应立即对调表笔，电流值取负。将测量结果记录在表 1-11 中。

2）验证基尔霍夫电压定律（KVL）

用万用表分别测量 U_{AB}、U_{CD}、U_{DA}、U_{CE}、U_{FE}、U_{BF} 的值，并对回路 ABCDA、回路 BCEFB 分别验证 KVL。将测量结果记录在表 1-12 中。

（五）测试与观察结果记录

表 1-10　测各点的电位

项　　目	V_A/V	V_B/V	V_C/V	V_D/V	V_E/V	V_F/V
A 为参考点						
D 为参考点						

表 1-11　验证 KCL

I_1/mA		I_2/mA		I_3/mA		$(I_1 + I_3 - I_2)$/mA
测量值	计算值	测量值	计算值	测量值	计算值	测量值

表 1-12　验证 KVL

U_{AB}/V	U_{CD}/V	U_{DA}/V	$\sum U$/V（回路 ABCDA）	U_{CE}/V	U_{FE}/V	U_{BF}/V	$\sum U$/V（回路 BCEFB）

（六）注意事项

接线和拆线时,一定要断开电源进行操作,切忌带电作业。

（七）回答问题

（1）用测试数据举例说明在电路中选不同的参考点,对各点的电位有无影响？对各段的电压有无影响？

（2）用测试数据举例说明电路中任意两点的电压等于这两点间的电位差。

（3）用测试数据验证 KCL 和 KVL。

（4）测量值与计算值不完全一致,请分析其主要原因是什么？

实作考核评价

项目	步骤	分数	序号	考核内容及评分标准	配分	扣分	得分	备注
第一章实作考核（题目自定）例如：基尔霍夫定律验证分析	电路连接与实现	40	1	正确选择器材。选择错误一个扣2分,扣完为止	10			
			2	导线测试。导线不通引起的故障不能自己查找排除,一处扣2分,扣完为止	5			
			3	元件测试。接线前先测试电路中的关键元件,如果在电路测试时出现元件故障不能自己查找排除,一处扣3分,扣完为止	10			
			4	正确接线。每连接错误一根导线扣5分,扣完为止	15			
	测试	30	5	测量直流电压、电流。正确使用万用表测量直流电压、电流,并填表,每错一处扣3分;测量操作不规范扣2分,扣完为止	30			
	问答	10	6	共两题,回答问题不正确,每题扣5分;思维正确但描述不清楚,每题扣1~3分	10			
	整理	10	7	规范操作,不可带电插拔元器件,错误一次扣3分,扣完为止	5			
			8	正确穿戴,文明作业,违反规定,每处扣2分,扣完为止	2			
			9	操作台整理,测试合格应正确复位仪器仪表,保持工作台整洁有序,如果不符合要求,每处扣2分,扣为完止	3			
时限	10			时限为45 min,每超1 min扣1分,扣完为止	10			
合　计					100			

注意:操作中出现各种人为损坏设备的情况,考核成绩不合格且按照学校相关规定处理。

小　结

（1）电路是由理想电路元件构成的理想化电路模型。在电路分析中，都是用电路模型代替实际电路进行分析与研究。电路通常都包含三个基本组成部分：电源、中间环节和负载。

（2）电路的基本物理量有电流、电压、电位、电功率。

电流是由电荷的定向移动形成的。电流的大小通常用电流强度来表示，即 $i = \lim\limits_{\Delta t \to 0} \dfrac{\Delta q}{\Delta t} = \dfrac{\mathrm{d}q}{\mathrm{d}t}$。电流的实际方向规定为正电荷运动的方向，在电路分析中可任意假定电流的参考方向。电流不仅代表一种物理量，同时也是一种物理现象。

任意两点 a、b 之间的电压在数值上等于电场力把单位电荷由 a 点移动到 b 点所做的功，与被移动电荷量 q 的比值，即 $u_{ab} = \dfrac{\mathrm{d}W}{\mathrm{d}q}$。在电路中，a、b 两点间的电压等于 a、b 两点间的电位之差，即 $U_{ab} = V_a - V_b$。在电路中，电位的数值是跟随参考点而变的，而任意两点间电压的数值是不随参考点而变的。规定电压的实际方向是从高电位点指向低电位点，在电路分析中可任意假定电压的参考方向。通常取元件的电压、电流的参考方向为关联参考方向。

电功率是电路在单位时间内吸收或释放的能量，即 $p = \dfrac{\mathrm{d}W}{\mathrm{d}t}$。在电压和电流关联参考方向下，电路吸收的功率为 $p = ui$；在电压和电流非关联参考方向下，电路吸收的功率为 $p = -ui$。若 $p > 0$，则表示电路吸收功率；若 $p < 0$，则表示电路释放（发出）功率。

电场能是指电场力推动正电荷做功过程中，电路吸收（消耗）的能量，即 $W = \int_{t_0}^{t} p\,\mathrm{d}t$，工程中常用千瓦·时表示，也就是常说的度。

（3）常见的基本电路元件有电阻、电感、电容、独立电源。

线性无源二端元件电阻的电压、电流关系在关联参考方向下，满足欧姆定律，即 $R = \dfrac{u}{i}$ 或 $R = \dfrac{U}{I}$（直流电路）；电感、电容元件的电压、电流关系在关联参考方向下分别为 $u_L(t) = L\dfrac{\mathrm{d}i(t)}{\mathrm{d}t}$、$i_C(t) = C\dfrac{\mathrm{d}u(t)}{\mathrm{d}t}$。

独立电源包含电压源和电流源。电压源是指输出端电压是恒定的或者随时间变化的，而与流过电压源的电流无关。电流源是指输出端电流是恒定的或者随时间变化的，而与电流源两端的电压无关。

（4）电路有三种工作状态，即空载状态、短路状态和负载状态。

（5）基尔霍夫定律是集总参数电路的基本定律，包含基尔霍夫电流定律（简称 KCL）和基尔霍夫电压定律（简称 KVL）。KCL 是指电路中流入任一节点的电流等于流出节点的电流,满足电荷能量守恒定律;KVL 是指任一回路中的所有电压降之和恒为零。利用 KCL 和 KVL 可以分析和计算电路。

习　题

一、填空题

(1)电流所经过的路径称为_____,通常由_____、_____和_____三部分组成。

(2)实际电路的功能主要是进行能量的_____、_____和_____;电信号的_____、_____、_____和_____;电路的_____;信息的_____。

(3)由_____元件构成的、与实际电路相对应的电路称为_____。

(4)电荷的_____移动形成电流,电流的实际方向为_____移动的方向。

(5)无源二端理想电路元件包括_____元件、_____元件和_____元件。

(6)在直流稳态电路中,电感元件相当于_____,而电容元件相当于_____。

(7)理想电压源输出的_____值恒定,输出的_____值由它本身和外电路共同决定;理想电流源输出的_____值恒定,输出的_____值由它本身和外电路共同决定。

(8)独立电压源和电流源可以向外电路_____能量,也可以从外电路_____能量。

(9)节点是指汇聚_____或_____以上导线的点。

(10)任意两节点之间不分叉的一条电路,称为一个_____;电路中任何一个闭合路径称为一个_____。

(11)KCL 即_____定律,指在任一瞬间,流入任一节点的_____代数和恒等于零,其数学表达式为_____。KVL 即_____定律,指在任一瞬间,沿任一闭合回路绕行一周,_____的代数和恒等于零,其数学表达式为_____。

二、判断题

(1)某电压的计算结果得负值,说明该电压的参考方向和实际方向相反。　　　(　　)

(2)电路分析中一个电流得负值,说明它小于零。　　　(　　)

(3)当电路中的参考点改变时,某点的电位不会随之改变。　　　(　　)

(4)一般来说,电路中负载的电压、电流参考方向是关联方向。　　　(　　)

(5)电感元件在电路中不消耗能量,它是储能元件。　　　(　　)

(6)在直流电路中,电感元件相当于一条拉长的导线。　　　(　　)

(7)当取关联参考方向时,理想电容元件的电压与电流的约束关系是 $i_C = C\dfrac{\mathrm{d}u_C}{\mathrm{d}t}$,理想电感元件的电压与电流的约束关系是 $u_L = L\dfrac{\mathrm{d}i_L}{\mathrm{d}t}$。　　　(　　)

(8)理想电压源的电压与流过它的电流无关。　　　(　　)

(9)理想电流源的电流与它两端的电压有关。　　　(　　)

(10)电路中任一瞬间流入节点的电流的代数和都等于零。　　　(　　)

(11) 应用基尔霍夫定律列写方程式时,可以不参照参考方向。　　　　　　(　　)

三、单选题

(1) 用万用表测电阻时,应选择使指针指向标度尺的(　　)时的倍率挡较为准确。

　　　A. 前 1/3 段　　　　　B. 中间 1/3 段　　　　C. 后 1/3 段　　　　　D. 不确定

(2) 电路中主要物理量是(　　)。

　　　A. 电压、电流　　　　　　　　　　　　　　B. 电压、电功率

　　　C. 电流、电功率　　　　　　　　　　　　　D. 电压、电流、电功率

(3) 下面哪一种说法是正确的(　　)。

　　　A. 电流的实际方向规定为正电荷定向移动的方向

　　　B. 电流的实际方向规定为负电荷定向移动的方向

　　　C. 电流的实际方向规定从高电位指向低电位

　　　D. 电流的实际方向规定从低电位指向高电位

(4) 当电路中电流的参考方向与电流的实际方向相反时,该电流(　　)。

　　　A. 一定为负值　　　　　　　　　　　　　　B. 一定为正值

　　　C. 不能肯定是正值或负值　　　　　　　　　D. 为零

(5) 已知空间有 a、b 两点,电压 $U_{ab} = 8$ V,a 点电位 $V_a = 4$ V,则 b 点电位 V_b 为(　　)。

　　　A. 4 V　　　　　　　B. -4 V　　　　　　　C. 12 V　　　　　　　D. -12 V

(6) 当电阻 R 上的 u、i 参考方向为关联时,欧姆定律的表达式应为(　　)。

　　　A. $u = Ri$　　　　　B. $u = -Ri$　　　　　C. $u = R|i|$　　　　　D. $u = |R|i$

(7) 导体对电流的阻碍作用称为电阻,电阻的主要物理特征是(　　)。

　　　A. 变电能为热能　　　　　　　　　　　　　B. 变热能为电能

　　　C. 变电能为光能　　　　　　　　　　　　　D. 变光能为电能

(8) 某楼内有 220 V、60 W 的灯泡 100 只,平均每天使用 4 h,每月(一个月按 30 天计算)消耗(　　)度电能。

　　　A. 7 200　　　　　　　B. 2 880　　　　　　　C. 720　　　　　　　D. 360

(9) 一台冰箱的压缩机功率为 110 W,若开停比为 1:2(即开机 20 min,停机 40 min),则一个月(以 30 天计)压缩机耗电(　　)。

　　　A. 25 kW·h　　　　　B. 26.4 kW·h　　　　　C. 39.6 kW·h　　　　　D. 30 kW·h

(10) 电阻是(　　)的元件,电感是(　　)的元件,电容是(　　)的元件。

　　　A. 储存电场能,储存磁场能,耗能　　　　　B. 耗能,储存电场能,储存磁场能

　　　C. 储存磁场能,耗能,储存电场能　　　　　D. 耗能,储存磁场能,储存电场能

(11) 如图 1-36 所示电路,测 R_2 两端电压发现 $U_2 = U$,产生该现象的原因是(　　)。

　　　A. R_1 短路　　　　　B. R_2 短路　　　　　C. R_1 断路　　　　　D. R_2 断路

(12) 图 1-37 为某电路的一部分,已知 $I_1 = -1$ A,$I_S = 2$ A,则 I_2 和 U_{ab} 的大小分别为(　　)。

　　　A. 3 A,12 V　　　　　B. 3 A,-12 V　　　　C. 1 A,12 V　　　　　D. 1 A,-12 V

(13) 图 1-38 为某电路的一部分,已知 $U_{ab} = 0$,则 I 为(　　)。

A. 0 A　　　　　B. 1. 6 A　　　　　C. 2 A　　　　　D. 4 A

(14)在图 1-39 所示电路中,2 Ω 电阻(　　　)。

A. 吸收 32 W 功率　　　　　　　B. 释放 32 W 功率

C. 吸收 16 W 功率　　　　　　　D. 释放 16 W 功率

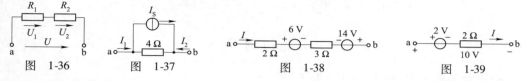

图 1-36　　　　图 1-37　　　　图 1-38　　　　图 1-39

四、分析计算题

(1)在图 1-40 所示电路中,方框泛指电路中的一般元件,试分别指出图中各电压的实际极性。

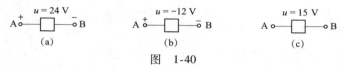

图 1-40

(2)在图 1-41 所示的电路中,方框泛指电路中的一般元件,试求各元件吸收的功率。

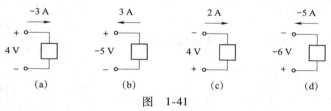

图 1-41

(3)一个额定值为 5 W、100 Ω 的电阻器,使用时最高能加多少伏电压,能允许通过多少安的电流?

(4)已知电路如图 1-42 所示,计算各点电位 V_a、V_b、V_c 及回路电流 I。

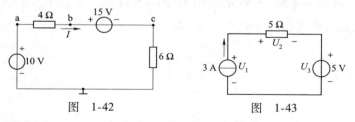

图 1-42　　　　　　　　　图 1-43

(5)已知电路如图 1-43 所示,计算图示电路中电流源的端电压 U_1,5 Ω 电阻两端的电压 U_2 及电流源、电阻、电压源吸收的功率 P_1、P_2、P_3。

(6)如图 1-44 所示电路,已知电压 $U_{S1}=10$ V,$U_{S2}=5$ V,电阻 $R_1=5$ Ω,$R_2=10$ Ω,电容 $C=0.1$ F,电感 $L=0.1$ H,分别求电路中的电压 U_1、U_2。

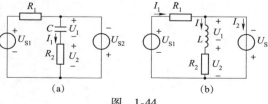

图 1-44

(7)电路如图 1-45 所示,试求 U_{ab} 的表达式。

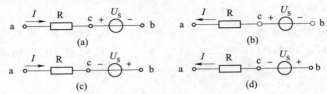

图 1-45

(8)电路如图 1-46 所示,求 U_{AB} 和 I。

(9)列出图 1-47 所示电路中的 KCL、KVL 方程。

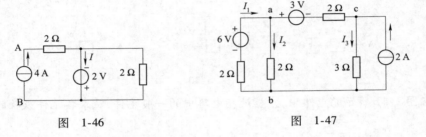

图 1-46   图 1-47

(10)求图 1-48 所示电路中 6 Ω 电阻的电流 I。

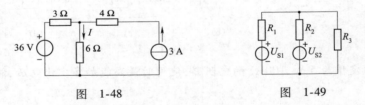

图 1-48   图 1-49

(11)如图 1-49 所示电路,已知 $R_1 = 10\ \Omega$、$R_2 = 5\ \Omega$、$R_3 = 5\ \Omega$、$U_{S1} = 13\ V$、$U_{S2} = 6\ V$,试求各支路电流及各元件吸收的功率。

第二章　线性网络的等效变换、一般分析法和基本定理

　　本章以直流电阻电路为讨论对象,介绍线性网络的等效变换(电阻的串、并联等效,电阻星形联结与三角形联结的等效变换、电源的等效变换、受控源及含受控源二端网络的等效变换)、线性网络常用的一般分析方法(支路电流法、网孔分析法、节点电压法)、线性网络常用的基本定理(叠加定理、替代定理、戴维南定理和诺顿定理)。

　　线性网络的等效变换方法适用于比较简单的电路,但在逐步化简解题过程中,电路结构会发生变化。线性网络的一般分析方法不需要改变电路结构,且能对比较复杂的电路进行全面性、一般性、系统化分析。线性网络的基本定理反映了线性网络的一些重要性质,有助于我们深入了解电路的规律。

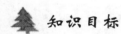 能力目标

　　(1)能正确连接与测试多电源直流电路;
　　(2)能对简单电路和复杂电路进行分析计算;
　　(3)能查找和处理直流电路的常见故障。

🌲 知识目标

　　(1)熟悉二端网络及其等效概念;
　　(2)掌握电阻的串、并、混联等效知识,熟悉直流电压表、电流表扩大量程的方法;
　　(3)熟悉电阻的丫-△等效变换方法;
　　(4)掌握两种实际电源模型之间的等效变换;
　　(5)了解受控源的概念及含受控源电路的等效变换;
　　(6)掌握线性网络的一般分析法:支路电流法、网孔分析法、节点电压法;
　　(7)掌握描述线性网络重要性质的基本定理:叠加定理、替代定理、戴维南定理和诺顿定理。

第一节　二端网络的定义和等效概念

 知识点一　二端网络的定义

　　任何一个只有两个端钮与外部相连接的电路,不管其内部结构如何,都称为二端网络,

也称为一端口网络或单口网络。如图 2-1 所示，二端网络 A 通过两个端钮 a、b 与外电路相连接。每一个二端元件就是一个最简单的二端网络。

根据网络内部是否含有独立电源，二端网络又分为有源二端网络和无源二端网络。图 2-2(a)是有源二端网络，图 2-2(b)是无源二端网络。

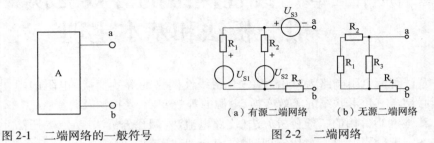

图 2-1　二端网络的一般符号　　　　图 2-2　二端网络

 知识点二　二端网络的等效概念

当二端网络 A 与二端网络 A_1 在端钮 a、b 的伏安特性相同时，即 $I = I_1$，$U = U_1$，则称 A 与 A_1 是两个对外电路等效的网络，如图 2-3(a)、(b)所示。图中，U、I 分别是二端网络 A 的端口电压和端口电流，U_1、I_1 分别是二端网络 A_1 的端口电压和端口电流。

图 2-3　二端网络等效的概念

第二节　电阻的串、并、混联及等效变换

一个无源线性电阻二端网络，总可以用一个电阻元件与之等效。这个电阻元件的阻值就称为该电阻网络的等效电阻，等于该网络在关联参考方向下端口电压与端口电流的比值。

 知识点一　电阻的串联与分压公式

图 2-4(a)所示为 n 个电阻串联形成的二端网络，其特点是电路无分支，流过各电阻的电流相同。网络端口电压为 U，端口电流 I 即为各电阻元件上流过的电流，U_1、U_2、$\cdots$、U_n 分别为各电阻上的电压，参考方向如图 2-4(a)所示。根据 KVL 和欧姆定律，有

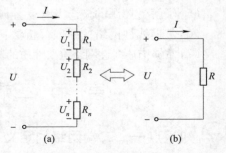

图 2-4　电阻的串联等效

$$U = U_1 + U_2 + \cdots + U_n$$
$$= (R_1 + R_2 + \cdots + R_n)I \tag{2-1}$$
$$= RI$$

式中
$$R = \frac{U}{I} = R_1 + R_2 + \cdots + R_n \tag{2-2}$$

称为这些串联电阻的等效电阻,如图 2-4(b)所示,显然串联等效电阻大于任意一个串联电阻。图 2-4(a)电路和图 2-4(b)电路,就端口电压、电流关系而言是等效的,表明 n 个电阻串联可以对外等效为由式(2-2)确定的电阻。

电阻串联时,各电阻上的电压与端口总电压满足

$$U_k = R_k I = \frac{R_k}{R} U \tag{2-3}$$

可见,各串联电阻的电压与该电阻值成正比,或者说端口电压按各串联电阻的电阻值进行分配。式(2-3)称为串联电阻的分压公式。需要注意的是:在使用分压公式时,应关注各电压的参考方向。

【例 2-1】　如图 2-5 所示,有一内阻 $R_g = 1$ kΩ,满偏电流 $I_g = 10$ μA 的表头,若要将其改装成量程为 10 V 的电压表,问需串联一个多大的分压电阻?

解　由图 2-5 可知
$$U = (R_g + R)I_g$$

则
$$R = \frac{U}{I_g} - R_g = \left(\frac{10}{10 \times 10^{-6}} - 1\,000\right)\Omega = 999 \text{ kΩ}$$

即与表头需串联一个 999 kΩ 的分压电阻。

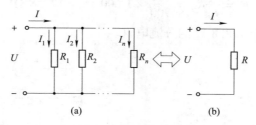

图 2-5　例 2-1 图

 知识点二　电阻的并联与分流公式

图 2-6(a)所示为 n 个电阻并联形成的二端网络,其特点是各并联电阻两端的电压相同。网络端口电压为 U,端口电流 I 即为各电阻元件上流过的电流之和,I_1、I_2、$\cdots$、I_n 分别为各电阻上流过的电流,参考方向如图 2-6(a)所示。

图 2-6　电阻的并联等效

根据 KCL 和欧姆定律有

$$I = I_1 + I_2 + \cdots + I_n = \frac{U}{R_1} + \frac{U}{R_2} + \cdots + \frac{U}{R_n} = \frac{U}{R} \tag{2-4}$$

式中

$$\frac{1}{R} = \frac{I}{U} = \frac{1}{R_1} + \frac{1}{R_2} + \cdots + \frac{1}{R_n} \qquad (2\text{-}5)$$

或写成

$$G = \frac{I}{U} = G_1 + G_2 + \cdots + G_n \qquad (2\text{-}6)$$

式(2-5)中的 R 称为这些并联电阻的等效电阻,如图 2-6(b)所示,显然并联等效电阻小于任意一个并联电阻。式(2-6)中的 G 称为这些并联电阻的等效电导,电导是电阻的倒数,单位是西门子,简称西(S)。可见 n 个电阻并联时,其等效电导等于端口电流与端口电压的比值,等于各并联电导之和。图 2-6(a)电路和图 2-6(b)电路,就端口电压、电流关系而言是等效的。

当只有两个电阻 R_1、R_2 并联时,其等效电阻为

$$\frac{1}{R} = \frac{1}{R_1} + \frac{1}{R_2} \Rightarrow R = \frac{R_1 R_2}{R_1 + R_2} \qquad (2\text{-}7)$$

电阻并联时,各电阻(电导)上的电流与端口总电流满足

$$I_k = \frac{U}{R_k} = \frac{R}{R_k}I \qquad (2\text{-}8)$$

式(2-8)称为并联电阻的分流公式。需要注意的是:在使用分流公式时,应关注各电流的参考方向。

当只有两个电阻 R_1、R_2 并联时,分流公式为

$$\begin{cases} I_1 = \dfrac{U}{R_1} = \dfrac{1}{R_1} \times \dfrac{R_1 R_2}{R_1 + R_2}I = \dfrac{R_2}{R_1 + R_2}I \\[3mm] I_2 = \dfrac{U}{R_2} = \dfrac{1}{R_2} \times \dfrac{R_1 R_2}{R_1 + R_2}I = \dfrac{R_1}{R_1 + R_2}I \end{cases} \qquad (2\text{-}9)$$

【例 2-2】 如图 2-7 所示,有一内阻 $R_g = 1.6\ \text{k}\Omega$,满偏电流 $I_g = 100\ \mu\text{A}$ 的表头,若要将其改装成量程为 1 mA 的电流表,需并联一个多大的分流电阻?

解 要改装成 1 mA 的电流表,应使 1 mA 的电流通过电流表时,表头指针刚好满偏。

根据 KCL $\qquad I_R = I - I_g = (1 \times 10^{-3} - 100 \times 10^{-6})\text{A} = 900\ \mu\text{A}$

根据并联电路的特点,有

$$I_R R = I_g R_g$$

则

$$R = \frac{I_g}{I_R}R_g = \frac{100}{900} \times 1\ 600\ \Omega = 177.8\ \Omega$$

即在表头两端需并联一个 177.8 Ω 的分流电阻。

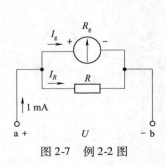

图 2-7 例 2-2 图

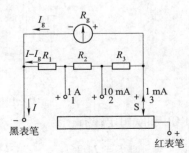

图 2-8 例 2-3 图

【例 2-3】　多量程电流表如图 2-8 所示。若表头内阻 $R_g = 1.6$ kΩ，满偏电流 $I_g = 100$ μA，今欲扩大量程为 1 mA、10 mA、1 A 三挡，试求 R_1、R_2、R_3 的值。

解　1 mA 挡：当分流器 S 在位置"3"时，量程为 1 mA，即 $I = 1$ mA，分流电阻为 $R_1 + R_2 + R_3$，由例 2-2 可知，分流电阻

$$R_1 + R_2 + R_3 = 177.8 \ \Omega$$

1A 挡：当分流器 S 在位置"1"时，量程为 1 A，即 $I = 1$ A，此时，R_1 与 $(R_g + R_2 + R_3)$ 并联分流，有

$$(I - I_g)R_1 = I_g(R_g + R_2 + R_3)$$

则　　$R_1 = \dfrac{I_g}{I}(R_g + R_1 + R_2 + R_3) = \dfrac{100 \times 10^{-6}}{1} \times (1\,600 + 177.8)\Omega = 0.177\,8 \ \Omega$

10 mA 挡：当分流器 S 在位置"2"时，量程为 10 mA，即 $I = 10$ mA，此时，$(R_1 + R_2)$ 与 $(R_g + R_3)$ 并联分流，有

$$(I - I_g)(R_1 + R_2) = I_g(R_g + R_3)$$
$$I(R_1 + R_2) - I_g(R_1 + R_2) = I_g(R_g + R_3)$$

$$R_1 + R_2 = \dfrac{I_g}{I}(R_g + R_1 + R_2 + R_3) = \dfrac{100 \times 10^{-6}}{10 \times 10^{-3}} \times (1\,600 + 177.8) \ \Omega = 17.78 \ \Omega$$

$$R_2 = 17.78 - R_1 = (17.78 - 0.177\,8) \ \Omega = 17.6 \ \Omega$$

$$R_3 = 177.8 - (R_1 + R_2) = (177.8 - 17.78) \ \Omega = 160 \ \Omega$$

知识点三　电阻的混联

电路中既有电阻的串联，又有电阻的并联，这种连接方式称为电阻的混联。混联电路虽然形式多样，但是经过串并联化简，仍可等效为一个电阻。

【例 2-4】　电路如图 2-9(a)所示，求 ab 端口的等效电阻。

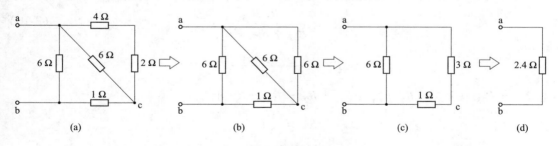

(a)　　　　　　　(b)　　　　　　　(c)　　　　　　　(d)

图 2-9　例 2-4 图

解　先求出 ac 两端点的等效电阻，如图 2-9(b)、(c)所示

$$R_{ac} = [(2 + 4) // 6]\Omega = \dfrac{6 \times 6}{6 + 6}\Omega = 3 \ \Omega$$

如图 2-9(d)所示，ab 之间的等效电阻为

$$R_{ab} = [(R_{ac} + 1) // 6]\Omega = [(3 + 1) // 6] \ \Omega = \dfrac{4 \times 6}{4 + 6} \ \Omega = 2.4 \ \Omega$$

第三节 电阻的星形与三角形联结及其等效变换

如图 2-10(a)所示,三个电阻 R_1、R_2、R_3 各有一端连接在一起成为电路中的一个节点 0,而另一端分别接在 1、2、3 三个不同的端钮上,这种连接方式称为电阻的星形(Y)联结。图 2-10(b)中的三个电阻 R_{12}、R_{23}、R_{31} 则分别接在 1、2、3 三个端钮的每两个之间,这种连接方式称为电阻的三角形(△)联结。

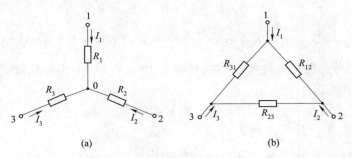

图 2-10 电阻的星形联结和三角形联结

电阻的星形、三角形联结都是通过三个端钮与外电路相连的,所以是一个最简单的三端电阻网络。如果将这两种三端网络进行等效变换,则等效变换的原则仍是要求它们的外特性形同,即它们对应端钮间的电压相同,流入对应端钮的电流分别相同。

可以证明星形联结电阻网络与三角形联结电阻网络的等效变换公式如下:

将三角形联结电阻网络变换成星形联结电阻网络时

$$\begin{cases} R_1 = \dfrac{R_{31}R_{12}}{R_{12} + R_{23} + R_{31}} \\[3mm] R_2 = \dfrac{R_{12}R_{23}}{R_{12} + R_{23} + R_{31}} \\[3mm] R_3 = \dfrac{R_{23}R_{31}}{R_{12} + R_{23} + R_{31}} \end{cases} \quad (2\text{-}10)$$

当 $R_{12} = R_{23} = R_{31} = R_\triangle$ 时,有 $R_1 = R_2 = R_3 = R_Y$,且

$$R_Y = \frac{1}{3}R_\triangle$$

将星形联结电阻网络变换成三角形联结电阻网络时

$$\begin{cases} R_{12} = \dfrac{R_1R_2 + R_2R_3 + R_3R_1}{R_3} \\[3mm] R_{23} = \dfrac{R_1R_2 + R_2R_3 + R_3R_1}{R_1} \\[3mm] R_{31} = \dfrac{R_1R_2 + R_2R_3 + R_3R_1}{R_2} \end{cases} \quad (2\text{-}11)$$

当时 $R_1 = R_2 = R_3 = R_Y$，有 $R_{12} = R_{23} = R_{31} = R_\triangle$，且

$$R_\triangle = 3R_Y$$

【例2-5】　如图2-11(a)所示，求桥式电路 ab 端口的等效电阻。

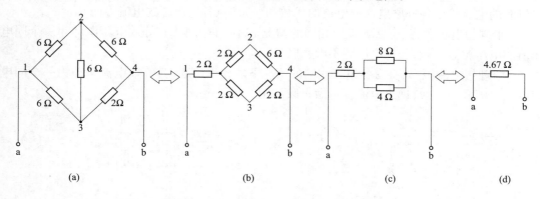

图2-11　例2-5图

解　将连接到节点1、2、3上的三角形电阻网络等效变换成星形电阻网络，如图2-11(b)所示，则

$$R_Y = \frac{1}{3}R_\triangle = \frac{1}{3} \times 6\ \Omega = 2\ \Omega$$

将图2-11(b)进行串联等效得到图2-11(c)，再将图2-11(c)进行串并联等效得到图2-11(d)，有

$$R_{ab} = \left[2 + (2+6) \mathbin{/\mkern-5mu/} (2+2)\right]\Omega = \left(2 + \frac{8 \times 4}{8+4}\right)\Omega = 4.67\ \Omega$$

此题还可先将连接到节点2上的星形电阻网络变换成三角形电阻网络。读者可自行解答。

第四节　电源的等效变换

知识点一　理想电源的等效变换

1. 理想电压源的串联等效

图2-12(a)所示为 n 个理想电压源串联形成的二端网络，根据 KVL，有

$$U_S = U_{S1} + U_{S2} + \cdots + U_{Sn} = \sum_{k=1}^{n} U_{Sk} \tag{2-12}$$

即当 n 个理想电压源串联时，可以用一个等效电压源来替代，如图2-12(b)所示，这个等效电压源的电压等于各串联电压源电压的代数和（应注意各电压源的电压方向）。

2. 理想电流源的并联等效

图2-13(a)所示为 n 个理想电流源并联形成的二端网络，根据 KCL，有

$$I_S = I_{S1} + I_{S2} + \cdots + I_{Sn} = \sum_{k=1}^{n} I_{Sk} \qquad (2\text{-}13)$$

即当 n 个理想电流源并联时,可以用一个等效电流源来替代,如图 2-13(b)所示,这个等效电流源的电流等于各并联电流源电流的代数和(应注意各电流源的电流方向)。

n 个理想电压源,只有在各电压相同的情况下才允许并联,其等效电压源即为一个同电压值的电压源。一般,理想电压源不做并联使用。

n 个理想电流源,只有在各电流相同的情况下才允许串联,其等效电流源即为一个同电流值的电流源。一般,理想电流源不做串联使用。

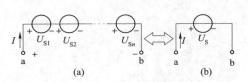

图 2-12　电压源串联等效

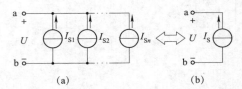

图 2-13　电流源并联等效

3. 理想电压源与任何二端元件或支路的并联等效

如图 2-14(a)、(b)、(c)所示,与理想电压源 U_S 并联的任何二端元件或支路,对电压源的电压无影响,对外电路而言,该并联电路可以用一个等效电压源来替代。等效电压源的电压仍为 U_S,但等效电压源的电流不等于替代前的电压源电流,而等于端口电流 I。

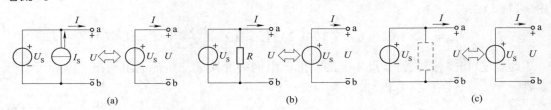

图 2-14　电压源与任何二端元件或支路的并联等效

4. 理想电流源与任何二端元件或支路的串联等效

如图 2-15 所示,与理想电流源 I_S 串联的任何二端元件或支路,对电流源的电流无影响,对外电路而言,该串联电路可以用一个等效电流源来替代。等效电流源的电流仍为 I_S,但等效电流源两端的电压不等于替代前的电流源电压,而等于端口电压 U。

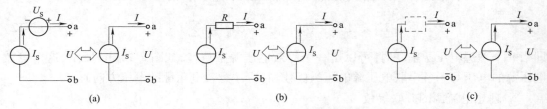

图 2-15　电流源与任何二端元件或支路的串联等效

【例2-6】 求图2-16(a)所示二端网络的最简电路。

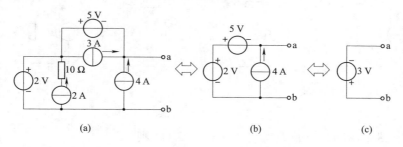

图 2-16 例 2-6 图

解 应用理想电源的串、并联等效化简方法,可得最简电路如图2-16(c)所示。

💡 知识点二 两种实际电源模型之间的等效变换

在第一章已经介绍过实际电压源模型,如图 2-17(a)所示;
实际电流源模型,如图 2-17(b)所示。

图 2-17(a)的端口伏安特性关系是

$$U = U_S - IR_S$$

即

$$I = \frac{U_S}{R_S} - \frac{U}{R_S} \qquad (2\text{-}14)$$

图 2-17 两种实际电源模型

图 2-17(b)的端口伏安特性关系是

$$I = I_S - \frac{U}{R'_S} \qquad (2\text{-}15)$$

比较式(2-14)和式(2-15),可得两种实际电源模型的等效条件为

$$\begin{cases} I_S = \dfrac{U_S}{R_S} \\ R_S = R'_S \end{cases} \qquad (2\text{-}16)$$

式(2-16)就是在端口伏安关系保持不变的前提下,实际电压源与实际电流源的等效变换公式。

实际电源模型等效变换的注意事项:

(1)图 2-17(a)中电压源从负极到正极的方向应与图 2-17(b)中电流源的电流方向一致。

(2)实际电源的等效变换仅对其外电路等效,即对计算外电路的电流、电压等效,而对计算电源内部的电流、电压不等效。

(3)如果把两种实际电源模型的相互等效,进一步理解为对含源支路的等效变换,则电阻 R_S 和 R'_S 在电路中不一定要求是电源的内阻。

(4)理想电流源与理想电压源不能等效,因为它们的伏安特性完全不同。

【例2-7】 试完成图 2-18 所示电路的等效变换。

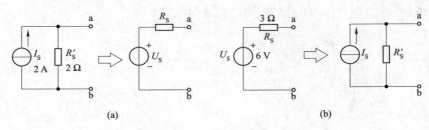

图 2-18 例 2-7 图

解 图 2-18(a)：已知 $I_S = 2\text{ A}$，$R'_S = 2\ \Omega$，则

$$U_S = I_S R'_S = 2\text{ A} \times 2\ \Omega = 4\text{ V}$$

$$R_S = R'_S = 2\ \Omega$$

图 2-18(b)：已知 $U_S = 6\text{ V}$，$R_S = 3\ \Omega$，则

$$I_S = \frac{U_S}{R_S} = \frac{6\text{ V}}{3\ \Omega} = 2\text{ A}$$

$$R'_S = R_S = 3\ \Omega$$

【例 2-8】 如图 2-19(a)所示电路，试用电源等效变换的方法求通过电阻 R_3 上的电流 I_3。

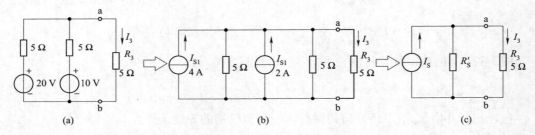

图 2-19 例 2-8 图

解 将 R_3 看成外电路，对 ab 端口左边的含源二端网络进行等效变换。

(1)将实际电压源等效为实际电流源，如图 2-19(b)所示。

$$I_{S1} = \frac{20}{5}\text{ A} = 4\text{ A}$$

$$I_{S2} = \frac{10}{5}\text{ A} = 2\text{ A}$$

(2)合并等效如图 2-19(c)所示。有

$$I_S = I_{S1} + I_{S2} = (4 + 2)\text{ A} = 6\text{ A}$$

$$R'_S = \frac{5 \times 5}{5 + 5}\ \Omega = 2.5\ \Omega$$

(3)对图 2-19(c)用分流公式计算 I_3，得

$$I_3 = \frac{R'_S}{R'_S + R_3} I_S = \frac{2.5}{2.5 + 5} \times 6\text{ A} = 2\text{ A}$$

第五节　受控源及含受控源二端网络的等效变换

知识点一　受控源的概念

　　前面介绍的电压源和电流源,都是独立电源。所谓独立电源,是指电压源的电压和电流源的电流由其本身决定,不受所连接的外电路影响。此外,在电路中还会遇到另一类电源,它们的电压或电流受电路中其他部分的电压或电流控制,这种电源称为受控源或非独立电源。受控源虽然也是电源,但它与独立电源有着本质的区别。独立电源常作为激励对电路起作用,使电路产生响应,独立电源作为电路的输入,反映外界对电路的作用。受控源本身不能直接起激励作用,反映电路中某处的电压或电流能控制另一处的电压或电流。

　　受控源是实际器件的一种理想模型。许多电子器件可以用受控源作为它们的电路模型来描述其工作性能。例如,半导体三极管的集电极电流受基极电流控制,运算放大器的输出受输入控制,将这些器件理想化,就可以用不同种类的受控源来描述其工作性能。

知识点二　受控源的种类

　　受控源通常有两对端钮,一对输入端、一对输出端。输入端为控制量的端口,控制量可以是电压或电流;输出端输出的是被控制的电压或电流。因此,按照控制量和被控制量的不同,受控源共有四种:电压控制电压源(VCVS)、电压控制电流源(VCCS)、电流控制电压源(CCVS)和电流控制电流源(CCCS)。四种受控源在电路中的图形符号分别如图 2-20(a)、(b)、(c)、(d)所示。为了与独立电源区别,用菱形符号表示受控源的电源部分。图中 U_1、I_1 分别表示控制电压和控制电流,μ、g、γ 和 β 分别表示有关的控制系数,其中 μ 和 β 的量纲为 1,γ 和 g 分别具有电阻和电导的量纲。μ、g、γ 和 β 为常数时,受控源是线性受控源。本书讨论的受控源均指线性受控源。

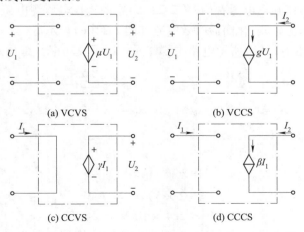

(a) VCVS　　　　　　　(b) VCCS

(c) CCVS　　　　　　　(d) CCCS

图 2-20　受控源的四种形式

VCVS 的特性表示为 $\qquad$ $U_2 = \mu U_1$

VCCS 的特性表示为 $\qquad$ $I_2 = g U_1$

CCVS 的特性表示为 $\qquad$ $U_2 = \gamma I_1$

CCCS 的特性表示为 $\qquad$ $I_2 = \beta I_1$

例如,半导体三极管是常见的一种电子器件,有基极 B、集电极 C 和发射极 E 三个电极,如图 2-21(a)所示。当它工作在放大状态时,集电极电流 i_c 受基极电流 i_b 控制,属于 CCCS,即 $i_c = \beta i_b$。半导体三极管的微变等效电路如图 2-21(b)所示。

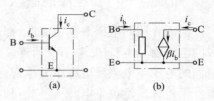

图 2-21　CCCS 的一个例图

需要注意的是:当受控源的控制量为 0 时,受控源的输出电压或电流也为 0。

 知识点三　含受控源二端网络的等效变换

含受控源电路和不含受控源电路的分析方法基本相同,不同之处在于需要增加一个控制量与所求变量之间的关系方程。含受控源电路在变换过程中,控制量在变换前后要始终保持不变。

1. 受控源当作独立电源看待

【例 2-9】　将图 2-22(a)所示受控电流源变换成受控电压源。

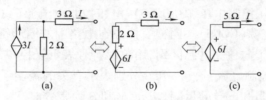

图 2-22　例 2-9 图

解　将受控源当作独立电源看待,图 2-22(b)中的受控电压源电压为 $2 \times 3I = 6I$,$2\ \Omega$ 电阻变成与受控电压源串联,化简后等效电路如图 2-22(c)所示。

【例 2-10】　求图 2-23(a)所示电路中哪些元件在吸收功率?哪些元件在释放功率?

图 2-23　例 2-10 图

解
$$U = (2 \times 5)\ \text{V} = 10\ \text{V}$$
$$2.4U = 2.4 \times 10\ \text{V} = 24\ \text{V}$$

设 2 A 电流源的端电压为 U_1,U_1 的参考方向与回路绕行如图 2-23(b)所示,由 KVL 列方程得

$$U + 2.4U - U_1 = 0$$
$$U_1 = (10 + 24)\,\text{V} = 34\,\text{V}$$

5 Ω 电阻的功率为　　$P_1 = (2^2 \times 5)\,\text{W} = 20\,\text{W}$

2 A 电流源的功率为　　$P_2 = -(U_1 \times 2)\,\text{W} = -(34 \times 2)\,\text{W} = -68\,\text{W}$

受控源的功率为　　$P_3 = (2.4U \times 2)\,\text{W} = (24 \times 2)\,\text{W} = 48\,\text{W}$

经验证　　　　　　$\sum P = P_1 + P_2 + P_3 = 0$

所以,电阻消耗功率 20 W,受控源消耗功率 48 W,电流源释放功率 68 W。

2. 受控源当作电阻看待

含受控源和电阻的二端网络可以等效为一个正电阻或负电阻,其等效电阻的阻值等于端口外加的一个电压源电压和由此产生的端口电流的比值。方法是利用 KCL 和 KVL 列写端口电压、电流关系方程,并计算出端口电压与电流的比值,即为所求等效电阻。

【例 2-11】　求图 2-24(a)所示电路的等效电阻。

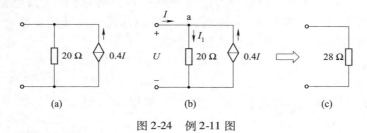

图 2-24　例 2-11 图

解　设在端口外加一电压源电压 U,由此产生的电流为 I,U、I、I_1 的参考方向如图 2-24(b)所示,则

$$U = 20I_1 \qquad\qquad ①$$

由节点 a 列 KCL 方程得　　$I_1 = I + 0.4I = 1.4I \qquad\qquad ②$

将②式代入①式中得　　　　$U = 28I$

$$R = \frac{U}{I} = 28\,\Omega$$

图 2-20(a)所示电路的等效电阻如图 2-24(c)所示。

【例 2-12】　如图 2-25(a)所示电路,求最简等效电路。

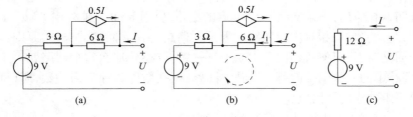

图 2-25　例 2-12 图

解 设 I_1 的参考方向与回路绕行方向如图 2-25(b)所示。

由 KCL 列方程,有

$$I_1 = I + 0.5I = 1.5I \qquad ①$$

由 KVL 列方程,有

$$U - 9V - 3I - 6I_1 = 0 \qquad ②$$

将①式代入②式中,得端口的电压、电流关系为

$$U - 9V - 3I - 6 \times 1.5I = 0$$

$$U = 9V + 12I$$

由上式画出等效电路如图 2-25(c)所示。

第六节 支路电流法

支路电流法是线性网络一般分析方法中最基本的一种,是以支路电流为变量,根据 KCL 和 KVL 列写方程进行求解的一种方法。列写的方程个数就是支路电流数。下面以图 2-26 所示电路为例介绍支路电流法的解题步骤。

图 2-26 所示电路有三条支路、两个节点和三个回路。要求出三个未知量,需要列出三个独立方程。列方程时,首先要任意选定各支路电流及其参考方向,如图 2-26 所示,再根据 KCL 对节点列出电流方程,则

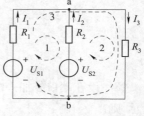

图 2-26 支路电流法

对节点 a: $I_1 + I_2 - I_3 = 0$

对节点 b: $I_3 - I_1 - I_2 = 0$

显然,两个电流方程是一样的。因此,对于具有两个节点的电路,应用 KCL 只能列出 $2-1=1$ 个独立电流方程。同理,对于具有 n 个节点的电路,应用 KCL 只能列 $(n-1)$ 个独立电流方程。

然后选定回路绕行方向,如图 2-26 所示,根据 KVL 对回路列出电压方程,则

对回路 1: $R_1I_1 - R_2I_2 + U_{S2} - U_{S1} = 0$

对回路 2: $R_2I_2 + R_3I_3 - U_{S2} = 0$

对回路 3: $R_1I_1 + R_3I_3 - U_{S1} = 0$

不难看出,上面三个回路电压方程只有两个方程是独立的。

可以证明,对于具有 b 条支路、n 个节点的电路,应用 KVL 只能列出 $l = b - (n-1)$ 个回路电压方程,与这些方程相对应的回路称为独立回路。独立回路的选择,原则上是任意的。在每选一个回路时,只要使所选回路中至少有一条新支路,那么这个回路就一定是独立的。通常,平面回路中的一个网孔就是一个独立回路,网孔数即为独立回路数,所以可选取所有的网孔列出一组独立的回路电压方程。

综上所述,应用支路电流法的一般步骤归纳如下:

(1)在电路图上标出所求 b 条支路电流的参考方向;

(2)根据 KCL 对 $(n-1)$ 个独立节点列写节点电流方程;

（3）再选定回路绕行方向，根据 KVL 对 $b-(n-1)$ 个独立回路列写回路电压方程；

（4）联立求解方程组，得到各支路电流。

【例 2-13】 如图 2-26 所示电路，已知 $R_1 = 10\ \Omega, R_2 = 5\ \Omega, R_3 = 5\ \Omega$, $U_{S1} = 13$ V, $U_{S2} = 6$ V，试求各支路电流及两个电压源的功率。

解 （1）先任意选定各支路电流的参考方向和回路绕行方向，并标于图中。

（2）根据 KCL 列方程

对节点 a： $$I_1 + I_2 - I_3 = 0$$

（3）根据 KVL 列方程

对回路 1： $$R_1I_1 - R_2I_2 + U_{S2} - U_{S1} = 0$$

对回路 2： $$R_2I_2 + R_3I_3 - U_{S2} = 0$$

（4）将已知数据代入方程，有

$$\begin{cases} I_1 + I_2 - I_3 = 0 \\ 10\ \Omega \times I_1 - 5\ \Omega \times I_2 - 13\ \text{V} - 6\ \text{V} = 0 \\ 5\ \Omega \times I_2 + 5\ \Omega \times I_3 - 6\ \text{V} = 0 \end{cases}$$

（5）联立求解得 $I_1 = 0.8$ A, $I_2 = 0.2$ A, $I_3 = 1$ A。

（6）$P_{S1} = -U_{S1}I_1 = -13 \times 0.8$ W $= -10.4$ W，即电压源 U_{S1} 释放功率 10.4 W。

$P_{S2} = -U_{S2}I_2 = -6 \times 0.2$ W $= -1.2$ W，即电压源 U_{S2} 释放功率 1.2 W。

则电路中所有电阻元件消耗或吸收功率 11.6 W。

第七节 网孔分析法

当支路数较多时，用支路电流法求解电路，计算量是很大的。如果能减少变量数，就能减少方程的个数。网孔分析法就是能减少方程个数的常用的系统分析方法。

以网孔电流为电路变量，应用 KVL 列写出各网孔的电压方程，联立求解方程得到各网孔电流，再进一步求出各支路电流或其他待求量的方法，称为网孔分析法，又称网孔电流法，简称网孔法。

知识点一 网孔电流和网孔电流方程的一般形式

网孔电流是一种沿着网孔边界流动的假想电流。如果平面电路具有 n 个网孔，就有 n 个网孔电流。网孔电流的方向可任意假定。

下面以图 2-27 所示电路为例介绍网孔分析法。图 2-27 所示电路有六条支路、四个节点和三个网孔，各支路电流为 $I_1 \sim I_6$，I_{m1}、I_{m2}、I_{m3} 分别为网孔 1、网孔 2 和网孔 3 的网孔电流，其参考方向如图 2-27 所示，网孔电流方向同时也是回路绕行方向。网孔电流是假想的，支路电流 $I_1 \sim I_6$ 是实际存在的。从图 2-27 中可以列出各支

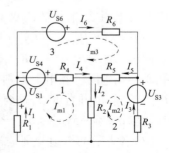

图 2-27 网孔分析法

路电流和网孔电流之间的关系如下：

$$\begin{cases} I_1 = I_{m1} \\ I_2 = I_{m1} - I_{m2} \\ I_3 = -I_{m2} \\ I = I_{m1} - I_{m3} \\ I = I_{m3} - I_{m2} \\ I_6 = I_{m3} \end{cases} \tag{2-17}$$

根据 KVL 可列出如下电压方程：

$$\begin{cases} 网孔\,1: I_1 R_1 + U_{S1} - U_{S4} + I_4 R_4 + I_2 R_2 = 0 \\ 网孔\,2: -I_2 R_2 - I_5 R_5 + U_{S3} - I_3 R_3 = 0 \\ 网孔\,3: I_5 R_5 - I_4 R_4 + U_{S4} - U_{S6} + I_6 R_6 = 0 \end{cases} \tag{2-18}$$

将式(2-17)代入式(2-18)得

$$\begin{cases} I_{m1} R_1 + U_{S1} - U_{S4} + (I_{m1} - I_{I3}) R_4 + (I_{m1} - I_{m2}) R_2 = 0 \\ -(I_{m1} - I_{m2}) R_2 - (I_{m3} - I_{m2}) R_5 + U_{S3} + I_{m2} R_3 = 0 \\ (I_{m3} - I_{m2}) R_5 - (I_{m1} - I_{m3}) R_4 + U_{S4} - U_{S6} + I_{m3} R_6 = 0 \end{cases} \tag{2-19}$$

将上面方程组整理得

$$\begin{cases} (R_1 + R_2 + R_4) I_{m1} - R_2 I_{m2} - R_4 I_{m3} = U_{S4} - U_{S1} \\ -R_2 I_{m1} + (R_2 + R_3 + R_5) I_{m2} - R_5 I_{m3} = -U_{S3} \\ -R_4 I_{m1} - R_5 I_{m2} + (R_4 + R_5 + R_6) I_{m3} = U_{S6} - U_{S4} \end{cases} \tag{2-20}$$

上式可进一步写成

$$\begin{cases} R_{11} I_{m1} + R_{12} I_{m2} + R_{13} I_{m3} = U_{S11} \\ R_{21} I_{m1} + R_{22} I_{m2} + R_{23} I_{m3} = U_{S22} \\ R_{31} I_{m1} + R_{32} I_{m2} + R_{33} I_{m3} = U_{S33} \end{cases} \tag{2-21}$$

式(2-21)是具有三个独立网孔的电路中,网孔电流方程的一般形式。对照式(2-20)和式(2-21)可知：

(1) $R_{11} = R_1 + R_2 + R_4$ 是网孔 1 的所有电阻之和,称为网孔 1 的自电阻。同理, $R_{22} = R_2 + R_3 + R_5$ 、 $R_{33} = R_4 + R_5 + R_6$ 分别是网孔 2 和网孔 3 的自电阻。自电阻分别为各自网孔中所有电阻之和,用相同双下标表示,自电阻总为正值。

(2) $R_{12} = R_{21} = -R_2$ 为网孔 1 和网孔 2 之间的公共电阻,称为网孔 1 和网孔 2 的互电阻。同理, $R_{13} = R_{31} = -R_4$ 、 $R_{23} = R_{32} = -R_5$ 分别是网孔 1 和网孔 3 的互电阻、网孔 2 和网孔 3 的互电阻。互电阻分别为两网孔之间所有公共电阻之和,用不同双下标表示。互电阻可为正值,也可为负值,这要取决于相关的两个网孔电流流过公共电阻的方向是否一致,一致时取正,不一致时取负。若两个网孔间没有公共电阻时,则相应的项为零。

(3)各方程的右边分别是各网孔中电压源电压的代数和,当电压源的电压方向与网孔电流方向一致时取负号,不一致时取正号。

对具有 n 个独立网孔的电路,将式(2-21)加以推广,可写出其网孔电流方程的一般形式为

$$\begin{cases} R_{11}I_{m1} + R_{12}I_{m2} + \cdots + R_{1n}I_{mn} = U_{S11} \\ R_{21}I_{m1} + R_{22}I_{m2} + \cdots + R_{2n}I_{mn} = U_{S22} \\ R_{31}I_{m1} + R_{32}I_{m2} + \cdots + R_{3n}I_{mn} = U_{S33} \\ \qquad\qquad\qquad \vdots \\ R_{n1}I_{m1} + R_{n2}I_{m2} + \cdots + R_{nn}I_{mn} = U_{Snn} \end{cases} \qquad (2\text{-}22)$$

根据以上讨论,可将网孔分析法求解电路的一般步骤归纳如下:

(1)任意选定网孔电流的参考方向(一般取各网孔电流均为顺时针方向或均为逆时针方向),并以此方向作为回路的绕行方向。

(2)根据网孔电流方程的一般形式列出网孔电流方程。

(3)联立求解方程组,求得各网孔电流。

(4)选定各支路电流方向,由网孔电流求得各支路电流或其他待求量。

【例2-14】　试用网孔分析法求图2-28所示电路中的各支路电流。

解　设各支路电流和网孔电流的参考方向如图2-28所示。
根据网孔电流方程的一般形式,可得

$$\begin{cases} (2 + 1 + 2)\Omega \times I_{m1} - 2\,\Omega \times I_{m2} - 1\,\Omega \times I_{m3} = 6\text{ V} - 18\text{ V} \\ -2\,\Omega \times I_{m1} + (2 + 6 + 3)\Omega \times I_{m2} - 6\Omega \times I_{m3} = 18\text{ V} - 12\text{ V} \\ -1\,\Omega \times I_{m1} - 6\,\Omega \times I_{m2} + (1 + 3 + 6)\Omega \times I_{m3} = 25\text{ V} - 6\text{ V} \end{cases}$$

联立求解方程组得

$$I_{m1} = -1\text{ A},\ I_{m2} = 2\text{ A},\ I_{m3} = 3\text{ A}$$

各支路电流分别为

$$I_1 = -I_{m1} = 1\text{ A}, I_2 = I_{m1} - I_{m2} = -3\text{ A},$$
$$I_3 = I_{m2} = 2\text{ A}, I_4 = I_{m3} - I_{m1} = 4\text{ A},$$
$$I_5 = I_{m3} - I_{m2} = 1\text{ A}, I_6 = I_{m3} = 3\text{ A}$$

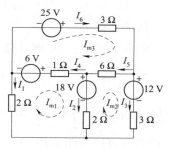

图 2-28　例 2-14 图

知识点二　电路中含有独立电流源支路的处理方法

当电路中含有独立电流源支路时,由于电流源两端的电压不能用网孔电流表示,因此在列写网孔电压方程时,可分两种情况处理:

(1)如果独立电压源两端有并联电阻,应用实际电压源与实际电流源之间的等效变换,将电流源等效为电压源。

(2)如果独立电流源两端没有并联电阻,又要分两种情况处理:

①若该独立电流源为某一网孔所独有,则该网孔电流就等于已知的电流源电流,可略去网孔电流方程。

②若该独立电流源为两个网孔所共有,则可将电流源两端电压设为未知量,先列写各网孔电流方程,再补充一个该独立电流源电流与相关网孔电流之间关系的辅助方程。

【例 2-15】 试用网孔分析法求图 2-29(a)所示电路中的电压 U_2。

解 设支路电流和网孔电流的参考方向如图 2-29(b)所示。图 2-29(a)中有三个独立电流源,其中 10 A 电流源与 2 Ω 电阻并联,先等效为 20 V 电压源如图 2-29(b)所示。

3 A 电流源只流过网孔 2,则 $I_{m2} = -3$ A。

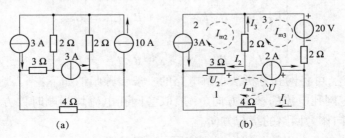

图 2-29 例 2-15 图

根据网孔电流方程的一般形式,可得

网孔 1: $(3 \ \Omega + 4 \ \Omega) \times I_{m1} - 3 \ \Omega \times I_{m2} = U$

网孔 2: $I_{m2} = -3$ A

网孔 3: $-2 \ \Omega \times I_{m2} + (2 \ \Omega + 2 \ \Omega) \times I_{m3} = -20 \ \text{V} - U$

辅助方程 $I_{m1} - I_{m3} = 2$ A

联立上述方程,求解可得

$$I_{m1} = -\frac{27}{11} \ \text{A}, \quad I_{m2} = -3 \ \text{A}, \quad I_{m3} = -\frac{49}{11} \ \text{A}$$

所以 $U_2 = 3 \ \Omega \times I_2 = 3 \ \Omega \times (I_{m2} - I_{m1}) = 3 \ \Omega \times \left[(-3) - \left(-\frac{27}{11}\right)\right] \text{A} = -1.64 \ \text{V}$

U_2 的实际方向与图 2-29(b)所示方向相反。

第八节 节点分析法

以独立节点电位为电路变量,应用 KCL 列写出各独立节点的电流方程,联立求解方程得到各节点电位,再进一步求出各支路电流或其他待求量的方法,称为节点分析法,又称节点电压法,简称节点法。节点分析法也是系统分析线性网孔的常用方法。

💡 知识点一 节点电压和节点电压方程的一般形式

在电路中任选某一节点作为参考节点,并将其设定为零电位点,则其他独立节点与参考节点之间的电压称为节点电压。

下面以图 2-30 所示电路为例介绍节点分析法。图 2-30 所示电路有七条支路、四个节点和四个网孔,各支路电流为 $I_1 \sim I_4$。首先选定节点 4 作为参考节点,则节点 1、节点 2 和节点 3 对应于参考节点的电压分别为 U_{10}、U_{20} 和 U_{30},节点电压的参考方向规定由独立节点指向参考节点。从图 2-30 中可以列出各支路电流和节点电压之间的关系如下:

$$\begin{cases} I_1 = \dfrac{U_{12}}{R_1} = \dfrac{U_{10} - U_{20}}{R_1} = G_1(U_{10} - U_{20}) \\[2mm] I_2 = \dfrac{-U_{20}}{R_2} = -G_2 U_{20} \\[2mm] I_3 = \dfrac{U_{23}}{R_3} = G_3(U_{20} - U_{30}) \\[2mm] I_4 = \dfrac{U_{30}}{R_4} = G_4 U_{30} \\[2mm] I_5 = \dfrac{U_{31}}{R_5} = \dfrac{U_{30} - U_{10}}{R_5} = G_5(U_{30} - U_{10}) \end{cases} \qquad (2\text{-}23)$$

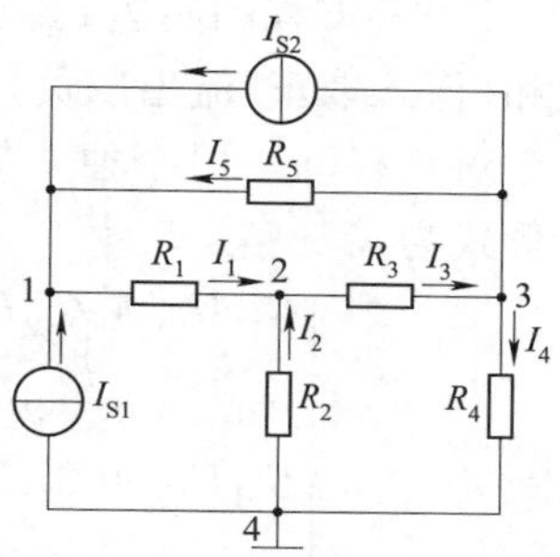

图 2-30　节点分析法

根据 KCL 可列出如下电流方程：

$$\begin{cases} \text{节点 1：} \quad I_{S1} + I_{S2} + I_5 - I_1 = 0 \\ \text{节点 2：} \qquad\quad I_1 + I_2 - I_3 = 0 \\ \text{节点 3：} \quad I_3 - I_{S2} - I_4 - I_5 = 0 \end{cases} \qquad (2\text{-}24)$$

将式(2-23)代入式(2-24)得

$$\begin{cases} I_{S1} + I_{S2} + G_5(U_{30} - U_{10}) - G_1(U_{10} - U_{20}) = 0 \\ G_1(U_{10} - U_{20}) + (-G_2 U_{20}) - G_3(U_{20} - U_{30}) = 0 \\ G_3(U_{20} - U_{30}) - I_{S2} - G_4 U_{30} - G_5(U_{30} - U_{10}) = 0 \end{cases} \qquad (2\text{-}25)$$

将上面方程组整理得

$$\begin{cases} (G_1 + G_5)U_{10} - G_1 U_{20} - G_5 U_{30} = I_{S1} + I_{S2} \\ -G_1 U_{10} + (G_1 + G_2 + G_3)U_{20} - G_3 U_{30} = 0 \\ -G_5 U_{10} - G_3 U_{20} + (G_3 + G_4 + G_5)U_{30} = I_{S2} \end{cases} \qquad (2\text{-}26)$$

上式可进一步写成

$$\begin{cases} G_{11} U_{10} + G_{12} U_{20} + G_{13} U_{30} = I_{S11} \\ G_{21} U_{10} + G_{22} U_{20} + G_{23} U_{30} = I_{S22} \\ G_{31} U_{10} + G_{32} U_{20} + G_{33} U_{30} = I_{S33} \end{cases} \qquad (2\text{-}27)$$

式(2-27)是具有三个独立节点的电路中,节点电压方程的一般形式。对照式(2-26)和式(2-27)可知：

（1）$G_{11} = G_1 + G_5$ 是与节点 1 相连的所有电导之和,称为节点 1 的自电导。同理,$G_{22} = G_1 + G_2 + G_3$、$G_{33} = G_3 + G_4 + G_5$ 分别是节点 2 和节点 3 的自电导。自电导分别为各独立节点上连接的所有电导之和,用相同双下标表示,自电导总为正值。

（2）$G_{12} = G_{21} = -G_1$ 为节点 1 和节点 2 之间的公共电导,称为节点 1 和节点 2 的互电导。同理,$G_{13} = G_{31} = -G_5$、$G_{23} = G_{32} = -G_3$ 分别是节点 1 和节点 3 的互电导、节点 2 和节点 3 的互电导。互电导分别为两节点之间所有公共电导之和,用不同双下标表示。互电导总为负值。若两个网孔间没有公共电导时,则相应的项为零。

（3）各方程的右边 I_{S11}、I_{S22} 和 I_{S33} 分别为流入节点 1、节点 2 和节点 3 的电流源电流的代数和（流入取正、流出取负）。

对具有 $(n-1)$ 个独立节点的电路，将式（2-27）加以推广，可写出其节点电压方程的一般形式为

$$\begin{cases} G_{11}U_{10} + G_{12}U_{20} + \cdots + G_{1(n-1)}U_{(n-1)0} = I_{S11} \\ G_{21}U_{10} + G_{22}U_{20} + \cdots + G_{2(n-1)}U_{(n-1)0} = I_{S22} \\ G_{31}U_{10} + G_{32}U_{20} + \cdots + G_{3(n-1)}U_{(n-1)0} = I_{S33} \\ \qquad\qquad\qquad\vdots \\ G_{(n-1)1}U_{10} + G_{(n-1)2}U_{20} + \cdots + G_{(n-1)(n-1)}U_{(n-1)0} = I_{S(n-1)(n-1)} \end{cases} \qquad (2\text{-}28)$$

根据以上讨论，可将节点分析法求解电路的一般步骤归纳如下：

（1）任意选定某一节点为参考节点（零电位点），以其他独立节点与参考节点之间的电压（节点电压）作为未知量，规定各节点电压的参考方向从独立节点指向参考节点。

（2）根据节点电压方程的一般形式列出节点电压方程。

（3）联立求解方程组，求得各节点的节点电压。

（4）选定各支路电流方向，由节点电压求得各支路电流或其他待求量。

【例 2-16】 试用节点分析法求图 2-31 所示电路中的各支路电流。

解 图 2-31 所示电路有三个节点，选定节点 3 为参考节点，独立节点 1、2 的节点电压分别为 U_{10} 和 U_{20}。根据节点电压方程的一般形式，可得

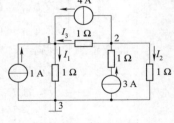

图 2-31　例 2-16 图

$$\begin{cases} (1\text{ S} + 1\text{ S})U_{10} - 1\text{ S} \times U_{20} = 4\text{ A} + 1\text{ A} \\ -1\text{ S} \times U_{10} + (1\text{ S} + 1\text{ S})U_{20} = 3\text{ A} - 4\text{ A} \end{cases}$$

注意：与电流源串联的电阻不起作用，列方程时不计入自电导和互电导。

联立求解方程组得

$$U_{10} = 3\text{ V}, \quad U_{20} = 1\text{ V}$$

各支路电流参考方向如图 2-31 所示，求得支路电流为

$$I_1 = \frac{U_{10}}{1\ \Omega} = \frac{3\text{ V}}{1\ \Omega} = 3\text{ A}$$

$$I_2 = \frac{U_{20}}{1\ \Omega} = \frac{1\text{ V}}{1\ \Omega} = 1\text{ A}$$

$$I_3 = \frac{U_{21}}{1\ \Omega} = \frac{U_{20} - U_{10}}{1\ \Omega} = \frac{1\text{ V} - 3\text{ V}}{1\ \Omega} = -2\text{ A}$$

知识点二　电路中含有独立电压源支路的处理方法

当电路中含有独立电压源支路时，由于流过电压源的电流不能直接用节点电压表示，因此在列写节点电压方程时，可分两种情况处理：

（1）如果独立电压源与电阻串联，应用实际电压源与实际电流源之间的等效变换，将电

压源等效为电流源。

（2）如果独立电压源两端无串联电阻，又要分两种情况处理：

①若该独立电压源的一端为参考节点，则另一端的节点电压就等于该电压源的电压，可略去节点电压方程。

②若该独立电压源处于两个节点之间，则可将流过电压源的电流设为未知量，先列写各节点电压方程，再补充一个该独立电压源电压与相关节点电压之间关系的辅助方程。

【例 2-17】　如图 2-32（a）所示电路，试用节点分析法列出节点电压方程。

解　图 2-32（a）电路中有五个节点，选定节点 5 为参考节点，独立节点 1、2、3、4 的节点电压分别为 U_{10}、U_{20}、U_{30} 和 U_{40}，如图 2-32（b）所示。

图 2-32（a）电路中有三个独立电压源，先将 4 V 电压源支路等效变换成电流源，设定 2 V 电压源支路的电流为 I_X，如图 2-32（b）所示。

3 V 电压源一端接参考点而另一端接节点 4，如图 2-32（b）所示。则

$$U_{40} = 3 \text{ V}$$

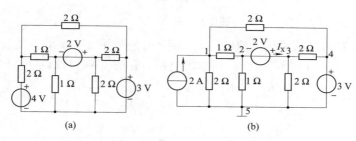

图 2-32　例 2-17 图

根据节点电压方程的一般形式，可得

节点 1：　$\left(\dfrac{1}{2} \text{S} + \dfrac{1}{2} \text{S} + 1 \text{ S} \right) U_{10} - 1 \text{ S} \times U_{20} - \dfrac{1}{2} \text{S} \times U_{40} = 2 \text{ A}$

节点 2：　$-1 \text{ S} \times U_{10} + (1 \text{ S} + 1 \text{ S}) U_{20} = -I_X$

节点 3：　$\left(\dfrac{1}{2} \text{S} + \dfrac{1}{2} \text{S} \right) U_{30} - \dfrac{1}{2} \text{S} \times U_{40} = I_X$

节点 4：　$U_{40} = 30 \text{ V}$

辅助方程：　$U_{30} - U_{20} = 2 \text{ V}$

第九节　叠加定理

叠加定理是反映线性网络的线性性质的一个基本定理。线性性质包含齐次性和可加性两层含义，如图 2-33 所示。

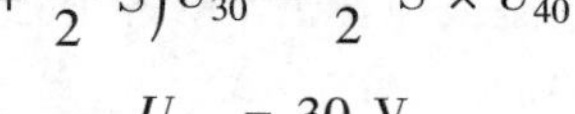

$$\xrightarrow{K_1 x_1 + K_2 x_2} \boxed{\text{线性网络}} \xrightarrow{K_1 y_1 + K_2 y_2}$$

图 2-33　线性网络的齐次性与可加性

下面以图 2-34(a)所示电路为例来说明叠加定理。

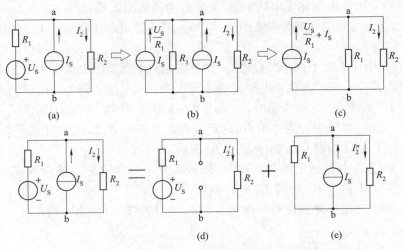

图 2-34　叠加定理

如果要求解图 2-34(a)中的支路电流 I_2，可应用电源等效变换的方法，将图 2-34(a)依次等效变换为图 2-34(b)和图 2-34(c)所示的电路。在图 2-34(c)所示电路中

$$I_2 = \frac{R_1}{R_1 + R_2}\left(\frac{U_S}{R_1} + I_S\right) = \frac{U_S}{R_1 + R_2} + \frac{R_1}{R_1 + R_2}I_S$$

若设
$$I_2' = \frac{U_S}{R_1 + R_2}, \quad I_2'' = \frac{R_1}{R_1 + R_2}I_S$$

则
$$I_2 = I_2' + I_2''$$

可以看出，支路电路 I_2 由两部分组成：第一部分 I_2' 是把 I_S 视为零值（I_S 开路）、U_S 单独作用时的响应，如图 2-34(d)所示；第二部分 I_2'' 是把 U_S 视为零值（U_S 短路）、I_S 单独作用时的响应，如图 2-34(e)所示。

以上讨论虽然针对的是一个具体电路，但不难推证：当线性电路中有多个独立电源（激励）共同作用时，各支路的响应（电流或电压）等于各个独立电源单独作用时在该支路产生的响应（电流或电压）的代数和（叠加）。

电路的这一性质称为叠加定理。

在应用叠加定理时，要注意以下几点：

（1）叠加定理只适用于线性电路，不适用于非线性电路。

（2）在各个独立电源分别单独作用时，其他暂时不起作用的独立电源都应视为零值，即电流源用开路替代，电压源用短路替代，而其他元件的连接方式都不要变动。

（3）叠加时要注意各部分响应（电流或电压）的参考方向，应把各部分响应（电流或电压）的代数值代入计算。

（4）在线性电路中，电压、电流可以叠加，但功率不能用叠加定理来计算，因为功率与电压或电流之间不是线性关系。例如，图 2-34 中电阻 R_2 的功率 $P_2 = I_2^2 R_2 = (I_2' + I_2'')^2 R_2 \neq$

$I_2'^2 R_2 + I_2''^2 R_2$。

（5）叠加定理被用于含受控源的电路时，受控源要当作电阻看待，即叠加时只对独立电源产生的电压或电流进行叠加，受控源在每个独立电源单独作用时都应在相应的电路中保留。

（6）叠加定理也可以把电路中的独立电源分成几组，然后按组分别计算再叠加。

【例 2-18】 用叠加定理求图 2-35（a）所示电路中的电压 U。

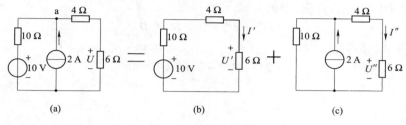

图 2-35　例 2-18 图

解　（1）设电压源单独作用，如图 2-35（b）所示，由分压公式得

$$U' = \frac{6}{10 + 4 + 6} \times 10 \text{ V} = 3 \text{ V}$$

（2）设电流源单独作用，如图 2-35（c）所示，由分流公式得

$$I'' = \frac{10}{4 + 6 + 10} \times 2 \text{ A} = 1 \text{ A}$$

则
$$U'' = (6 \text{ }\Omega) \times I'' = 6 \text{ }\Omega \times 1 \text{ A} = 6 \text{ V}$$

（3）叠加
$$U = U' + U'' = 3 \text{ V} + 6 \text{ V} = 9 \text{ V}$$

【例 2-19】 用叠加定理求图 2-36（a）所示电路中的电压 U。

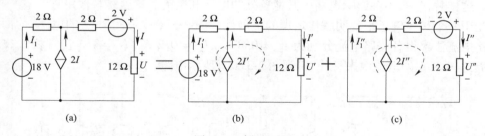

图 2-36　例 2-19 图

解　（1）18 V 电压源单独作用时，如图 2-36（b）所示，则根据 KCL 得

$$I_1' + 2I' = I'$$

$$I_1' = -I' \qquad\qquad ①$$

沿图 2-36（b）中回路绕行方向，根据 KVL 列方程得

$$-18 + 2I_1' + 2I' + U' = 0 \qquad\qquad ②$$

将①式代入②式，整理得

$$-18 - 2I' + 2I' + 12I' = 0$$

$$12I' = 18$$
$$I' = 1.5 \text{ A}$$
$$U' = 12I' = (12 \times 1.5) \text{ V} = 18 \text{ V}$$

(2)2 V 电压源单独作用时,如图 2-36(c)所示,则根据 KCL 得

$$I_1'' + 2I'' = I''$$
$$I_1'' = -I'' \qquad\qquad\text{③}$$

沿图 2-36(c)中回路绕行方向,根据 KVL 列方程得

$$2I_1'' + 2I'' - 2 + U'' = 0 \qquad\qquad\text{④}$$

将③式代入④式,整理得

$$-2I'' + 2I'' - 2 + 12I'' = 0$$
$$12I'' = 2$$
$$I'' = \frac{1}{6} \text{ A}$$
$$U'' = 12I'' = \left(12 \times \frac{1}{6}\right) \text{ V} = 2 \text{ V}$$

(3)叠加
$$U = U' + U'' = (18 + 2) \text{ V} = 20 \text{ V}$$

第十节 替代定理

在任一线性或非线性网络中,若已知第 k 条支路的电压为 U_k、电流为 I_k,则不论该支路由什么元件组成,只要各支路电压、电流均有唯一确定值,那么这条支路总可以用以下三种元件中的任意一种来替代:①电压为 U_k 的电压源;②电流为 I_k 的电流源;③阻值为 U_k/I_k 的电阻。这样替代后,不会影响电路中其他各处的电压和电流。这就是替代定理。

先用一个具体例子来说明替代定理的正确性。图 2-37(a)是例 2-13 的电路,前面已经用支路电流法求得各支路电流分别为 $I_1 = 0.8 \text{ A}$,$I_2 = 0.2 \text{ A}$,$I_3 = 1 \text{ A}$。现将 I_1 支路用一个 $I_S = 0.8 \text{ A}$ 的电流源来替代,得到图 2-37(b)所示电路。

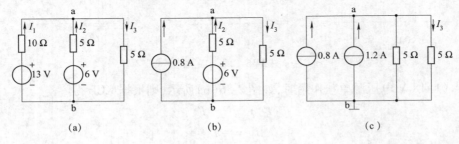

图 2-37 替代定理

应用节点分析法计算电压 U_{ab},如图 2-37(c)所示,得

$$\left(\frac{1}{5}\text{S} + \frac{1}{5}\text{S}\right)U_{ab} = 1.2 \text{ A} + 0.8 \text{ A}$$

$$U_{ab} = \frac{2 \text{ A}}{0.4 \text{ S}} = 5 \text{ V}$$

则图 2-37(b)所示电路中的 I_2 为

$$I_2 = \frac{6 \text{ V} - 5 \text{ V}}{5 \text{ }\Omega} = 0.2 \text{ A}$$

在图 2-37(c)所示电路中,应用分流公式,得

$$I_3 = \frac{5 \text{ }\Omega}{5 \text{ }\Omega + 5 \text{ }\Omega} \times (0.8 \text{ A} + 1.2 \text{ A}) = 1 \text{ A}$$

可见,替代后电路中其他支路的电流和电压不受影响,均与原值相等。

替代定理的正确性也可以用数学的观点来理解:在具有唯一确定解的方程组中,任一未知量用其解替代后,一定不会引起其他变量的解发生变化。这样,以各支路电流或电压为未知量所列出的方程组,只要存在唯一确定解,则将其中一个未知量用其解去替代,不会引起电路中其他电流和电压的变化,替代后的电路与原电路具有相同形式的电路方程,则替代定理成立。

需要注意的是,替代定理和前面讲过的等效变换不同。

第十一节　戴维南定理与诺顿定理

 知识点一　戴维南定理

任何一个线性有源二端网络,对外电路而言,都可以用一个电压源和一个电阻串联组合的电路模型来等效。该电压源的电压等于有源二端网络的开路电压 U_{OC},电阻等于将有源二端网络化为无源二端网络(除去网络中的所有独立电源,即电压源用短路替代、电流源用开路替代)后,从端口看过去的等效电阻 R_i。这就是戴维南定理。该电路模型称为戴维南等效电路。

戴维南定理可用图 2-38 所示图形来描述。

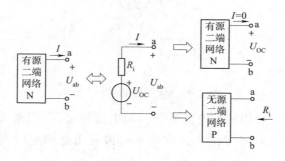

图 2-38　戴维南定理示意图

(1)先用一个具体例子来说明戴维南定理的内容。

【例 2-20】　求图 2-39(a)所示有源二端网络的等效电路。

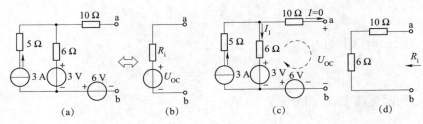

图 2-39　例 2-20 图

解　根据戴维南定理,图 2-39(a)总可以等效成图 2-39(b)所示的电路模型。所谓开路电压 U_{OC},是指端钮电流为零时的端口电压,如图 2-39(c)所示。设电流 I_1 的参考方向及回路绕行方向如图 2-39(c)所示。

沿回路绕行方向,根据 KVL,有

$$U_{OC} - 6\,\text{V} - 3\,\text{V} - 6\,\Omega \times I_1 + 0 = 0$$

由于端口电流 $I = 0$,则 $I_1 = 3\,\text{A}$。所以

$$U_{OC} = 9\,\text{V} + 6\,\Omega \times 3\,\text{A} = 27\,\text{V}$$

将图 2-39(a)中的电压源用短路替代、电流源用开路替代,得到图 2-39(c),显然

$$R_i = 16\,\Omega$$

(2)证明戴维南定理。线性有源二端网络 N 由两个端钮 a、b 与负载相连接,端口电压为 U_{ab},端口电流也就是负载电流为 I,如图 2-40(a)所示。

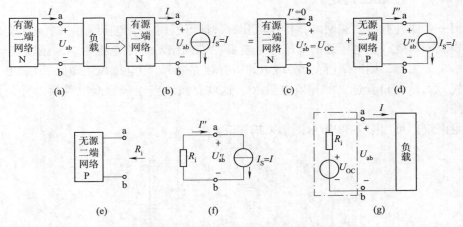

图 2-40　戴维南定理的证明

根据替代定理,将负载用一个电流 $I_S = I$ 的电流源替代,如图 2-40(b)所示,这样替代后,不会影响电路中其他各处的电压和电流。再应用叠加定理,将图 2-40(b)分解成图 2-40(c)、(d),即

$$U_{ab} = U'_{ab} + U''_{ab}$$

式中,U'_{ab} 是在有源二端网络 N 中的所有独立电源作用下而电流源 I_S 开路时,所产生的端电压 U_{ab} 的一个分量,这个分量显然就是开路电压 U_{OC},即

$$U'_{ab} = U_{OC}$$

U''_{ab} 是在有源二端网络 N 中的所有独立电源都为零值(电压源短路、电流源开路),也就是将有源二端网络 N 变成无源二端网络 P,由电流源 I_S 单独作用时,所产生的端电压 U_{ab} 的另一个分量。若无源二端网络 P 的等效电阻为 R_i,如图 2-40(e)所示,则在图 2-40(f)所示参考方向下,有

$$U''_{ab} = -I''R_i = -I_S R_i = -IR_i$$

$$U_{ab} = U_{OC} - IR_i \tag{2-29}$$

式(2-29)反映了图 2-40(a)中有源二端网络 N 在端钮 a、b 处的伏安关系,也是图 2-40(g)中点画线框内含源支路的伏安关系。因此,图 2-40(a)中的有源二端网络 N 和图 2-40(g)中的含源支路是等效的。这就是戴维南定理所表述的内容。

需要注意的是:

①有源二端网络 N 必须是线性网络,而对负载的性质则无要求。

②如果有源二端网络中含有受控源,应用戴维南定理时,求解开路电压 U_{OC} 是对含受控源电路的计算,前面介绍的相关电路分析方法都可以采用;在求解等效电阻 R_i 时,要把受控源看成电阻来处理,不能将受控源短路或开路,要保持受控源在原来电路中原来位置和原来参数不变,计算时采用外加电源法。

戴维南定理常用来分析和计算电路中某一支路的电压或电流。分析思路是:先将待求支路从原来的电路中断开移去,则剩下的部分就是一个有源二端网络 N,用戴维南定理求出有源二端网络 N 的等效电路后,再将取走的待求支路接到等效电路上,即可解得需求量。

【例 2-21】　用戴维南定理计算如图 2-41(a)所示电路中的电压 U。

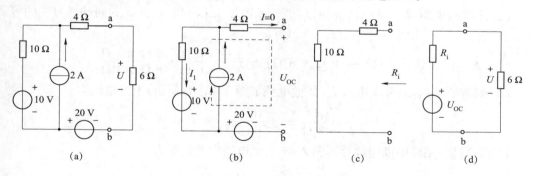

图 2-41　例 2-21 图

解　(1)求开路电压 U_{OC}。将图 2-41(a)所示电路中的 a、b 两端开路,电路如图 2-41(b)所示。由于 a、b 断开,$I = 0$,则

$$I_1 = 2 \text{ A}$$

沿回路绕行方向,根据 KVL,有

$$U_{OC} - 10 \ \Omega \times I_1 - 10 \text{ V} - 20 \text{ V} = 0$$

$$U_{OC} = (10 \times 2 + 30) \text{ V} = 50 \text{ V}$$

(2)求等效电阻 R_i。将电压源短路、电流源开路,电路如图 2-41(c)所示,从 a、b 两端看

过去的等效电阻 R_i 为

$$R_i = 4 \ \Omega + 10 \ \Omega = 14 \ \Omega$$

（3）画等效电路图，并求电压 U。等效电路图如图 2-41（d）所示，由分压公式得

$$U = \frac{6 \ \Omega}{6 \ \Omega + R_i} U_{OC} = \frac{6}{6 + 14} \times 50 \ V = 15 \ V$$

【例 2-22】 用戴维南定理计算如图 2-42（a）所示电路中的电流 I。

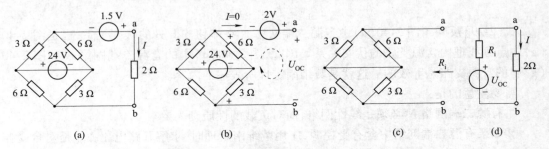

图 2-42 例 2-22 图

解 （1）求开路电压 U_{OC}。将图 2-42（a）中的 2 Ω 电阻从 a、b 端钮断开移去。在图 2-42（b）中求 U_{OC}，沿回路绕行方向，根据 KVL，有

$$U_{OC} + \frac{3 \ \Omega}{3 \ \Omega + 6 \ \Omega} \times 24 \ V - \frac{6 \ \Omega}{3 \ \Omega + 6\Omega} \times 24 \ V - 2 \ V = 0$$

$$U_{OC} = - \left(\frac{3 \ \Omega}{3 \ \Omega + 6 \ \Omega} \times 24 \ V - \frac{6 \ \Omega}{3 \ \Omega + 6 \ \Omega} \times 24 \ V - 2 \ V \right) = 10 \ V$$

（2）求等效电阻 R_i。将电压源短路，电路如图 2-42（c）所示，从 a、b 两端看过去的等效电阻 R_i 为

$$R_i = (3 \ \Omega \mathbin{/\mkern-5mu/} 6 \ \Omega) + (6 \ \Omega \mathbin{/\mkern-5mu/} 3 \ \Omega) = \frac{3 \ \Omega \times 6 \ \Omega}{3 \ \Omega + 6 \ \Omega} + \frac{6 \ \Omega \times 3 \ \Omega}{6 \ \Omega + 3 \ \Omega} = 4 \ \Omega$$

（3）画等效电路图，并求电流 I。等效电路如图 2-42（d）所示，求得电流为

$$I = \frac{U_{OC}}{R_i + 2 \ \Omega} = \frac{10 \ V}{4 \ \Omega + 2 \ \Omega} = 1.67 \ A$$

【例 2-23】 用戴维南定理计算图 2-43 所示电路中的电流 I。

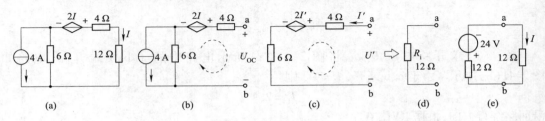

图 2-43 例 2-23 图

解 （1）将 12 Ω 电阻支路断开，电路的其余部分构成一个有源二端网络，如图 2-43（b）所示。

（2）设 U_{OC} 参考方向如图 2-43（b）所示。沿回路绕行方向，根据 KVL 列方程，有

$$U_{OC} + 4 \times 6 - 2I = 0$$

因为控制量 $I = 0$ ，所以被控制量 $2I = 0$ ，则

$$U_{OC} = -24 \text{ V}$$

U_{OC} 实际方向与图示方向相反。

（3）画出相应的无源二端网络，如图 2-43（c）所示。设在端口处外加一电压源电压 U' ，由此产生的电流为 I' ，其参考方向如图 2-43（c）中所示。沿回路绕行方向，根据 KVL 列方程，有

$$U' - 6I' - 2I' - 4I' = 0$$
$$U' = 12I'$$

如图 2-43（d）所示的等效电阻 R_i 为

$$R_i = \frac{U'}{I'} = 12 \text{ Ω}$$

（4）画出戴维南等效电路并与待求支路相连，如图 2-43（e）所示，求得

$$I = -\frac{24}{12 + 12} \text{ A} = -1 \text{ A}$$

 知识点二　诺顿定理

在戴维南定理中的等效电源模型是实际电压源，根据前面介绍过的两种实际电源模型之间的等效变换，不难得出结论：任何一个线性有源二端网络，对外电路而言，都可以用一个电流源和一个电阻并联组合的电路模型来等效。该电流源的电流等于有源二端网络的短路电流 I_{SC} ，电阻等于将有源二端网络化为无源二端网络（将网络中的所有独立电源除去，即电压源用短路替代、电流源用开路替代）后，从端口看过去的等效电阻 R_i 。这就是诺顿定理。该电路模型称为诺顿等效电路。

诺顿定理可用图 2-44 所示图形来描述。

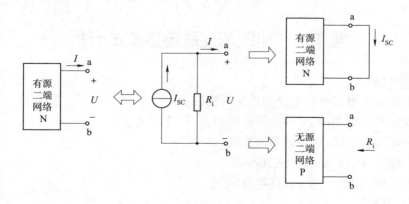

图 2-44　诺顿定理示意图

【例 2-24】　用诺顿定理计算如图 2-45（a）所示电路中的电流 I 。

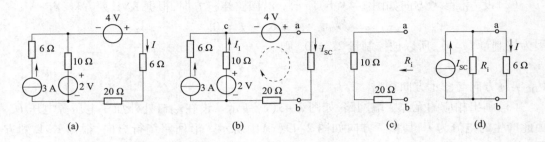

图 2-45 例 2-24 图

解 (1)求短路电流 I_{SC}。将图 2-45(a)所示电路中的 6 Ω 电阻两端断开并移去,再将断点 a、b 短接,电路如图 2-45(b)所示。在图 2-45(b)中设定支路电流 I_1 的参考方向及回路绕行方向,标注节点 c。则对节点 c,根据 KCL,有

$$3 \text{ A} + I_1 - I_{SC} = 0$$

沿回路绕行方向,根据 KVL,有

$$20 \text{ Ω} \times I_{SC} - 2 \text{ V} + 10 \text{ Ω} \times I_1 - 4 \text{ V} = 0$$

联立求解方程组,得

$$I_{SC} = 1.2 \text{ A} , \quad I_1 = -1.8 \text{ A}$$

(2)求等效电阻 R_i。将电压源短路、电流源开路,电路如图 2-45(c)所示,从 a、b 两端看过去的等效电阻 R_i 为

$$R_i = 20 \text{ Ω} + 10 \text{ Ω} = 30 \text{ Ω}$$

(3)画等效电路图,并求电流 I。等效电路如图 2-45(d)所示,由分流公式得

$$I = \frac{R_i}{R_i + 6 \text{ Ω}} \times I_{SC} = \frac{30 \text{ Ω}}{30 \text{ Ω} + 6 \text{ Ω}} \times 1.2 \text{ A} = 1 \text{ A}$$

 实 作

实作一 电阻的混联电路测试分析

(一)实作目的
(1)熟悉并掌握电阻混联电路的连接与测试。
(2)加深理解电阻的串、并联等效电阻和分压、分流关系。
(3)进一步理解电压、电流的参考方向。
(4)会排除直流电路中的常见故障。
(5)培养良好的操作习惯,提高职业素质。
(二)实作器材
实作器材见表 2-1。

表 2-1　实 作 器 材

器材名称	规格型号	数量
直流(双)稳压电源	YB1731A,0~30 V,3 A	1 台
数字万用表	VC890C+	1 块
指针式万用表	MF-47	1 块
直流线路板	自制	1 块
电阻	RJ-0.25-300 Ω	1 个
电阻	RJ-0.25-200 Ω	1 个
电阻	RJ-0.25-100 Ω	1 个
电阻	RJ-0.25-51 Ω	1 个
电阻	RJ-0.25-20 Ω	1 个
导线		若干

(三)实作前预习

1. 电阻的串联

电阻串联时,流过各电阻的电流相等,等效电阻为各电阻之和,各个电阻的电压与电阻值成正比,即总电压按各个串联电阻值进行分配。

2. 电阻的并联

电阻并联时,各电阻两端的电压相等,等效电阻值的倒数等于各电阻倒数之和,流过各个并联电阻的电流与它们各自的电导值成正比,即总电流按各个并联电阻的电导进行分配。

3. 电阻的混联

电路中既有电阻的串联又有电阻的并联,称为电阻的混联电路。在混联电路中,任何一个电阻的改变都会引起电压与电流的重新分配。

(四)实作内容与步骤

(1)按图 2-46 所示连接电路。经检查无误后接通电源。

(2)以图 2-46 所示参考方向为准,正确测量电压和电流的值,并记录在表 2-2 中。

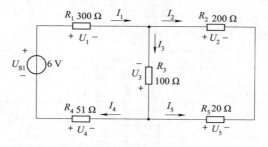

图 2-46　电阻的混联实验电路

（五）测试与观察结果记录

表 2-2　电压测试及电流测试

混联电路中的电压测试（单位：V）					
测量值	U_{S1}	U_1	U_2	U_3	U_4	U_5
混联电路中的电流测试（单位：mA）					
测量值	I_1	I_2	I_3	I_4	I_5	—
						—

（六）注意事项

接线和拆线时，一定要断开电源进行操作，切忌带电作业。

（七）回答问题

（1）任意选取测试数据，说明电阻串联的特点及分压公式。

（2）任意选取测试数据，说明电阻并联的特点及分流公式。

（3）测量直流电压和直流电流时应注意些什么？

（4）当测量值与理论值不完全一致时，分析可能有哪些主要原因？

实作二　叠加定理验证分析

（一）实作目的

（1）熟悉并掌握叠加定理验证电路的连接与测试。

（2）加深对叠加定理的理解与应用。

（3）进一步理解电压、电流的参考方向。

（4）会排除直流电路中的常见故障。

（5）培养良好的操作习惯，提高职业素质。

（二）实作器材

实作器材见表 2-3。

表 2-3　实 作 器 材

器材名称	规格型号	数量
直流（双）稳压电源	YB1731A，0~30 V，3 A	1 台
数字万用表	VC890C +	1 块
指针式万用表	MF-47	1 块
直流线路板	自制	1 块
电阻	RJ-0.25-300 Ω	1 个
电阻	RJ-0.25-200 Ω	1 个
电阻	RJ-0.25-100 Ω	1 个
电阻	RJ-0.25-51 Ω	1 个
电阻	RJ-0.25-20 Ω	1 个
导线		若干

（三）实作前预习

叠加定理的内容：当线性电路中有多个独立电源（激励）共同作用时,各支路的响应（电流或电压）等于各个独立电源单独作用时在该支路产生的响应（电流或电压）的代数和（叠加）。

（四）实作内容与步骤

（1）按图 2-47 所示连接电路。经检查无误后接通电源。

（2）以图 2-47 所示参考方向,测量 U_{S1}、U_{S2} 共同作用时电流 I_1、I_2、I_3 和电压 U_1、U_2、U_3 的值,并记录在表 2-4 中。

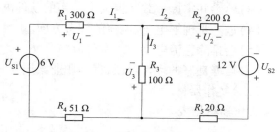

（3）用短接线置换电源 U_{S2},U_{S1} 单独作用,重复上述测量。由于此次的各电流、电压是在 U_{S1} 单独作用时产生的,所以分别记为 I_1'、I_2'、I_3'、U_1'、U_2'、U_3',并记录在表 2-4 中。

图 2-47 叠加定理验证电路

（4）用短接线置换电源 U_{S1},U_{S2} 单独作用,重复上述测量。由于此次的各电流、电压是在 U_{S2} 单独作用时产生的,所以分别记为 I_1''、I_2''、I_3''、U_1''、U_2''、U_3'',并记录在表 2-4 中。

（五）测试与观察结果记录

表 2-4　测试结果

电　源	电流/mA			电压/V		
U_{S1} 和 U_{S2} 共同作用	I_1	I_2	I_3	U_1	U_2	U_3
U_{S1} 单独作用	I_1'	I_2'	I_3'	U_1'	U_2'	U_3'
U_{S2} 单独作用	I_1''	I_2''	I_3''	U_1''	U_2''	U_3''
叠加定理验证	$I_1' + I_1''$	$I_2' + I_2''$	$I_3' + I_3''$	$U_1' + U_1''$	$U_2' + U_2''$	$U_3' + U_3''$

（六）注意事项

（1）在用短接线置换电源 U_{S1} 或 U_{S2} 时,一定要先将该电源从电路中取走,再连接短接线;同理将 U_{S1} 或 U_{S2} 重新连接到电路中时,也一定要先将短接线从电路中取走,再连接该电源,否则会造成电压源短路。

（2）接线和拆线时,一定要断开电源进行操作,切忌带电作业。

（七）回答问题

（1）选取误差最小的一组数据对叠加定理进行验证。

（2）测量直流电压和直流电流时应注意些什么？

（3）当测量值与理论值不完全一致时,分析可能有哪些主要原因？

实作三　戴维南定理验证分析

（一）实作目的

（1）熟悉并掌握戴维南定理验证电路的连接与测试。

（2）加深对戴维南定理的理解与应用。

（3）熟悉并掌握负载获得最大功率的条件测试。

（4）进一步理解电压、电流的参考方向。

（5）会排除直流电路中的常见故障。

（6）培养良好的操作习惯,提高职业素质。

（二）实作器材

实作器材见表2-5。

表2-5　实 作 器 材

器材名称	规格型号	数量
直流(双)稳压电源	YB1731A,0～30 V,3 A	1台
数字万用表	VC890C +	1块
指针式万用表	MF－47	1块
直流线路板	自制	1块
电阻	RJ－0.25－300 Ω	1个
电阻	RJ－0.25－200 Ω	1个
电阻	RJ－0.25－100 Ω	1个
电阻	RJ－0.25－51 Ω	1个
电阻	RJ－0.25－20 Ω	1个
负载电阻	RJ－0.25－360 Ω	各1个
	RJ－0.25－200 Ω 或 220 Ω	
	RJ－0.25－270 Ω	
	RJ－0.25－240 Ω	
	RJ－0.25－330 Ω	
电阻箱	ZX－21	1个
导线		若干

（三）实作前预习

戴维南定理的内容:任何一个线性有源二端网络,对外电路而言,都可以用一个电压源和一个电阻串联组合的电路模型来等效。该电压源的电压等于有源二端网络的开路电压 U_{OC},电阻等于将有源二端网络化为无源二端网络(除去网络中的所有独立电源,即电压源用短路替代、电流源用开路替代)后,从端口看过去的等效电阻 R_i。

（四）实作内容与步骤

（1）按图2-48(a)所示连接电路。经检查无误后接通电源。

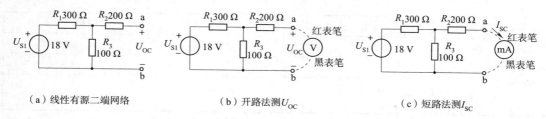

（a）线性有源二端网络　　　　（b）开路法测 U_{OC}　　　　（c）短路法测 I_{SC}

图 2-48　线性有源二端网络测开路电压和短路电流

（2）用开路法测出 U_{OC}，如图 2-48（b）所示。用短路法测出 I_{SC}，如图 2-48（c）所示。利用公式 $R_i = \dfrac{U_{OC}}{I_{SC}}$ 计算出等效电阻 R_i 的值，并记录在表 2-6 中。

（3）用一标准电阻箱将其调到等于 R_i，并与一直流稳压电源（输出电压值为 U_{OC}）相串联，构成有源二端网络的戴维南等效电路，如图 2-49（b）所示。

（4）将原电路和等效电路分别接上同阻值的负载 R_L，如图 2-49 所示，分别测量负载两端的电压和流过负载的电流，并记录在表 2-6 中。

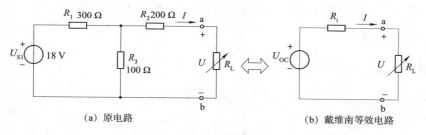

（a）原电路　　　　　　　　　　　（b）戴维南等效电路

图 2-49　戴维南定理验证电路

（5）负载获得最大功率的条件验证。等效电路的电源电压为 U_{OC}、内阻为 R_i，连接上负载 R_L，当负载电阻等于电源内阻时，负载获得功率最大，即当条件为 $R_L = R_i$ 时，负载获得的最大功率为

$$P_{Omax} = \frac{U_{OC}^2}{4R_i}$$

不断改变 R_L 的值，每次都重复上一步的操作，并由公式 $P = I^2 R_L$ 计算连接不同阻值的负载时，负载获得的功率，观察什么时候出现最大功率，并记录在表 2-6 中。

（五）测试与观察结果记录

表 2-6　戴维南定理验证分析

$R_i = $ _____ Ω

负载电阻 R_L/Ω		200	240	270	300	360	开路	0
有源二端网络	U/V							
	I/mA							
	$P = I^2 R_L$ /mW							

续上表

负载电阻 R_L/Ω		200	240	270	300	360	开路	0
戴维南等效电源	U/V							
	I/mA							
	$P = I^2R_L$ /mW							

（六）注意事项

（1）接线和拆线、改接电路时，一定要断开电源进行操作，切忌带电作业。

（2）切忌将电源短路。

（七）回答问题

（1）测量等效电阻 R_i 有哪些方法？各有什么优缺点？

（2）根据测试数据绘制原电路和等效电路的 $U-I$ 曲线，分析两个电路的等效意义。

（3）根据实验数据绘制 $P-R$ 曲线，分析负载获得最大功率的条件。

（4）测量直流电压和直流电流时应注意些什么？

（5）当测量值与理论值不完全一致时，分析可能有哪些主要原因？

 实作考核评价

实作考核评价见表 2-7。

表 2-7　实作考核评价

项目	步骤	分数	序号	考核内容及评分标准	配分	扣分	得分	备注
第二章实作考核（题目自定）例如：叠加定理（戴维南定理）验证分析	电路连接与实现	40	1	正确选择器材。选择错误一个扣 2 分，扣完为止	10			
			2	导线测试。导线不通引起的故障不能自己查找排除，一处扣 2 分，扣完为止	5			
			3	元件测试。接线前先测试电路中的关键元件，如果在电路测试时出现元件故障不能自己查找排除，一处扣 3 分，扣完为止	10			
			4	正确接线。每连接错误一根导线扣 5 分，扣完为止	15			
	测试	30	5	测量直流电压、电流。正确使用万用表测量直流电压、电流，并填表，每错一处扣 3 分；测量操作不规范扣 2 分，扣完为止	30			
	问答	10	6	共两题，回答问题不正确，每题扣 5 分；思维正确但描述不清楚，每题扣 1~3 分	10			
	整理	10	7	规范操作，不可带电插拔元器件，错误一次扣 3 分，扣完为止	5			
			8	正确穿戴，文明作业，违反规定，每处扣 2 分，扣完为止	2			
			9	操作台整理，测试合格应正确复位仪器仪表，保持工作台整洁有序，如果不符合要求，每处扣 2 分，扣完为止	3			
时限		10		时限为 45 min，每超 1 min 扣 1 分，扣完为止	10			
合　　计					100			

注意：操作中出现各种人为损坏设备的情况，考核成绩不合格且按照学校相关规定处理。

小　　结

1. 线性网络的等效变换

（1）根据网络内部是否含有独立电源，二端网络可分为有源二端网络和无源二端网络。当两个二端网络在端口处的伏安特性相同时，这两个二端网络对外电路等效。

（2）应用电阻的串、并联等效及电阻的丫-△等效变换可对无源线性电阻网络进行等效化简，任何一个无源二端网络都可以等效为一个电阻元件，这个电阻元件的阻值就称为该电阻网络的等效电阻，等于该网络在关联参考方向下端口电压与端口电流的比值。

（3）实际电压源模型的端口伏安关系为 $U = U_S - IR_S$，实际电流源模型的端口伏安关系为 $I = I_S - U/R_S'$。在端口伏安关系保持不变的前提下，实际电压源模型与实际电流源模型之间可以进行等效变换。等效变换的公式为 $U_S = I_S R_S, R_S = R_S'$。

（4）区别于独立电源，受控源是电路中的另一类电源元件，受控源的电压或电流受电路中其他部分的电压或电流控制，受控源本身不能直接起激励作用，它是实际器件的一种理想模型。受控源共有四种：电压控制电压源（VCVS）、电压控制电流源（VCCS）、电流控制电压源（CCVS）和电流控制电流源（CCCS）。

2. 线性网络的一般分析方法

线性网络的一般分析方法是常用来分析比较复杂的线性电路，是全面性、一般性、系统化的分析方法，不需要改变电路结构，适用于任何线性网络。

（1）支路电流法是线性网络一般分析方法中最基本的一种，是以支路电流为变量，根据 KCL 和 KVL 列写方程进行求解的一种分析方法。列写的方程个数就是支路电流数。其缺点是：当线性网络中支路数较多时，方程数也一样多，不便于求解。

（2）网孔分析法是以假想的网孔电流为电路变量，应用 KVL 列写各网孔的电压方程进行求解的一种分析方法。又称网孔电压法，简称网孔法。联立方程求得网孔电流后，可以进一步求得各支路电流或其他待求量。当线性网络支路数较多但网孔数比较少时，适合用网孔分析法。

（3）节点分析法是以独立节点电压为电路变量，应用 KCL 列写各独立节点的电流方程进行求解的一种分析方法。又称节点电流法，简称节点法。联立方程求得节点电压后，可以进一步求得各支路电流或其他待求量。当线性网络支路数较多但节点数比较少时，适合用节点分析法。

3. 线性网络的基本定理

（1）叠加定理：当线性电路中有几个独立电源（激励）共同作用时，各支路的响应（电流或电压）等于各个独立电源单独作用时在该支路产生的响应（电流或电压）的代数和（叠加）。应用叠加定理对电路进行分析，可以分别看出各个电源对电路的作用，尤其是交、直流共同存在的电路。叠加定理不能用于非线性电路，也不能用来计算线性电路中的功率。

（2）替代定理：在任一线性或非线性网络中，若已知第 k 条支路的电压为 U_k、电流为 I_k，则不论该支路由什么元件组成，只要各支路电压、电流均有唯一确定值，那么这条支路总可以用以下三种元件中的任意一种来替代:①电压为 U_k 的电压源;②电流为 I_k 的电流源;③阻值为 U_k/I_k 的电阻。这样替代后,不会影响电路中其他各处的电压和电流。替代定理常用于证明网络定理,比如用来证明戴维南定理。

(3)戴维南定理和诺顿定理:任何一个线性有源二端网络,对外电路而言,都可以用一个实际电源模型来等效。若等效电源用实际电压源模型表示,则为戴维南定理;若等效电源用实际电流源模型表示,则为诺顿定理。

该电压源的电压等于有源二端网络的开路电压 U_{OC},电阻等于将有源二端网络化为无源二端网络(将网络中的所有独立电源除去,即电压源用短路替代、电流源用开路替代)后,从端口看过去的等效电阻 R_i。

该电流源的电流等于有源二端网络的短路电流 I_{SC},电阻等于将有源二端网络化为无源二端网络(将网络中的所有独立电源除去,即电压源用短路替代、电流源用开路替代)后,从端口看过去的等效电阻 R_i。

当只需要分析和计算电路中某一支路的电压或电流时,应用戴维南定理或诺顿定理比较简便。

习　题

一、填空题

(1)电阻串联时,因_____相同,其消耗的功率与电阻成_____比。

(2)电阻并联时,因_____相同,其消耗的功率与电阻成_____比。

(3)两个电阻 R_1 和 R_2 组成一串联电路,已知 $R_1:R_2 = 1:2$,则通过两电阻的电流之比 $I_1:I_2 =$ _____,两电阻上电压之比 $U_1:U_2 =$ _____,消耗功率之比 $P_1:P_2 =$ _____。

(4)两个电阻 R_1 和 R_2 组成一并联电路,已知 $R_1:R_2 = 1:2$,则两电阻两端电压之比 $U_1:U_2 =$ _____,通过两电阻的电流之比 $I_1:I_2 =$ _____,两电阻消耗功率之比 $P_1:P_2 =$ _____。

(5)图 2-50 所示电路中,$U_X =$ _____,$R_X =$ _____。

(6)图 2-51 所示电路中,已知 $I = 9$ A,$I_1 = 3$ A,$R_1 = 4$ Ω,$R_2 = 6$ Ω,则 $R_3 =$ _____,电路总电阻 $R =$ _____。

(7)图 2-52 所示电路中,$I =$ _____,$U =$ _____。

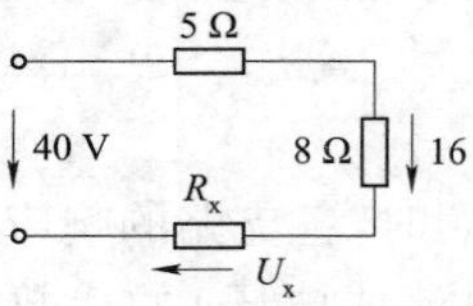

图 2-50 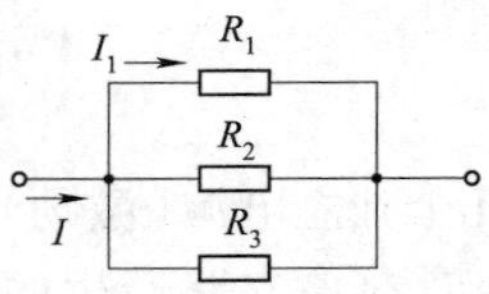　　　　　　　　图　2-51 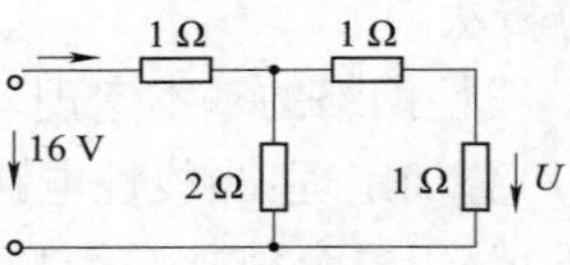　　　　　　　　图　2-52

(8)电阻均为 6 Ω 的三角形电阻网络,若等效为星形网络,各电阻的阻值应为_____ Ω。

(9)两个电路的等效是指对电路外部而言,即保证端口的_____关系相同。

(10) 电压源是以_____和_____串联形式表示的电源模型。对于电压源,若其内阻趋于零,则电压源输出的电压恒等于_____,这样的电压源称为_____。

(11) 电流源是以_____和_____并联形式表示的电源模型。对于电流源,若其内阻趋于无穷大,则电流源的输出电流为_____,这样的电流源称为_____。

(12) 理想电压源与任何二端元件并联,都可以等效为_____。理想电流源与任何支路串联,都可以等效为_____。

(13) 实际电压源模型"10 V、2 Ω"等效为电流源模型时,其电流源 $I_S =$ _____ A,内阻 $R_i =$ _____ Ω。

(14) 受控源有四种形式,即_____、_____、_____、_____。

(15) 叠加定理只适用于_____电路的_____和_____计算,而不适用于_____的计算。

二、判断题

(1) 几个用电器不论是串联使用还是并联使用,它们消耗的总功率总是等于各电器实际消耗功率之和。　　　　　　　　　　　　　　　　　　　　　　　(　　)

(2) 马路上的路灯总是同时亮同时灭,因此路灯都是串联接入电网的。　(　　)

(3) 对负载来说,只要加在它上面的电压和流过它的电流符合要求即可,因此理想电压源和理想电流源可以等效互换。　　　　　　　　　　　　　　　　(　　)

(4) 两个阻值分别为 $R_1 = 10$ Ω,$R_2 = 5$ Ω 的电阻串联。由于 R_2 电阻小,对电流的阻碍作用小,故流过 R_2 的电流比 R_1 中的电流大一些。　　　　　　(　　)

(5) 两个电路等效,即它们无论其内部还是外部都相同。　　　　　　(　　)

(6) 电路等效变换时,如果一条支路的电流为零,可按短路处理。　　(　　)

(7) 受控源向外提供的能量来自于电路中维持正常工作的其他电源。　(　　)

(8) 在应用叠加定理时,考虑某一电源单独作用而其余电源不作用时,应把其余电压源短路,电流源开路。　　　　　　　　　　　　　　　　　　　　　(　　)

(9) 在含有两个电源的线性电路中,当 U_1 单独作用时,某电阻消耗功率为 P_1;当 U_2 单独作用时,该电阻消耗功率为 P_2;当 U_1、U_2 共同作用时,该电阻消耗功率为 $P_1 + P_2$。
　　　　　　　　　　　　　　　　　　　　　　　　　　　　　(　　)

(10) 任何一个有源二端线性网络,都可用一个恒定电压 U_{OC} 和内阻 R_i 等效代换。
　　　　　　　　　　　　　　　　　　　　　　　　　　　　　(　　)

(11) 运用戴维南定理求解有源二端网络的等效内电阻时,应将有源二端网络中所有的电源都开路后再求解。　　　　　　　　　　　　　　　　　　　　　(　　)

(12) 负载上获得最大功率时,说明电源的利用率达到了最大。　　　(　　)

三、单选题

(1) 两个阻值均为 R 的电阻,作串联时的等效电阻与作并联时的等效电阻之比为(　　)。

　　A. 2:1　　　　　　B. 1:2　　　　　　C. 4:1　　　　　　D. 1:4

(2) 已知每盏节日彩灯的等效电阻为 2 Ω,通过的电流为 0.2 A,若将它们串联后,接在

220 V 的电源上,需串联(   )。

    A. 55 盏   B. 110 盏   C. 1 100 盏   D. 550 盏

(3)如图 2-53 所示,a、b 两点等效电阻为(   )。

    A. 10 Ω   B. 2.4 Ω   C. 29 Ω   D. 17.9 Ω

(4)如图 2-54 所示,a、b 两点等效电阻为(   )。

    A. 29 Ω   B. 5 Ω   C. 20 Ω   D. 7.1 Ω

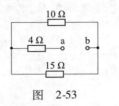 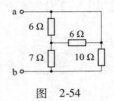

图 2-53   图 2-54

(5)两个电阻串联,$R_1:R_2 = 1:2$,总电压为 30 V,则 R_1 的电压 U_1 的大小为(   )。

    A. 10 V   B. 20 V   C. 30 V   D. 15 V

(6)两个阻值均为 R 的电阻串联后接于电压为 U 的电路中,各电阻获得的功率为 P;若两电阻改为并联,仍接在 U 下,则每个电阻获得的功率为(   )。

    A. P B. $P/2$ C. $2P$ D. $4P$

(7)理想电压源和理想电流源间(   )。

    A. 有等效变换关系   B. 没有等效变换关系

    C. 有条件下的等效变换关系   D. 不确定

(8)电压源和电流源等效变换的条件是等效前后(   )。

    A. 电压源、电流源内阻上流过的电流相同 B. 外部电路的端电压和电流不变

    C. 电压源、电流源内部消耗的功率相等   D. 所有的电量都不变

(9)叠加定理只适用于(   )。

    A. 交流电路   B. 直流电路   C. 线性电路   D. 非线性电路

(10)戴维南定理等效变换求内阻时,所谓电源不作用是指(   )。

    A. 电压源短路,电流源短路   B. 电压源短路,电流源开路

    C. 电压源开路,电流源短路   D. 电压源开路,电流源开路

四、分析计算题

(1)如图 2-55 所示,用一个满刻度偏转电流为 50 μA、电阻 R_g 为 2 kΩ 的表头制成 100 V 量程的直流电压表,应串联多大的附加电阻 R_f?

(2)如图 2-56 所示,用一个满刻度偏转电流为 50 μA、电阻 R_g 为 2 kΩ 的表头制成量程为 50 mA 的直流电流表,应并联多大的分流电阻 R_2?

(3)试求图 2-57 所示电路的端口等效电阻 R_{AB}。

(4)求图 2-58 所示二端网络的最简等效电路。

(5)将图 2-59 二端网络等效为电压源模型。

(6)将图 2-59 二端网络等效为电流源模型。

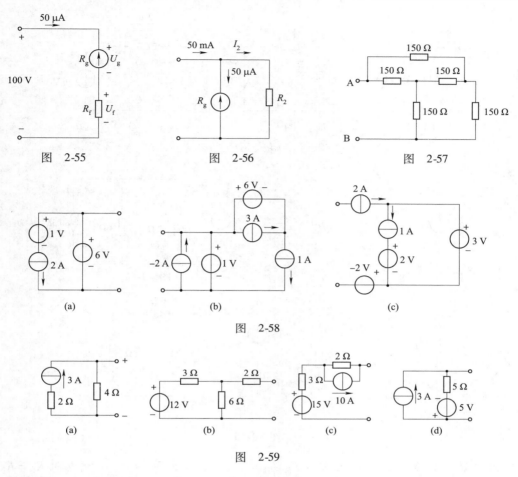

图　2-55　　　　　　　　图　2-56　　　　　　　　图　2-57

(a)　　　　　　　　　(b)　　　　　　　　　(c)

图　2-58

(a)　　　　　　(b)　　　　　(c)　　　　(d)

图　2-59

(7)将图 2-60 所示的二端网络化为最简等效电路。

(8)如图 2-61 所示电路中,已知 $U_{AB}=5$ V,试求电路中的 U_S。

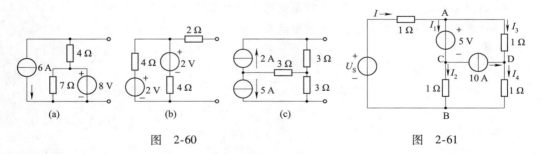

(a)　　　　　　(b)　　　　　(c)

图　2-60　　　　　　　　　图　2-61

(9)化简图 2-62 二端网络,使其具有最简的形式。

(10)图 2-63 所示电路中,求 10 V 理想电压源的发出功率。

(11)求图 2-64 所示电路中的电压 U 和电流 I_1。

(12)计算如图 2-65 所示电路中的电流 I。

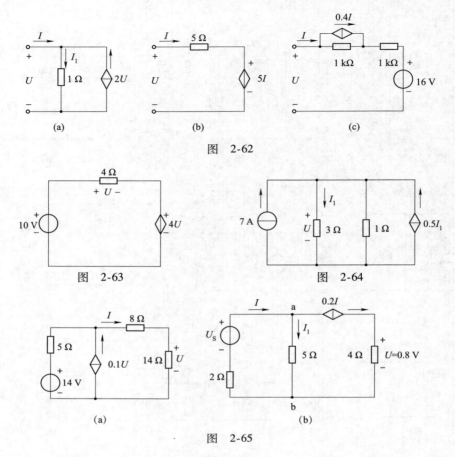

图 2-62

图 2-63   图 2-64

图 2-65

（13）如图 2-66 所示电路，已知电压 $U_{S1} = 2$ V，$U_{S4} = 20$ V，$U_{S5} = 6$ V，电阻 $R_1 = R_2 = 5$ Ω，$R_3 = 24$ Ω，$R_4 = 20$ Ω，$R_5 = 10$ Ω，$R_6 = 30$ Ω，用支路电流法求电流 I_1、I_2、I_3 及电压 U。

（14）用支路电流法求图 2-67 所示电路中的电流 I。

（15）用支路电流法求如图 2-68 所示电路中的电流 I。

（16）用网孔分析法求如图 2-68 所示电路中的电流 I。

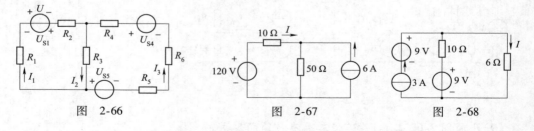

图 2-66   图 2-67   图 2-68

（17）用网孔分析法求如图 2-69 所示电路中的电流 I。

（18）在图 2-70 所示电路中，已知电阻 $R_1 = 4$ Ω，$R_2 = 8$ Ω，$R_3 = 6$ Ω，$R_4 = 12$ Ω，电压 $U_{S1} = 1.2$V，$U_{S2} = 3$ V，试用网孔分析法求电流 I。

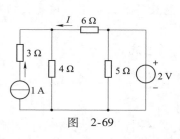
图 2-69

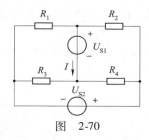
图 2-70

(19) 在图 2-70 所示电路中,已知电阻 $R_1 = 4\ \Omega, R_2 = 8\ \Omega, R_3 = 6\ \Omega, R_4 = 12\ \Omega$,电压 $U_{S1} = 1.2\ V, U_{S2} = 3\ V$,试用节点分析法求电流 I。

(20) 在图 2-71 所示电路中,已知电阻 $R_1 = R_3 = 1\ \Omega, R_2 = 2\ \Omega, R_4 = R_5 = 3\ \Omega$,电压 $U_{S4} = 3\ V, I_{S1} = 9\ A$,用节点分析法求电压 U_5。

(21) 用节点分析法求图 2-72 所示电路中的电压 U。

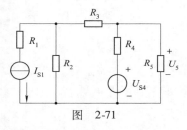
图 2-71

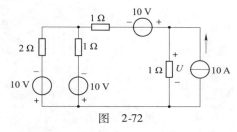
图 2-72

(22) 用叠加定理求图 2-73 所示电路中 6 Ω 电阻的电压。

(23) 用叠加定理求图 2-74 所示电路中的 I。

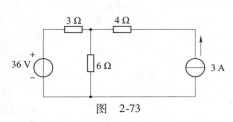
图 2-73

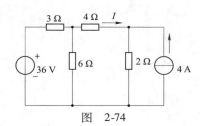
图 2-74

(24) 用叠加定理求图 2-64 中的电压 U 和电流 I_1。

(25) 用戴维南定理将图 2-59 中的各二端网络化简为等效电压源模型。

(26) 用诺顿定理将图 2-59 中的各二端网络化简为等效电流源模型。

(27) 求解图 2-75 所示有源二端网络的戴维南等效电路。

(28) 用戴维南定理求解图 2-76 所示电路中的电流 I。

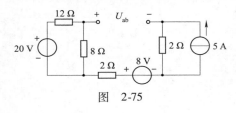
图 2-75

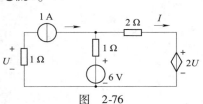
图 2-76

(29) 图 2-77 所示电路中的负载 R_L 为何值时能获得最大功率？该最大功率值是多少？此时，电源的利用率是多少？

(30) 试用不同的方法求解图 2-78 所示电路中的电流 I。

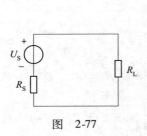

图　2-77

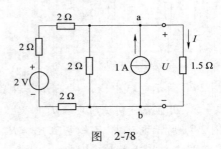

图　2-78

第三章　单相正弦交流电路

本章介绍正弦量的三要素,复数与相量法基础,电路基本定律的相量形式,复阻抗、复导纳的概念,正弦稳态电路的分析和计算方法,正弦交流电功率的计算,以及提高功率因数的意义和方法。

能力目标

(1)会正确使用交流电压表、交流电流表测量正弦电压和正弦电流;
(2)会用示波器观察和测量正弦交流信号的波形;
(3)能够进行正弦交流串联电路和并联电路的分析和计算;
(4)能够用相量分析法分析正弦交流电路;
(5)能够对正弦交流电路的功率进行分析和计算;
(6)能够正确使用提高功率因数的方法。

知识目标

(1)了解正弦稳态交流电路的基本概念;
(2)理解正弦量三要素的意义及交流电的有效值和平均值的概念;
(3)理解复数的基本概念及正弦量的相量表示法;
(4)了解基尔霍夫定律的相量形式;
(5)理解电阻元件、电感元件及电容元件上电压与电流的相量关系;
(6)能用相量法分析 RL、RC 及 RLC 串联电路;
(7)熟悉复阻抗与复导纳的概念;
(8)能用阻抗法及导纳法分析并联电路。

第一节　正弦量的基本概念

在电工技术中,常用到大小和方向随时间按一定规律周期性变化的交变电流,简称"交流"。所谓正弦交流电,一般指随时间按正弦规律周期性变化的电压、电流和电动势,它们称为正弦量。正弦量变化一次所需要的时间称为周期 T,它的单位为秒(s);每秒内重复变化的次数,称为频率 f,它的单位为赫(Hz)。频率是周期的倒数,即

$$f = \frac{1}{T} \tag{3-1}$$

 ### 知识点一　正弦量的三要素

正弦量在每一瞬间的数值称为瞬时值,用小写字母 u、i、e 表示。确定一个正弦量必须具备三个要素,即振幅、角频率和初相位,已知这三个要素,这个正弦量就可以完全描述出来了。以电流为例,正弦电流的瞬时值解析式为

$$i = I_m \sin(\omega t + \psi) \tag{3-2}$$

波形如图 3-1 所示。

式(3-2)中,I_m、ω、ψ 称为正弦量的三要素,下面分别介绍它们的意义。

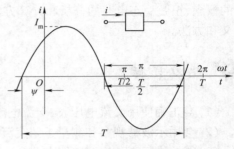

图 3-1　正弦电流波形

1. 振幅

正弦量在每一瞬间的数值称为瞬时值,用小写字母(如 i)表示。瞬时值中的最大值称为振幅,又称峰值或幅值,用大写字母加下标 m(如 I_m)表示。

2. 角频率

角频率 ω 是指正弦量每秒内变化的弧度,它的单位为弧度/秒(rad/s)。

T、f 和 ω 都能反映正弦波变化的快慢,三者的关系为

$$\omega = \frac{2\pi}{T} = 2\pi f \tag{3-3}$$

我国采用 50 Hz 的频率作为交流电源的工业标准频率,称为工频。世界上许多国家或地区的工业标准频率都是 50 Hz,但也有些国家或地区如美国、日本等则是 60 Hz。工业上除了广泛应用的工频交流电以外,在其他技术领域里还采用各种不同的频率。如航空工业用的交流电是 400 Hz,工业高频电炉用的频率可达 500 kHz,无线电工程里的频率更高,可达 2.3 ~ 23 MHz。

【例 3-1】　已知工频 $f = 50$ Hz,试求其周期及角频率。

解　周期为

$$T = \frac{1}{f} = \frac{1}{50 \text{ Hz}} = 0.02 \text{ s}$$

角频率为

$$\omega = 2\pi f = 2\pi \times 50 \text{ Hz} = 314 \text{ rad/s}$$

3. 初相位

正弦交流电随时间做周期性的变化,在不同的时间内,具有不同的电角度($\omega t + \psi$)。电角度($\omega t + \psi$)代表了正弦交流电的变化进程,称为相位角。当 $t = 0$ 时的相位角称为初相位或初相角,用 ψ 表示。正弦量初相位大小与所选的计时起点有关,计时起点选择不同,初相位不同。由于正弦量一个周期中瞬时值出现两次为零的情况,我们规定由负值向正值变化

之间的一个零点称为正弦量的零值,则正弦量的初相位便是由正弦量的零值到计时起点 ($t = 0$) 之间的电角度。

图 3-2 给出了几种不同计时起点的正弦电流的解析式和波形图。由波形图可以看出,若正弦量以零值为计时起点,则初相 $\psi = 0$;若零值在坐标原点左侧,则初相 $\psi > 0$;若零值在坐标原点右侧,则初相 $\psi < 0$。习惯上,规定 ψ 的绝对值不超过 $180°$,即 $|\psi| \leqslant 180°$。

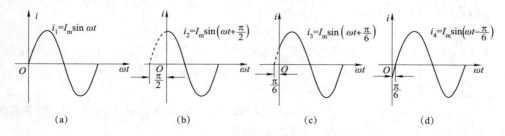

图 3-2　几种不同计时起点的正弦电流的解析式和波形图

同一正弦量,所选参考方向不同,瞬时值异号,解析式也异号,并且
$$- I_{\mathrm{m}}\sin(\omega t + \psi) = I_{\mathrm{m}}\sin(\omega t + \psi \pm \pi)$$
所以,改变一个正弦量的参考方向的结果是把它的初相加上(或减去)π,而最大值和角频率则与参考方向的选择无关。

【例 3-2】　在选定的参考方向下,已知两正弦量的解析式为
$$u = 100\sin(1\,000t + 200°)\ \mathrm{V}, i = -3\sin(314t + 30°)\ \mathrm{A},$$
试求两个正弦量的三要素。

解　(1)　　　　$u = 100\sin(1\,000t + 200°)\ \mathrm{V} = 100\sin(1\,000t + 200° - 360°)\ \mathrm{V}$
$$= 100\sin(1\,000t - 160°)\ \mathrm{V}$$
所以,电压的振幅值 $U_{\mathrm{m}} = 100\ \mathrm{V}$,角频率 $\omega = 1\,000\ \mathrm{rad/s}$,初相 $\psi = -160°$。

(2)　　　　　　$i = -3\sin(314t + 30°)\ \mathrm{A}$
$$= 3\sin(314t + 30° - 180°)\ \mathrm{A}$$
$$= 3\sin(314t - 150°)\ \mathrm{A}$$
所以,电流的振幅值 $I_{\mathrm{m}} = 3\ \mathrm{A}$,角频率 $\omega = 314\ \mathrm{rad/s}$,初相 $\psi = -150°$。

【例 3-3】　已知选定参考方向下正弦量的波形图如图 3-3 所示,试写出正弦量的解析式。

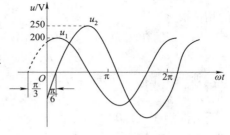

图 3-3　例 3-3 图

解　　　　$u_1 = 200\sin\left(\omega t + \dfrac{\pi}{3}\right)\ \mathrm{V}$

　　　　　　　$u_2 = 250\sin\left(\omega t - \dfrac{\pi}{6}\right)\ \mathrm{V}$

 知识点二　同频率正弦量的相位差

两个同频率正弦量的相位之差,称为相位差,用字母 φ 表示。例如:

$$i_1 = I_{m1}\sin(\omega t + \psi_1)$$
$$i_2 = I_{m2}\sin(\omega t + \psi_2)$$

相位差 $\qquad\qquad \varphi = (\omega t + \psi_1) - (\omega t + \psi_2) = \psi_1 - \psi_2 \qquad\qquad (3-4)$

可见,对于两个同频率的正弦量,相位差在任何瞬时都是一个常数,等于初相之差,而与时间无关,相位差是区分两个同频率正弦量的重要标志之一。相位差也采用绝对值不超过180°的角度表示,即 $|\psi| \leqslant 180°$。

1. 超前和滞后

如果 $\varphi = \psi_1 - \psi_2 > 0$,则称电流 i_1 超前电流 i_2(或称 i_2 滞后 i_1),如图 3-4(a)所示;如果 $\varphi = \psi_1 - \psi_2 < 0$,则称电流 i_1 滞后电流 i_2(或称 i_2 超前 i_1)。

2. 同相和反相

如果 $\varphi = \psi_1 - \psi_2 = 0$,即相位差为零,则称电流 i_1 与电流 i_2 同相位,这时,两个正弦量同时达到最大值,或同时通过零点,如图 3-4(b)所示。

如果 $\varphi = \psi_1 - \psi_2 = \pi$,则称电流 i_1 与电流 i_2 反相。反相的两个正弦量变化进程相反,总是一个为正另一个为负,如图 3-4(c)所示。

3. 正交

如果 $\varphi = \psi_1 - \psi_2 = \pi/2$,则称电流 i_1 与电流 i_2 相位正交。正交的两个正弦量总是一个达到(正或负的)最大值,另一个等于零,如图 3-4(d)所示。

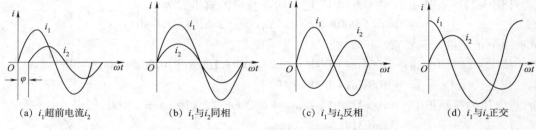

(a) i_1 超前电流 i_2 (b) i_1 与 i_2 同相   (c) i_1 与 i_2 反相   (d) i_1 与 i_2 正交

图 3-4 同频率正弦量的几种相位关系

【例 3-4】 已知 $i_1 = 220\sqrt{2}\sin(\omega t + 150°)$ A,$i_2 = 220\sqrt{2}\sin(\omega t - 90°)$ A,试分析二者的相位关系。

解 i_1 的初相为 $\psi_1 = 150°$,i_2 的初相为 $\psi_2 = -90°$,i_1 和 i_2 的相位差为

$$\varphi = \psi_1 - \psi_2 = 150° - (-90°) = 240°$$

考虑到正弦量的一个周期为 360°,故可以将 $\varphi = 240°$ 表示为

$$\varphi = 240° - 360° = -120° < 0$$

表明 i_1 滞后于 i_2 120°。

知识点三 正弦交流电的有效值

瞬时值是随时间变化的,不能用来表示正弦量的大小;最大值只是特定瞬间的数值,不能反映电压和电流做功的效果,所以也不用它表示正弦量的大小。正弦量的大小工程上规定用有效值来表示。

有效值是根据正弦电流和直流电流的热效应相等来规定的。交流电流 i 通过电阻 R 在一个周期内所产生的热量和直流电流 I 通过同一电阻 R 在相同的时间内产生的热量相等，则这个直流电流 I 的数值称为交流电流 i 的有效值,用大写字母表示,如 I、U 等。由此得出:

$$I^2RT = \int_0^T i^2 R\mathrm{d}t$$

所以,交流电流的有效值为

$$I = \sqrt{\frac{1}{T}\int_0^T i^2\,\mathrm{d}t} \tag{3-5}$$

对于正弦交流电流,它的有效值为

$$I = \sqrt{\frac{1}{T}\int_0^T I_\mathrm{m}^2\sin^2\omega t\mathrm{d}t} = \sqrt{\frac{I_\mathrm{m}^2}{T}\int_0^T \frac{1}{2}(1-\cos 2\omega t)\,\mathrm{d}t} = \frac{I_\mathrm{m}}{\sqrt{2}} = 0.707I_\mathrm{m} \tag{3-6}$$

同理,交流电压的有效值为

$$U = \frac{U_\mathrm{m}}{\sqrt{2}} = 0.707U_\mathrm{m} \tag{3-7}$$

平时所说的交流电的数值,如 380 V 和 220 V 都是指有效值。用交流电流表和交流电压表测量的电流和电压的数值也是有效值。

当采用有效值时,正弦电流的瞬时值解析式也可以写成

$$i = \sqrt{2}I\sin(\omega t + \psi) \tag{3-8}$$

【例3-5】 一正弦电压的初相为 60°,最大值为 311 V,角频率 $\omega = 314$ rad/s,试求它的有效值、解析式,并求 $t = 0.003$ s 时的瞬时值。

解 因为 $U_\mathrm{m} = 311$ V, 所以其有效值为

$$U = \frac{U_\mathrm{m}}{\sqrt{2}} = \frac{311}{\sqrt{2}}\mathrm{V} = 220\ \mathrm{V}$$

则电压的解析式为

$$u = 220\sqrt{2}\sin(314t + 60°)\ \mathrm{V}$$

将 $t = 0.003$ s 代入,可得

$$u = 220\sqrt{2}\sin(100\pi \times 0.003 + 60°)\ \mathrm{V} = 311\sin 114°\ \mathrm{V} = 284.1\ \mathrm{V}$$

第二节 正弦量的相量表示法

前面介绍了解析式和正弦量的波形图两种方法。但这两种方法在分析和计算交流电路时比较麻烦,为简化计算,可以将正弦量用相量表示,按复数的运算规则进行运算,然后将计算结果表示成正弦量。本节介绍正弦量的相量表示法。复数和复数运算是相量表示法的基础,因此先对复数的概念进行复习。

知识点一 复数及运算

1. 复数

在数学中常用 $A = a + jb$ 表示复数。其中 a 为实部，b 为虚部，$j = \sqrt{-1}$ 称为虚单位。用来表示复数的直角坐标平面称为复平面。其中，横轴的单位为"1"，称为实轴；纵轴的单位为"j"，称为虚轴。每一个复数在复平面上都可以找到唯一的点与之对应，而复平面上每一个点也都对应着唯一的复数。例如复数 $A = 4 + j3$、$B = 3 - j2$，如图3-5(a)所示，在复平面上分别对应 A 点和 B 点。

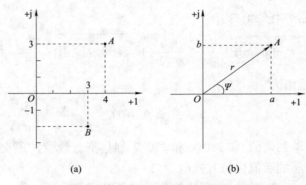

图 3-5 复数在复平面上表示

复数 $A = a + jb$ 还可以用复平面上一个矢量来表示。如图3-5(b)所示，这种矢量称为复矢量。矢量的长度 r 称为复数的模，矢量与实轴正方向的夹角 ψ 称为复数的辐角。所以，复数除了可以用 $A = a + jb$ 的代数形式表示，还可以用极坐标形式表示

$$A = r\angle\psi \tag{3-9}$$

已知代数形式 $A = a + jb$，则极坐标形式中

$$\begin{cases} r = |A| = \sqrt{a^2 + b^2} \\ \psi = \arctan\dfrac{b}{a}(\psi \leqslant 2\pi) \end{cases} \tag{3-10}$$

已知极坐标形式 $A = r\angle\psi$，则代数形式中

$$\begin{cases} a = r\cos\psi \\ b = r\sin\psi \end{cases} \tag{3-11}$$

可以看出，复数 A 的模在实轴上的投影 a 就是复数 A 的实部，在虚轴上的投影 b 就是复数 A 的虚部。

2. 复数的四则运算

(1)加减运算。将复数化成代数形式，然后实部与实部相加减，虚部与虚部相加减得到新的复数，即

$$A_1 = a_1 + jb_1 = r_1\angle\psi_1$$
$$A_2 = a_2 + jb_2 = r_2\angle\psi_2$$

则
$$A_1 \pm A_2 = (a_1 \pm a_2) + j(b_1 \pm b_2)$$

图 3-6 所示为复数加减矢量图。复数相加符合"平行四边形法则",复数相减符合"三角形法则"。

（2）乘除运算。将复数化成极坐标形式,然后将相乘的复数"模相乘、辐角相加",得到新的复数;将相除的复数"模相除、辐角相减"得到新的复数,即

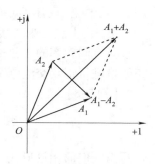

图 3-6　复数加减矢量图

$$A_1 \times A_2 = r_1 \angle \psi_1 \times r_2 \angle \psi_2 = r_1 \times r_2 \angle \psi_1 + \psi_2$$

$$\frac{A_1}{A_2} = \frac{r_1 \angle \psi_1}{r_2 \angle \psi_2} = \frac{r_1}{r_2} \angle \psi_1 - \psi_2$$

【例 3-6】 已知 $A = 20\angle 36.9°$,$B = 6 + j8$,求 $A + B$、$A - B$。

解 需将 A 化成代数形式
$$A = 20\angle 36.9° = 20\cos 36.9° + j20\sin 36.9° = 16 + j12$$
则
$$A + B = (16 + j12) + (6 + j8) = 22 + j20 = 29.73\angle 42.3°$$
$$A - B = (16 + j12) - (6 + j8) = 10 + j4 = 10.77\angle 21.8°$$

【例 3-7】 已知 $A = 10\angle 36.9°$,$B = 6 - j8$,求 $A \cdot B$。

解 需将 B 化成极坐标形式
$$B = 6 - j8 = 10\angle -53.1°$$
$$A \cdot B = 10\angle 36.9° \cdot 10\angle -53.1° = 100\angle -16.2°$$

 知识点二　正弦量的相量表示法

当知道正弦量的最大值、角频率和初相角这三个要素就可以写出该正弦量的瞬时值表达式。在正弦交流电路中,所有的激励和响应都是同频率的正弦量,所以只要知道有效值和初相角两个要素,就能描述一个正弦量。又因为一个复数也可以说是由两个要素构成,即"模"和"辐角"。这样就可以用复数来表示正弦量,如正弦电流
$$i = \sqrt{2}I\sin(\omega t + \psi)$$

ω 作为已知量,用电流的有效值 I 和初相角 ψ 两个要素借用复数来描绘正弦电流的方法是:

（1）电流的有效值对应复数的模;

（2）电流的初相角对应复数的辐角。

这样正弦电流可写成复数形式

$$\dot{I} = I\angle \psi$$
$$\dot{I}_m = I_m \angle \psi$$

（3-12）

式中,$\dot{I}$ 称为有效值相量;$\dot{I}_m$ 称为最大值相量,习惯上规定 $|\psi| \le 180°$。用复数形式表示的正弦量称为正弦量的相量形式。知道正弦量的瞬时值表达式,可以写出它的相量;反之,知道了一个正弦量的相量形式,也可以写出它的瞬时值表达式。以上用电流相量表示正弦电流的方法同样适用于正弦电压、电动势。

相量和复数一样,可以在复平面上用矢量表示,画在复平面上表示相量的图形称为相量图。必须注意,只有相同频率的正弦量才能画在同一相量图上,不同频率的正弦量一般不能画在一个相量图上。另外,用复数表示正弦量时,复数和正弦量之间只是对应关系,不是相等关系。

只有同频率的正弦量才能相互运算,运算方法按复数的运算规则进行。把用相量表示正弦量进行正弦交流电路运算的方法称为相量法。

【例 3-8】 已知正弦量

$$i = 10\sin(\omega t + 30°) \text{ A}$$

$$u = 220\sqrt{2}\sin(\omega t - 45°) \text{ V}$$

试写出它们的相量形式,并作相量图。

解

$$\dot{I} = \frac{10}{\sqrt{2}}\angle 30° \text{ A} = 5\sqrt{2}\angle 30° \text{ A}$$

$$\dot{U} = \frac{220\sqrt{2}}{\sqrt{2}}\angle -45° \text{ V} = 220\angle -45° \text{ V}$$

i 和 u 的相量图如图 3-7 所示。

【例 3-9】 已知正弦量的相量为 $\dot{I} = 18\angle 45° \text{ A}$,$\dot{U} = 100\angle -60° \text{ V}$,若频率 $f = 50 \text{ Hz}$,写出正弦量的瞬时值表达式。

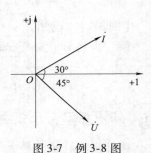

解 正弦量的角频率为

$$\omega = 2\pi f = 2\pi \times 50 \text{ Hz} = 314 \text{ rad/s}$$

电流的瞬时值表达式为

$$i = 18\sqrt{2}\sin(314t + 45°) \text{ A}$$

图 3-7 例 3-8 图

电压的瞬时值表达式为

$$u = 100\sqrt{2}\sin(314t - 60°) \text{ V}$$

第三节　单一元件伏安关系的相量形式

电阻元件、电感元件以及电容元件是交流电路中的基本电路元件。在正弦稳态电路中,这些元件的电压、电流都是同频率的正弦量,下面推导这三个基本电路元件的电压、电流关系的相量形式。

 知识点一　电阻元件伏安关系的相量形式

1. 电阻元件的电压、电流关系

如图 3-8(a)所示,关联参考方向下电阻元件在正弦交流电路中的电压、电流关系为

$$u = Ri$$

设电阻元件的正弦电流为

$$i = \sqrt{2}I\sin(\omega t + \psi_i)$$

则电阻元件上的电压为

$$u = Ri = \sqrt{2}RI\sin(\omega t + \psi_i)$$

设

$$u = \sqrt{2}U\sin(\omega t + \psi_u)$$

则

$$\begin{cases} U = RI \\ \psi_u = \psi_i \end{cases} \tag{3-13}$$

通过以上分析可见,电阻元件的电压电流为同频率的正弦量;电压与电流的有效值关系服从欧姆定律$U = RI$;在关联参考方向下,电阻元件上的电压与电流同相位。它们的波形图如图3-8(b)所示。

2. 电阻元件电压、电流的相量关系

由式(3-13)可得到如下关系

$$U\angle\psi_u = RI\angle\psi_i \tag{3-14}$$

或

$$\dot{U} = R\dot{I} \tag{3-15}$$

式(3-15)就是电阻的电压、电流相量关系式,也可写作$\dot{I} = G\dot{U}$。图3-8(c)为电阻元件电流、电压的相量图,两者同相位。

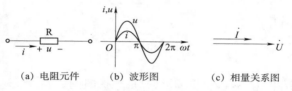

(a) 电阻元件　　(b) 波形图　　(c) 相量关系图

图3-8　电阻元件的电压、电流关系

知识点二　电感元件伏安关系的相量形式

1. 电感元件的电压、电流关系

如图3-9(a)所示,关联参考方向下,电感元件在正弦交流电路中的电压、电流关系为

$$u = L\frac{\mathrm{d}i}{\mathrm{d}t} \tag{3-16}$$

设电感元件的正弦电流为

$$i = \sqrt{2}I\sin(\omega t + \psi_i)$$

则电感元件上的电压为

$$u = L\frac{\mathrm{d}i}{\mathrm{d}t} = \sqrt{2}\omega LI\cos(\omega t + \psi_i) = \sqrt{2}\omega LI\sin\left(\omega t + \psi_i + \frac{\pi}{2}\right)$$

设

$$u = \sqrt{2}U\sin(\omega t + \psi_u)$$

则

$$\begin{cases} U = \omega LI \\ \psi_u = \psi_i + \dfrac{\pi}{2} \end{cases} \tag{3-17}$$

通过以上分析可见,电感元件上的电压与电流为同频率的正弦量;电压与电流的有效值关系为$U = \omega LI$;在关联参考方向下,电感元件的电压相位超前电流相位$\dfrac{\pi}{2}$或90°。它们的波

形图如图3-9(b)所示。

2. 电感元件电压、电流的相量关系

由式(3-17)可得到如下关系

$$U \angle \psi_u = \omega L I \angle \psi_i + \frac{\pi}{2} \tag{3-18}$$

或

$$\dot{U} = j\omega L \dot{I} \tag{3-19}$$

图3-9(c)所示为电感元件电流、电压的相量关系图。

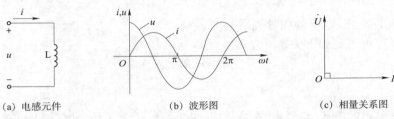

(a) 电感元件   (b) 波形图   (c) 相量关系图

图3-9　电感元件的电压、电流关系

3. 感抗

电压与电流的有效值之比为

$$\frac{U}{I} = \omega L = X_L \tag{3-20}$$

式中，$X_L = \omega L = 2\pi f L$ 称为感抗，单位为欧（Ω），感抗的倒数 $B_L = \frac{1}{X_L} = \frac{1}{\omega L}$ 称为感纳，单位为西（S）。

感抗是用来表示电感元件对电流阻碍作用的一个物理量。在电压一定的条件下，ωL 越大，电路中的电流越小。

在电感一定的情况下，电感的感抗与频率成正比，只有在一定的频率下，感抗才是一个常量。频率越高，感抗越大。反之，频率越低，感抗也就越小。对于直流电来说，频率 $f = 0$，感抗 $X_L = \omega L = 2\pi f L$ 也就为零，电感元件相当于短路。因此电感具有通直流、阻交流的作用。

引进了感抗以后，式(3-19)可写作

$$\dot{U} = jX_L \dot{I} \tag{3-21}$$

【例3-10】　已知一个电感 $L = 3$ H，接在 $u = 220\sqrt{2}\sin(314t - 60°)$ V 的电源上，求（1）感抗的大小；（2）电感元件的电流表达式。

解　（1）电感元件的感抗为

$$X_L = \omega L = 314 \times 3 \ \Omega = 942 \ \Omega$$

（2）电压相量为 $\dot{U} = 220 \angle -60°$ V，由式(3-19)得

$$\dot{I} = \frac{\dot{U}}{jX_L} = \frac{220 \angle -60°}{j942} A = 0.23 \angle -150° A$$

$$i = 0.23\sqrt{2}\sin(314t - 150°) A$$

知识点三　电容元件伏安关系的相量形式

1. 电容元件的电压、电流关系

如图 3-10(a)所示,关联参考方向下,电容元件在正弦交流电路中的电压、电流关系为

$$i = C \frac{\mathrm{d}u}{\mathrm{d}t} \tag{3-22}$$

设电容元件的正弦电压为

$$u = \sqrt{2}U\sin(\omega t + \psi_u)$$

则电容元件上的电流为

$$i = C \frac{\mathrm{d}u}{\mathrm{d}t} = \sqrt{2}\omega CU\cos(\omega t + \psi_u)$$

$$= \sqrt{2}\omega CU\sin\left(\omega t + \psi_u + \frac{\pi}{2}\right)$$

设

$$i = \sqrt{2}I\sin(\omega t + \psi_i)$$

则

$$\begin{cases} I = \omega CU \\ \psi_i = \psi_u + 90° \end{cases} \tag{3-23}$$

通过以上分析可见,电容元件上的电压与电流为同频率的正弦量;电压与电流的有效值关系为 $I = \omega CU$;在关联参考方向下,电感元件的电压相位滞后电流相位 $\frac{\pi}{2}$ 或 90°。它们的波形图如图 3-10(b)所示。

2. 电容元件上电压、电流的相量关系

由式(3-23)可得到如下关系

$$I\angle\psi_i = \omega CU\angle\psi_u + 90°$$

或

$$\dot{I} = \mathrm{j}\omega C\dot{U} \tag{3-24}$$

图 3-10(c)所示为电容元件电流、电压的相量关系图。

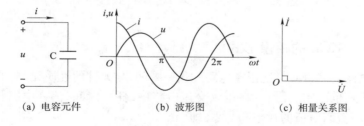

(a) 电容元件　　　　　　(b) 波形图　　　　　　(c) 相量关系图

图 3-10　电容元件的电压、电流关系

3. 容抗

电压与电流的有效值之比为

$$\frac{U}{I} = \frac{1}{\omega C} = X_C \tag{3-25}$$

式中，$X_C = \dfrac{1}{\omega C} = \dfrac{1}{2\pi fC}$ 称为容抗，单位为欧（Ω），容抗的倒数 $B_C = \dfrac{1}{X_C} = \omega C$ 称为容纳，单位为西（S）。

容抗是表示电容器在充放电过程中对电流的一种阻碍作用。在电压一定的条件下，容抗越大，电路中的电流越小。

在电容一定的情况下，电容的容抗与频率成反比，只有在一定的频率下，容抗才是一个常量。频率越高，电容极板上电荷变化率越大，电容电流也越大，相应的，容抗也就越小。反之，频率越低，容抗也就越大。对于直流电来说，频率 $f = 0$，容抗 $X_C = \dfrac{1}{\omega C} = \dfrac{1}{2\pi fC}$ 趋于无穷大，虽然有电压作用于电容，但电流却为零，此时电容元件相当于开路。因此电容具有隔直流、通交流的作用。

引进了容抗以后，式（3-24）可写作

$$\dot{U} = \frac{\dot{I}}{j\omega C} = -j\frac{1}{\omega C}\dot{I} = -jX_C\dot{I} \tag{3-26}$$

【例 3-11】 已知 2 μF 电容两端的电压为 10 V，初相为 60°，角频率为 1 000 rad/s。试求流过电容的电流，写出其瞬时值表达式。

解 电压的相量形式为
$$\dot{U} = 10\angle 60° \text{ V}$$
$$X_C = \frac{1}{\omega C} = \frac{1}{1\,000 \times 2 \times 10^{-6}}\ \Omega = 500\ \Omega$$

由式（3-26）得

$$\dot{I} = \frac{\dot{U}}{-jX_C} = j\frac{1}{500} \times 10\angle 60°\text{A} = 0.02\angle 150°\text{ A}$$

电流的瞬时值表达式为

$$i = 0.02\sqrt{2}\sin(1\,000t + 150°)\text{A}$$

第四节　基尔霍夫定律的相量形式

 知识点一　KCL 的相量形式

基尔霍夫电流定律（KCL）适用于电路的任一瞬间，与元件的性质无关，那么对表达正弦电流瞬时值解析式也适用。便有：在正弦交流电路中，任一瞬间，流入电路任一节点（或闭和面）的各支路电流瞬时值的代数和为零，即

$$\sum i = 0$$

正弦交流电路中，各电流、电压都是与激励同频率的正弦量，将这些正弦量用相量表示，又有：在电路任一节点的各支路电流相量的代数和为零，即

$$\sum \dot{I} = 0 \tag{3-27}$$

这就是适用于正弦交流电路中的 KCL 的相量形式。

知识点二　KVL 的相量形式

基尔霍夫电压定律(KVL)同样也适用于正弦交流电路。将正弦交流电压用相量表示,便有:在正弦交流电路中,沿任一闭合回路绕行一周,该回路中各元件电压相量的代数和为零,即

$$\sum \dot{U} = 0 \qquad\qquad (3-28)$$

这就是适用于正弦交流电路中的 KVL 的相量形式。

【例3-12】　如图 3-11(a)、(b)所示电路中,已知电流表 A_1、A_2、A_3 都是 10 A,求电路中电流表 A 的读数。

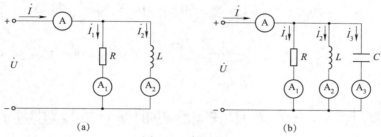

(a)　　　　　　　　　　(b)

图 3-11　例 3-12 图

解　设端电压　　　　　　　　　　$\dot{U} = U\angle 0°$ V

(1)选定电流的参考方向如图 3-11(a)所示, 则

$$\dot{I}_1 = 10\angle 0°A \qquad \dot{I}_2 = 10\angle -90°A$$

由 KCL 得

$$\dot{I} = \dot{I}_1 + \dot{I}_2 = (10\angle 0° + 10\angle -90°)A = 10\sqrt{2}\angle -45°A$$

电流表的读数为 $10\sqrt{2}$ A。注意:这与直流电路是不同的, 总电流并不是 20 A。

(2)选定电流的参考方向如图 3-11(b)所示, 则

$$\dot{I}_1 = 10\angle 0°A \quad \dot{I}_2 = 10\angle -90°A \quad \dot{I}_3 = 10\angle 90°A$$

由 KCL 得

$$\dot{I} = \dot{I}_1 + \dot{I}_2 + \dot{I}_3 = (10\angle 0° + 10\angle -90° + 10\angle 90°)A = 10 A$$

电流表 A 的读数为 10 A。

【例3-13】　如图 3-12(a)、(b)所示电路中,电压表 V_1、V_2、V_3 的读数都是 50 V,试分别求各电路中 V 表的读数。

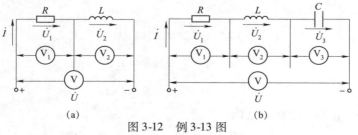

(a)　　　　　　　　　　(b)

图 3-12　例 3-13 图

解 设电流为参考相量，即 $\dot{I} = I\angle 0°$

（1）选定电压的参考方向如图3-12（a）所示，则

$$\dot{U}_1 = 50\angle 0° \text{ V} \qquad \dot{U}_2 = 50\angle 90° \text{ V}$$

由 KVL 得

$$\dot{U} = \dot{U}_1 + \dot{U}_2 = (50\angle 0° + 50\angle 90°)\text{V} = (50 + 50\text{j})\text{V} = 50\sqrt{2}\angle 45°\text{V}$$

电压表的读数为 $50\sqrt{2}$ V。

（2）选定电压的参考方向如图3-12（b）所示，则

$$\dot{U}_1 = 50\angle 0°\text{V} \qquad \dot{U}_2 = 50\angle 90° \text{ V} \qquad \dot{U}_3 = 50\angle -90° \text{ V}$$

由 KVL 得

$$\dot{U} = \dot{U}_1 + \dot{U}_2 + \dot{U}_3 = (50\angle 0° + 50\angle 90° + 50\angle -90°)\text{V} = 50 \text{ V}$$

电压表的读数为 50 V。

第五节　R、L、C 串联电路的相量分析及复阻抗

 知识点一　R、L、C 串联电路伏安关系的相量形式

1. R、L、C 串联电路的电压

R、L、C 串联电路如图 3-13 所示，设各元件电压 u_R、u_L、u_C 的参考方向与电流的参考方向关联。

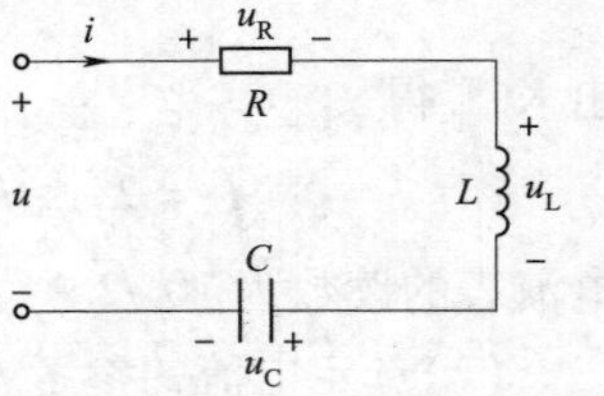

由 KVL 得，串联电路的电压

$$u = u_R + u_L + u_C$$

相应地有

$$\dot{U} = \dot{U}_R + \dot{U}_L + \dot{U}_C \qquad (3-29)$$

图 3-13　R、L、C 串联电路

其中

$$\begin{cases} \dot{U}_R = R\dot{I} \\ \dot{U}_L = \text{j}X_L\dot{I} = \text{j}\omega L\dot{I} \\ \dot{U}_C = -\text{j}X_C\dot{I} = -\text{j}\dfrac{1}{\omega C}\dot{I} \end{cases} \qquad (3-30)$$

把式（3-30）代入式（3-29）得

$$\begin{aligned} \dot{U} = \dot{U}_R + \dot{U}_L + \dot{U}_C &= R\dot{I} + \text{j}X_L\dot{I} - \text{j}X_C\dot{I} \\ &= [R + \text{j}(X_L - X_C)]\dot{I} \\ &= (R + \text{j}X)\dot{I} \end{aligned} \qquad (3-31)$$

式中，$X = X_L - X_C$ 称为电路的电抗。

2. 复阻抗

在关联参考方向下,复阻抗等于端口电压相量与端口电流相量的比值,即

$$Z = \frac{\dot{U}}{\dot{I}} \tag{3-32}$$

式中,复阻抗 Z 简称阻抗,单位是欧(Ω)。它是电路的一个复数参数,而不是正弦量的相量。由式(3-32)可将图 3-14(a)所示二端网络等效为图 3-14(b)所示电路模型。

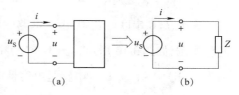

图 3-14　复阻抗的定义

由阻抗定义式(3-32)可得 R、L、C 串联电路的复阻抗为

$$Z = (R + \mathrm{j}X) = R + \mathrm{j}(X_\mathrm{L} - X_\mathrm{C}) = R + \mathrm{j}\left(\omega L - \frac{1}{\omega C}\right) \tag{3-33}$$

式(3-33)为复阻抗的代数形式,复阻抗也可以用极坐标形式表示为

$$Z = \frac{U \angle \psi_u}{I \angle \psi_i} = \frac{U}{I} \angle \psi_u - \psi_i = |Z| \angle \varphi_Z \tag{3-34}$$

式中,$|Z|$ 称为阻抗的模,它等于电压有效值与电流有效值之比;φ_Z 称为阻抗角,它等于电路中电压与电流的相位差。

$$|Z| = \frac{U}{I} = \sqrt{R^2 + X^2} \tag{3-35}$$

$$\varphi_Z = \psi_u - \psi_i = \arctan\frac{X}{R} = \arctan\frac{X_\mathrm{L} - X_\mathrm{C}}{R} \tag{3-36}$$

由式(3-36)可见,阻抗的模 $|Z|$、电阻 R 和电抗 X 可以组成一个直角三角形,称为阻抗三角形,如图 3-15 所示。Z 的实部为 R,称为"电阻";Z 的虚部为 X,称为"电抗",阻抗的实部和虚部分别为

$$\begin{cases} R = |Z| \cos \varphi_Z \\ X = |Z| \sin \varphi_Z \end{cases} \tag{3-37}$$

由复阻抗的定义可得,单一元件 R、L、C 的复阻抗分别为

$$\begin{cases} Z_\mathrm{R} = R \\ Z_\mathrm{L} = \mathrm{j}\omega L = \mathrm{j}X_\mathrm{L} \\ Z_\mathrm{C} = -\mathrm{j}\dfrac{1}{\omega C} = -\mathrm{j}X_\mathrm{C} \end{cases}$$

图 3-15　阻抗三角形

知识点二　R、L、C 串联电路的特性分析

由于电阻元件的电压与电流同相,电感元件的电压超前电流90°,电容元件的电压滞后于电流90°。所以,在 R、L、C 串联电路中,当元件参数选取不同时,电路的特性会发生变化。按照电路的特性不同,可以分为以下三类:

1. 电感性电路

当 $X_\mathrm{L} > X_\mathrm{C}$,则 $U_\mathrm{L} > U_\mathrm{C}$,$X > 0$,$\varphi_Z > 0$,$\dot{U}$ 超前 $\dot{I}$,电路此时是电感性电路。

2. 电容性电路

当 $X_L < X_C$，则 $U_L < U_C$，$X < 0$，$\varphi_Z < 0$，$\dot{U}$ 滞后 $\dot{I}$，电路此时是电容性电路。

3. 电阻性电路

当 $X_L = X_C$，则 $U_L = U_C$，$X = 0$，$\varphi_Z = 0$，$\dot{U}$ 与 $\dot{I}$ 同相位，电路此时是电阻性电路。

在 R、L、C 串联电路中，由于电路中各元件的电流相同，设电流 $\dot{I} = I\angle 0°$，绘出电压、电流的相量图，如图 3-16 所示。图 3-16(a) 中 $U_L > U_C$，电路是电感性电路，所以 $\dot{U}$ 超前 $\dot{I}$，$\varphi_Z > 0$；图 3-16(b) 中 $U_L < U_C$，电路是电容性电路，所以 $\dot{U}$ 滞后 $\dot{I}$，$\varphi_Z < 0$；图 3-16(c) 中 $U_L = U_C$，电路是电阻性电路，所以 $\dot{U}$ 与 $\dot{I}$ 同相位，$\varphi_Z = 0$。

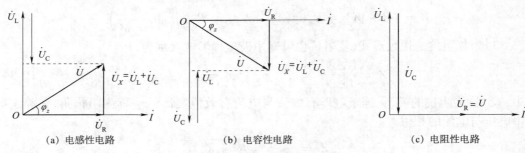

(a) 电感性电路　　　　　　(b) 电容性电路　　　　　　(c) 电阻性电路

图 3-16　R、L、C 串联电路相量图

由图 3-16 可见，电压 $\dot{U}_R$、$\dot{U}_X$ 和 $\dot{U}$ 组成一直角三角形，称为电压三角形，如图 3-17 所示，电压三角形和阻抗三角形为相似三角形。

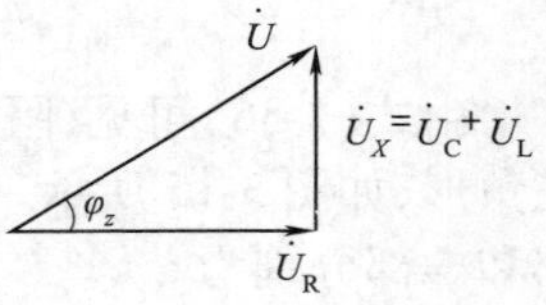

【例 3-14】 有一 R、L、C 串联电路，其中 $R = 30\ \Omega$，$L = 382\ \text{mH}$，$C = 39.8\ \mu\text{F}$，外加电压 $U = 220\sqrt{2}\sin(314t + 60°)\ \text{V}$，试求：(1) 复阻抗 Z，并确定电路的性质；(2) $\dot{I}$、$\dot{U}_R$、$\dot{U}_L$、$\dot{U}_C$，并绘出相量图。

图 3-17　电压三角形

解 (1) $Z = R + \text{j}(X_L - X_C) = R + \text{j}\left(\omega L - \dfrac{1}{\omega C}\right) = \left[30 + \text{j}\left(314 \times 0.382 - \dfrac{10^6}{314 \times 39.8}\right)\right]\ \Omega$

$\qquad = [30 + \text{j}(120 - 80)]\ \Omega = (30 + \text{j}40)\ \Omega$

$\qquad = 50\angle 53.1°\ \Omega$

$\varphi_Z = 53.1° > 0$，所以此电路为电感性电路。

(2) $\dot{I} = \dfrac{\dot{U}}{Z} = \dfrac{220\angle 60°}{50\angle 53.1°}\ \text{A} = 4.4\angle 6.9°\ \text{A}$

$\dot{U}_R = R\dot{I} = 4.4\angle 6.9° \times 30\ \text{V} = 132\angle 6.9°\ \text{V}$

$\dot{U}_L = \text{j}X_L\dot{I} = 4.4\angle 6.9° \times 120\angle 90°\ \text{V} = 528\angle 96.9°\ \text{V}$

$\dot{U}_C = -\text{j}X_C\dot{I} = 4.4\angle 6.9° \times 80\angle -90°\ \text{V} = 352\angle -83.1°\ \text{V}$

相量图如图 3-18 所示。

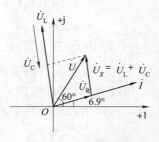

图 3-18　例 3-14 相量图

第六节　R、L、C 并联电路的相量分析及复导纳

 知识点一　R、L、C 并联电路伏安关系的相量形式

1. R、L、C 并联电路的电流

R、L、C 并联电路如图 3-19 所示，设各元件电流 i_R、i_L、i_C 的参考方向与电压的参考方向关联。

由 KCL 可得，并联电路的电流

$$i = i_R + i_L + i_C$$

相应地有

$$\dot{I} = \dot{I}_R + \dot{I}_L + \dot{I}_C \tag{3-38}$$

其中

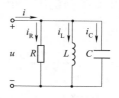

图 3-19　R、L、C 并联电路

$$\begin{cases} \dot{I}_R = \dfrac{\dot{U}}{R} \\[3mm] \dot{I}_L = \dfrac{\dot{U}}{jX_L} = \dfrac{\dot{U}}{j\omega L} \\[3mm] \dot{I}_C = \dfrac{\dot{U}}{-jX_C} = \dfrac{\dot{U}}{-j\dfrac{1}{\omega C}} \end{cases} \tag{3-39}$$

把式（3-39）代入式（3-38）得

$$\dot{I} = \dot{I}_R + \dot{I}_L + \dot{I}_C = \frac{\dot{U}}{R} + \frac{\dot{U}}{j\omega L} + \frac{\dot{U}}{-j\dfrac{1}{\omega C}}$$

$$= \left[\frac{1}{R} + j(B_C - B_L) \right] \dot{U}$$

$$= (G + jB)\dot{U} \tag{3-40}$$

式中，$B = B_C - B_L$ 称为电路的电纳。

2. 复导纳

在关联参考方向下，复导纳等于端口电流相量与端口电压相量的比值，即

$$Y = \frac{\dot{I}}{\dot{U}} \tag{3-41}$$

式中，Y 称为复导纳，简称导纳，单位是西（S），和阻抗一样，它也是一个复数，而不是正弦量的相量。

由式（3-40）可得 R、L、C 并联电路的复导纳为

$$Y = (G + jB) = G + j(B_C - B_L) = \frac{1}{R} + j\left(\omega C - \frac{1}{\omega L}\right) \tag{3-42}$$

导纳也可以用极坐标形式表示

$$Y = \frac{I\angle\psi_i}{U\angle\psi_u} = \frac{I}{U}\angle\psi_i - \psi_u = |Y|\angle\varphi_Y \tag{3-43}$$

式中,$|Y|$ 称为导纳的模,它等于电流有效值与电压有效值之比。φ_Y 称为导纳角,它等于电路中电流与电压的相位差。

$$|Y| = \frac{I}{U} = \sqrt{G^2 + B^2} \tag{3-44}$$

$$\varphi_Y = \psi_i - \psi_u = \text{arntan}\frac{B}{G} = \arctan\frac{B_C - B_L}{G} \tag{3-45}$$

由式(3-44)可见导纳的模 $|Y|$、电导 G 和电纳 B 可以组成导纳三角形,如图 3-20 所示。Y 的实部为 G,称为"电导";Y 的虚部为 B,称为"电纳"。由图 3-20 可得,导纳的实部和虚部分别为

$$\begin{cases} G = |Y|\cos\varphi_Y \\ B = |Y|\sin\varphi_Y \end{cases} \tag{3-46}$$

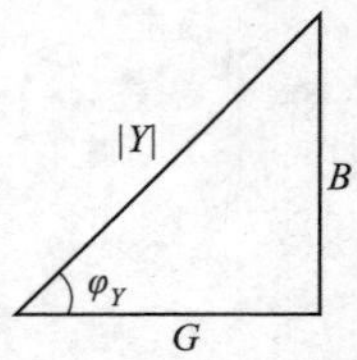

图 3-20 导纳三角形

由导纳的定义可得,单一元件 R、L、C 的导纳分别为

$$\begin{cases} Y_R = \dfrac{1}{R} = G \\[2mm] Y_L = \dfrac{1}{jX_L} = -jB_L \\[2mm] Y_C = \dfrac{1}{-jX_C} = jB_C \end{cases} \tag{3-47}$$

 知识点二 R、L、C 并联电路的特性分析

由前面 R、L、C 串联电路分析可知,在 R、L、C 并联电路中当元件参数选取不同时,电路的特性也会发生变化。按照电路的特性不同,可以分为以下三类:

1. 电容性电路

当 $B_C > B_L$,则 $I_C > I_L$,$B > 0$,$\varphi_Y > 0$,$\dot I$ 超前 $\dot U$,电路此时是电容性电路。

2. 电感性电路

当 $B_C < B_L$,则 $I_C < I_L$,$B < 0$,$\varphi_Y < 0$,$\dot I$ 滞后 $\dot U$,电路此时是电感性电路。

3. 电阻性电路

当 $B_C = B_L$,则 $I_C = I_L$,$B = 0$,$\varphi_Y = 0$,$\dot I$ 与 $\dot U$ 同相位,电路此时是电阻性电路。

在 R、L、C 并联电路中,由于电路中各元件的电压相同,设电流 $\dot U = U\angle 0°$,绘出电压、电流的相量图,如图 3-21 所示,图 3-21(a)中 $I_C > I_L$,电路是电容性电路,所以 $\dot I$ 超前 $\dot U$,$\varphi_Y > 0$;图 3-21(b)中 $I_C < I_L$,电路是电感性电路,所以 $\dot I$ 滞后 $\dot U$,$\varphi_Y < 0$;图 3-21(c)中 $I_C = I_L$,电路

是电阻性电路,所以 $\dot{I}$ 与 $\dot{U}$ 同相,$\varphi_Y = 0$。

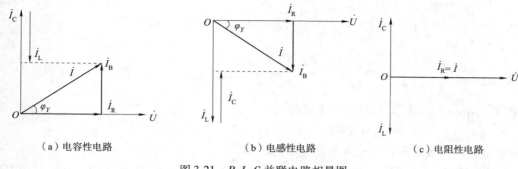

（a）电容性电路　　　　　　　　（b）电感性电路　　　　　　　　（c）电阻性电路

图 3-21　R、L、C 并联电路相量图

由图 3-21 可见,电流 $\dot{I}_R$、$\dot{I}_B$ 和 $\dot{I}$ 组成一直角三角形,称为电流三角形,如图 3-22 所示,电流三角形和导纳三角形为相似三角形。

【例3-15】　R、L、C 并联电路,已知端电压为 $u = 220\sqrt{2}\sin$ $(5\,000t + 30°)$ V,$R = 25\ \Omega$,$L = 2$ mH,$C = 5\ \mu$F,试求 Y、$\dot{I}_R$、$\dot{I}_L$、$\dot{I}_C$ 和 $\dot{I}$。

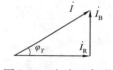

图 3-22　电流三角形

解
$$Y_R = \frac{1}{R} = \frac{1}{25}\ \text{S} = 0.04\ \text{S}$$

$$Y_L = \frac{1}{jX_L} = \frac{-j}{5\,000 \times 2 \times 10^{-3}}\ \text{S} = -j0.1\ \text{S}$$

$$Y_C = \frac{1}{-jX_C} = j\omega C = j5\,000 \times 5 \times 10^{-6}\ \text{S} = j0.025\ \text{S}$$

$$Y = Y_R + Y_L + Y_C = [0.04 + j(0.025 - 0.1)]\text{S} = (0.04 - j0.075)\text{S}$$
$$= 0.085\angle -61.9°\ \text{S}$$

已知 $\dot{U} = 220\angle 30°$ V,则

$$\dot{I}_R = \dot{U}Y_R = 220\angle 30° \times 0.04\ \text{A} = 88\angle 30°\ \text{A}$$

$$\dot{I}_L = \dot{U}Y_L = 220\angle 30° \times (-j0.1)\ \text{A} = 22\angle -60°\ \text{A}$$

$$\dot{I}_C = \dot{U}Y_C = 220\angle 30° \times j0.025\ \text{A} = 5.5\angle 120°\ \text{A}$$

$$\dot{I} = \dot{U}Y = 220\angle 30° \times 0.085\angle -61.9°\ \text{A} = 18.7\angle -31.9°\ \text{A}$$

第七节　无源二端网络的等效复阻抗与复导纳

知识点一　复阻抗的串联与并联

1. 复阻抗串联电路

图 3-23 所示为多个复阻抗串联的电路,电流和电压的参考方向如图 3-23 所示。

由 KVL 可得

$$\dot{U} = \dot{U}_1 + \dot{U}_2 + \cdots + \dot{U}_n$$

$$= \dot{I}Z_1 + \dot{I}Z_2 + \cdots + \dot{I}Z_n$$

$$= \dot{I}(Z_1 + Z_2 + \cdots + Z_n)$$

$$= \dot{I}Z$$

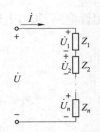

图 3-23 多个复阻抗
串联的电路

式中, Z 为串联电路的等效阻抗, 由上式可得

$$Z = Z_1 + Z_2 + \cdots + Z_n \qquad (3\text{-}48)$$

即串联电路的等效复阻抗等于各串联复阻抗之和。

【例 3-16】 设有两个负载 $Z_1 = (5 + j5)\,\Omega$ 和 $Z_2 = (6 - j8)\,\Omega$ 相串联, 接在 $U = 220\sqrt{2}\sin(314t + 30°)$ V 的电源上, 试求等效阻抗 Z 和电路电流 i。

解 $Z = Z_1 + Z_2 = [(5 + j5) + (6 - j8)]\Omega = (11 - j3)\Omega = 11.4\angle -15.3°\,\Omega$

因为 $$\dot{U} = 220\angle 30°\ \text{V}$$

所以 $$\dot{I} = \frac{\dot{U}}{Z} = \frac{220\angle 30°}{11.4\angle -15.3°}\ \text{A} = 19.3\angle 45.3°\ \text{A}$$

$$i = 19.3\sqrt{2}\sin(\omega t + 45.3°)\ \text{A}$$

2. 复阻抗并联电路

图 3-24 所示为多个复阻抗并联的电路, 电流和电压的参考方向如图 3-24 所示。

由 KCL 可得

$$\dot{I} = \dot{I}_1 + \dot{I}_2 + \cdots + \dot{I}_n$$

$$= \dot{U}(Y_1 + Y_2 + \cdots + Y_n)$$

$$= \dot{U}Y$$

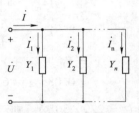

图 3-24 多个复阻抗并联的电路

式中, Y 为并联电路的等效导纳。

由上式可得

$$Y = Y_1 + Y_2 + \cdots + Y_n \qquad (3\text{-}49)$$

即并联电路的等效复导纳等于各并联复导纳之和。

【例 3-17】 如图 3-25 所示并联电路中, 已知端电压 $u = 220\sqrt{2}\sin(314t - 30°)$ V, $X_L = X_C = 8\ \Omega$, $R_1 = R_2 = 6\ \Omega$, 试求 : (1) 总导纳 Y; (2) 各支路电流 $\dot{I}_1$、$\dot{I}_2$ 和总电流 $\dot{I}$。

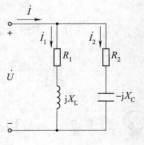

图 3-25 例 3-17 图

解 已知 $\dot{U} = 220\angle -30°\ \text{V}$, 则

$$(1)\ Y_1 = \frac{1}{R_1 + jX_L} = \frac{1}{6 + j8}\ \text{S} = \frac{6 - j8}{100}\ \text{S} = (0.06 - j0.08)\ \text{S}$$

$$Y_2 = \frac{1}{R_2 - jX_C} = \frac{1}{6 - j8} \text{ S} = \frac{6 + j8}{100} \text{ S} = (0.06 + j0.08) \text{ S}$$

$$Y = Y_1 + Y_2 = (0.6 - j0.08 + 0.06 + j0.08) \text{ S} = 0.12 \text{ S}$$

(2) $\dot{I}_1 = \dot{U}Y_1 = 220\angle -30° \times 0.1\angle -53.1° \text{ A} = 22\angle -83.1° \text{ A}$

$\dot{I}_2 = \dot{U}Y_2 = 220\angle -30° \times 0.1\angle 53.1° \text{ A} = 22\angle 23.1° \text{ A}$

$\dot{I} = \dot{U}Y = 220\angle -30° \times 0.12 \text{ A} = 26.4\angle -30° \text{ A}$

知识点二　复阻抗与复导纳的等效变换

一个任意的线性无源二端网络,都可以有复阻抗和复导纳两种形式的模型,其中复阻抗的定义为 $Z = \dfrac{\dot{U}}{\dot{I}}$,而复导纳的定义为 $Y = \dfrac{\dot{I}}{\dot{U}}$ 。式中, $\dot{U}$ 为网络端口的电压; $\dot{I}$ 为从端口流入的电流,它们的参考方向相关联,如图 3-26(a) 所示。

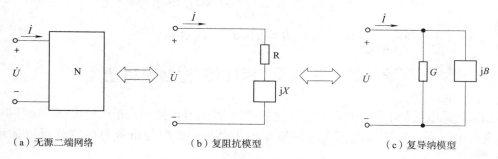

(a) 无源二端网络　　　　　　(b) 复阻抗模型　　　　　　(c) 复导纳模型

图 3-26　二端网络的两种等效电路

设 $Z = |Z|\angle\varphi_Z, Y = |Y|\angle\varphi_Y$,则

$$Y = \frac{1}{Z} = \frac{1}{|Z|\angle\varphi_Z} = \frac{1}{|Z|}\angle -\varphi_Z = |Y|\angle\varphi_Y$$

所以
$$\begin{cases} |Y| = \dfrac{1}{|Z|} \\ \varphi_Y = -\varphi_Z \end{cases} \tag{3-50}$$

即同一二端网络的复阻抗和复导纳的模互为倒数,阻抗角和导纳角互为相反数。因此,在进行电路计算时,可以交替使用复阻抗和复导纳这两种形式进行等效变换。

如图 3-26(b) 所示,电阻 R 与电抗 X 组成的串联电路的复阻抗为 $Z = R + jX$,则它的等效复导纳为

$$Y = \frac{1}{Z} = \frac{1}{R + jX} = \frac{R - jX}{R^2 + X^2} = \frac{R}{R^2 + X^2} - \frac{jX}{R^2 + X^2} = G + jB$$

即
$$\begin{cases} G = \dfrac{R}{R^2 + X^2} \\ B = \dfrac{-X}{R^2 + X^2} \end{cases} \tag{3-51}$$

如图 3-26(c)所示,电导 G 与电纳 B 组成的并联电路的复导纳为 $U = G + jB$,则它的等效复阻抗为

$$Z = \frac{1}{Y} = \frac{1}{G + jB} = \frac{G - jB}{G^2 + B^2} = \frac{G}{G^2 + B^2} - \frac{jB}{G^2 + B^2} = R + jX$$

即
$$\begin{cases} R = \dfrac{G}{G^2 + B^2} \\ X = \dfrac{-B}{G^2 + B^2} \end{cases} \tag{3-52}$$

式(3-51)、式(3-52)就是二端网络的复阻抗与复导纳等效变换的参数条件。

【例 3-18】 如图 3-26(b)所示,已知电阻 $R = 8\ \Omega, X = 6\ \Omega$,试求其等效复导纳。

解 已知 $Z = R + jX = (8 + j6)\ \Omega$,由式(3-51)可得

$$G = \frac{R}{R^2 + X^2} = \frac{8}{100}\ S = 0.08\ S$$

$$B = \frac{-X}{R^2 + X^2} = \frac{-6}{100}\ S = -0.06\ S$$

所以
$$Y = G + jB = (0.08 - j0.06)\ S$$

第八节 正弦交流电路的相量分析法

如果构成电路的电阻、电感、电容元件都是线性的,且电路中的正弦电源都是同频率的,那么电路中各部分电压和电流仍是同频率的正弦量。此时分析计算电路就可以采用相量法。

前面已经介绍过相量形式的欧姆定律与基尔霍夫定律,与直流电路中的这两个定律形式上完全相同,只不过直流电路中各电量都是实数,而交流电路中各电量是复数。如果把直流电路中的电阻换以复阻抗,电导换以复导纳,所有正弦量均用相量表示,那么讨论直流电路时所采用的各种网络分析方法、原理和定理都完全适用于线性正弦交流电路。

 知识点一 网孔电流法

如图 3-27 所示,图中 $\dot{U}_{s1}$、$\dot{U}_{s2}$、R、X_L、X_C 均已知,求各支路电流。

选定网孔电流 $\dot{I}_{m1}$、$\dot{I}_{m2}$ 和各支路电流 $\dot{I}_1$、$\dot{I}_2$、$\dot{I}_3$ 及其参考方向如图 3-27 所示。各网孔绕行方向和本网孔电流参考方向一致,列网孔电流方程为

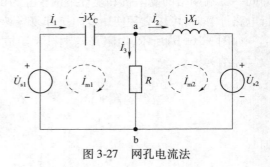

图 3-27 网孔电流法

$$\begin{cases} Z_{11}\dot{I}_{m1} + Z_{12}\dot{I}_{m2} = \dot{U}_{s11} \\ Z_{21}\dot{I}_{m1} + Z_{22}\dot{I}_{m2} = \dot{U}_{s22} \end{cases}$$

其中

$$\begin{cases} Z_{11} = R - jX_C \\ Z_{12} = Z_{21} = -R \\ Z_{22} = R + jX_L \\ \dot{U}_{s11} = \dot{U}_{s1} \\ \dot{U}_{s22} = -\dot{U}_{s2} \end{cases}$$

联立求解方程组可得 $\dot{I}_{m1}$ 和 $\dot{I}_{m2}$ ，然后求出各支路电流为

$$\dot{I}_1 = \dot{I}_{m1}, \quad \dot{I}_2 = \dot{I}_{m2}, \quad \dot{I}_3 = \dot{I}_{m1} - \dot{I}_{m2}$$

【例3-19】 求图 3-27 所示电路中的各支路电流，其中 $\dot{U}_{s1} = 100\angle 0°$ V ， $\dot{U}_{s2} = 100\angle 90°$ V ， $R = 5\ \Omega$ ， $X_L = 5\ \Omega$ ， $X_C = 2\ \Omega$ 。

解 选定各支路电流 $\dot{I}_1$、$\dot{I}_2$、$\dot{I}_3$ 和网孔电流 $\dot{I}_{m1}$、$\dot{I}_{m2}$ 及其参考方向如图 3-27 所示。选定绕行方向和网孔电流的参考方向一致。列出网孔方程为

$$(5 - j2)\dot{I}_{m1} - 5\dot{I}_{m2} = 100\angle 0° \qquad ①$$

$$-5\dot{I}_{m1} + (5 + j5)\dot{I}_{m2} = -100\angle 90° \qquad ②$$

由①式得

$$\dot{I}_{m2} = \frac{(5 - j2)\dot{I}_{m1} - 100}{5}$$

代入②式得

$$-5\dot{I}_{m1} + \frac{(5 + j5)[(5 - j2)\dot{I}_{m1} - 100]}{5} = -j100$$

整理得

$$\dot{I}_{m1} = (15.38 - j23.1)\ A = 27.8\angle -56.3°\ A$$

$$\dot{I}_{m2} = (-13.82 - j29.8)\ A = 32.3\angle -115.4°\ A$$

所以，各支路的电流为

$$\dot{I}_1 = \dot{I}_{m1} = 27.8\angle -56.3°\ A$$

$$\dot{I}_2 = \dot{I}_{m2} = 32.3\angle -115.4°\ A$$

$$\dot{I}_3 = \dot{I}_{m1} - \dot{I}_{m2} = (27.8\angle -56.3° - 32.3\angle -115.4°)\ A = 29.8\angle 11.9°\ A$$

💡 知识点二 节点电压法

用节点电压法分析图 3-27 所示电路,各电流、电压的参考方向如图 3-27 所示。电路中有 a、b 两个节点,选定 b 点为参考节点,电位为零,则节点电压方程为

$$(Y_1 + Y_2 + Y_3)\dot{U}_{ab} = Y_1\dot{U}_{s1} + Y_2\dot{U}_{s2}$$

其中
$$Y_1 = \frac{1}{-jX_C} \qquad Y_2 = \frac{1}{jX_L} \qquad Y_3 = \frac{1}{R}$$

各支路电流为

$$\dot{I}_1 = (\dot{U}_{s1} - \dot{U}_{ab})Y_1, \qquad \dot{I}_2 = (\dot{U}_{ab} - \dot{U}_{s2})Y_2, \qquad \dot{I}_3 = \dot{U}_{ab}Y_3$$

【例 3-20】 如图 3-27 所示电路,已知数据同例 3-19,试用节点电压法求各支路电流。

解 设支路电流 $\dot{I}_1$、$\dot{I}_2$、$\dot{I}_3$ 及其参考方向如图 3-27 所示,选定 b 点为参考节点

$$Y_1 = \frac{1}{-jX_C} = -\frac{1}{j2} \text{ S}, \qquad Y_2 = \frac{1}{jX_L} = \frac{1}{j5} \text{ S}, \qquad Y_3 = \frac{1}{R} = \frac{1}{5} \text{ S}$$

则
$$\dot{U}_{ab} = \frac{\dfrac{100}{-j2} + \dfrac{j100}{j5}}{\dfrac{1}{-j2} + \dfrac{1}{j5} + \dfrac{1}{5}} \text{ V} = \frac{20 + j50}{0.2 + j0.3} \text{ V} = 149.4\angle 11.9° \text{ V}$$

各支路电流为

$$\dot{I}_1 = \frac{\dot{U}_{s1} - \dot{U}_{ab}}{-jX_C} = \frac{100 - 149.4\angle 11.9°}{-j2} \text{ A} = (15.4 - j23.1) \text{ A} = 27.8\angle -56.3° \text{A}$$

$$\dot{I}_2 = \frac{\dot{U}_{ab} - \dot{U}_{s2}}{jX_L} = \frac{149.4\angle 11.9° - j100}{j5} \text{ A} = (-13.8 - j29.2) \text{ A} = 32.3\angle -115.3° \text{ A}$$

$$\dot{I}_3 = \frac{\dot{U}_{ab}}{R} = \frac{149.4\angle 11.9°}{5} \text{ A} = 29.8\angle 11.9° \text{ A}$$

第九节 正弦交流电路中的功率

知识点一 瞬时功率

交流电路中,任一瞬间,元件上电压的瞬时值与电流的瞬时值的乘积称为该元件的瞬时功率,用小写字母 p 表示,即

$$p = ui \tag{3-53}$$

瞬时功率的单位为瓦(W)。

1. 电阻元件的瞬时功率

在电阻元件中,电压与电流同相,设 $\psi_u = \psi_i = 0$,则瞬时功率为

$$\begin{aligned} p = ui &= \sqrt{2}U\sin \omega t \cdot \sqrt{2}I\sin \omega t \\ &= 2UI\sin^2 \omega t \\ &= UI(1 - \cos 2\omega t) \end{aligned} \tag{3-54}$$

由式(3-54)可绘出电阻元件瞬时功率的曲线,如图 3-28(a)所示。从图中可以看出,电阻元件的瞬时功率以电源频率的两倍做周期性变化,但始终大于或等于零。这说明电阻元件是

耗能元件,除了电流为零的瞬间,电阻元件总是吸收功率的。

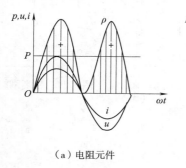 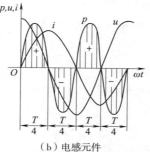 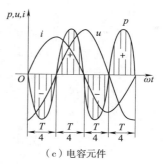

（a）电阻元件　　　　　　　（b）电感元件　　　　　　　（c）电容元件

图 3-28　瞬时功率的曲线

2. 电感元件的瞬时功率

在电感元件中,设 $\psi_i = 0$,则瞬时功率为

$$p = ui = \sqrt{2}U\sin\left(\omega t + \frac{\pi}{2}\right) \cdot \sqrt{2}I\sin \omega t$$

$$= 2UI\cos \omega t \cdot \sin \omega t = UI\sin 2\omega t \tag{3-55}$$

由式（3-55）可绘出电感元件瞬时功率的曲线,如图 3-28（b）所示。从图中可以看出,电感元件的瞬时功率也是时间的正弦函数,其频率为电源频率的两倍。在第一个 1/4 周期,u、i 方向一致,瞬时功率 p 为正值,表示电感元件在吸收能量,并把吸收的能量转化为磁场能加以存储。在第二个 1/4 周期,u、i 方向相反,瞬时功率 p 为负值,表示电感元件在提供能量,把存储的磁场能量释放出来。以后的过程与此相似,随着电压、电流的交变,电感不断进行着能量的交换。

3. 电容元件的瞬时功率

在电容元件中,设 $\psi_i = 0$,则瞬时功率为

$$p = ui = \sqrt{2}U\sin\left(\omega t - \frac{\pi}{2}\right) \cdot \sqrt{2}I\sin \omega t$$

$$= -2UI\sin \omega t \cdot \cos \omega t = -UI\sin 2\omega t \tag{3-56}$$

由式（3-56）可绘出电容元件瞬时功率的曲线,如图 3-28（c）所示。显然,电容元件的瞬时功率曲线同样是以两倍电源频率随时间变化的正弦函数。在第一个 1/4 周期,u、i 方向相反,瞬时功率 p 为负值,表示电容元件在提供能量,把存储的电场能释放出来。在第二个 1/4 周期,u、i 方向相同,瞬时功率 p 为正值,表示电容元件在吸收能量,把吸收的能量转化为电场能加以存储。以后的过程与此相似,随着电压、电流的交变,电容不断地进行着能量的交换。把电容和电感的瞬时功率曲线加以比较可以发现,如果它们通过的电流同相位,则当电容吸收能量时,电感恰恰在释放能量。

4. 无源二端网络的瞬时功率

二端网络的端口电压 u 和端口电流 i 的参考方向如图 3-29 所示,设端口电流为

$$i = \sqrt{2}I\sin \omega t$$

则端口电压为

$$u = \sqrt{2}U\sin(\omega t + \varphi)$$

式中，$\varphi = \psi_u - \psi_i$ 为二端网络的阻抗角。网络吸收的瞬时功率为

$$
\begin{aligned}
p &= ui = \sqrt{2}U\sin(\omega t + \varphi) \cdot \sqrt{2}I\sin \omega t \\
&= 2UI\sin(\omega t + \varphi) \cdot \sin \omega t \\
&= UI[\cos \varphi - \cos(2\omega t + \varphi)]
\end{aligned}
\qquad (3\text{-}57)
$$

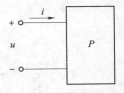

图 3-29　二端网络

其波形如图 3-30 所示。

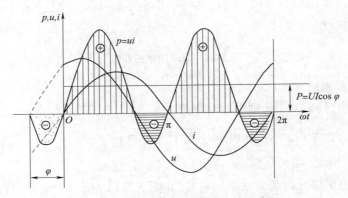

图 3-30　无源二端网络瞬时功率波形图

从波形图中可以看出：当 u、i 瞬时值同号时，p 为正值，二端网络从外电路吸收功率；当 u、i 瞬时值异号时，p 为负值，二端网络向外电路提供功率。瞬时功率有正有负的现象说明在外电路和二端网络之间有能量的交换，这种现象是由储能元件造成的。从波形图中还可以看出：功率 $p>0$ 的部分大于 $p<0$ 的部分，说明二端网络吸收的能量多于释放的能量，即网络与外电路交换能量的同时，由于电阻元件的存在也要消耗一部分能量。

知识点二　平均功率

瞬时功率 p 在一个周期内的平均值称为平均功率，用大写字母 P 表示，即

$$P = \frac{1}{T}\int_0^T p\,\mathrm{d}t \qquad (3\text{-}58)$$

平均功率反映了电路实际消耗的功率，所以又称有功功率。习惯上常把"平均"或"有功"二字省略，简称功率。例如，40 W 的灯泡，1 000 W 的电炉等都是指平均功率。

将二端网络瞬时功率的表达式[即式(3-57)]代入有功功率的定义式[即式(3-58)]，可以得到二端网络的平均功率为

$$
\begin{aligned}
P &= \frac{1}{T}\int_0^T p\,\mathrm{d}t = \frac{1}{T}\int_0^T UI[\cos \varphi - \cos(2\omega t + \varphi)]\,\mathrm{d}t \\
&= \frac{1}{T}\int_0^T (UI\cos \varphi)\,\mathrm{d}t - \frac{1}{T}\int_0^T [UI\cos(2\omega t + \varphi)]\,\mathrm{d}t \\
&= UI\cos \varphi
\end{aligned}
\qquad (3\text{-}59)
$$

式中,P 为二端网络的平均功率,单位为瓦(W)。

式(3-59)表明正弦交流电路中无源二端网络的平均功率除了与电压、电流的有效值有关外,还与电压、电流之间的相位差 φ 有关,$\cos \varphi$ 称为电路的功率因数,φ 称为功率因数角,它等于二端网络的阻抗角。

对于单一的 R、L、C 元件,其消耗的平均功率如下:

1. 电阻元件的平均功率

电阻元件的阻抗角为 $\varphi = \psi_u - \psi_i = 0$,因此其平均功率为

$$P_R = U_R I_R \cos \varphi = U_R I_R \qquad (3\text{-}60)$$

式(3-60)表明,电阻元件的平均功率等于电阻两端的电压与流过电阻电流的有效值的乘积,也可以写成

$$P_R = U_R I = I_R^2 R = \frac{U_R^2}{R} \qquad (3\text{-}61)$$

2. 电感元件的平均功率

电感元件的阻抗角为 $\varphi = \psi_u - \psi_i = 90°$,因此其平均功率为

$$P_L = U_L I_L \cos \varphi = 0 \qquad (3\text{-}62)$$

式(3-62)表明,电感元件是储能元件,它在电路中只存储和释放能量,而不消耗能量,所以它的平均功率为零。

3. 电容元件的平均功率

电容元件的阻抗角为 $\varphi = \psi_u - \psi_i = -90°$,因此其平均功率为

$$P_C = U_C I_C \cos \varphi = 0 \qquad (3\text{-}63)$$

与电感元件一样,电容元件也是储能元件,不消耗能量,它的平均功率也为零。

对于 R、L、C 二端网络,电路的平均功率等于电阻的平均功率。这是因为电路中只有电阻是耗能元件,电感和电容都是储能元件,它们只进行能量的交换而不消耗能量。

【例3-19】 有一 R、L 串联电路,已知 $f = 50\ \text{Hz}$,$R = 300\ \Omega$,电感 $L = 1.65\ \text{H}$,端电压的有效值 $U = 220\ \text{V}$。试求电路的功率因数和消耗的有功功率。

解 电路阻抗

$$Z = R + j\omega L = (300 + j2\pi \times 50 \times 1.65)\ \Omega = (300 + j518.1)\ \Omega = 598.7 \angle 60°\ \Omega$$

由阻抗角 $\varphi = 60°$,功率因数为

$$\cos \varphi = \cos 60° = 0.5$$

电路中电流的有效值为

$$I = \frac{U}{|Z|} = \frac{220}{598.7}\ \text{A} = 0.367\ \text{A}$$

有功功率为

$$P = UI\cos \varphi = 220 \times 0.367 \times 0.5\ \text{W} = 40.37\ \text{W}$$

 知识点三　无功功率

由于电路中有电感、电容储能元件的存在,二端网络与外部一般会有能量的交换,能量

交换的规模用无功功率来衡量,其定义为

$$Q = UI\sin\varphi \tag{3-64}$$

无功功率的单位为乏(var)。

1. 电阻元件的无功功率

电阻元件的阻抗角为 $\varphi = \psi_u - \psi_i = 0$,因此其无功功率为

$$Q_R = U_R I_R \sin\varphi = 0 \tag{3-65}$$

式(3-65)表明,电阻元件只能消耗有功功率,不能与电路进行能量的交换,电阻为耗能元件。

2. 电感元件的无功功率

电感元件的阻抗角为 $\varphi = \psi_u - \psi_i = 90°$,因此其无功功率为

$$Q_L = U_L I_L \sin\varphi = U_L I_L = I_L^2 X_L = \frac{U_L^2}{X_L} \tag{3-66}$$

式(3-66)表明,电感元件的无功功率等于电压和电流有效值的乘积。

3. 电容元件的无功功率

电容元件的阻抗角为 $\varphi = \psi_u - \psi_i = -90°$,因此其无功功率为

$$Q_C = U_C I_C \sin\varphi = -U_C I_C = -I_C^2 X_C = -\frac{U_C^2}{X_C} \tag{3-67}$$

由式(3-6)可见,电容元件的无功功率为负值。这是因为电感元件的电压超前电流90°,而电容元件的电压滞后电流90°,当交流电路同时存在电感元件和电容元件时,电感元件吸收能量的时刻正是电容元件释放能量的时刻。电容元件的无功功率仍然等于电压和电流有效值的乘积。

对于电感性电路,阻抗角 φ 为正值,无功功率大于零;对于电容性电路,阻抗角 φ 为负值,无功功率小于零。若二端网络既有电感又有电容,则二端网络的无功功率为

$$Q = Q_L + Q_C \tag{3-68}$$

Q 为正则代表网络吸收无功功率;Q 为负则代表网络释放无功功率。

【例3-20】 荧光灯电路通常被看作 R、L 串联电路。已知荧光灯的功率为 100 W,在额定电压 $U = 220$ V 下,其电流 $I = 0.91$ A,求该荧光灯的功率因数及无功功率。

解 荧光灯的有功功率为

$$P = 100 \text{ W}$$

则

$$\cos\varphi = \frac{P}{UI} = \frac{100}{220 \times 0.91} = 0.5,\ \varphi = 60°$$

无功功率为

$$Q = UI\sin\varphi = 220 \times 0.91 \times \sin60°\text{ var} = 173.4 \text{ var}$$

💡 知识点四　视在功率

变压器、电动机及一些电气器件的容量由它们的额定电压和额定电流决定。定义电路电压和电流有效值的乘积为视在功率 S,即

$$S = UI \tag{3-69}$$

视在功率的单位为伏·安(V·A),工程上也常用千伏·安(kV·A)表示。

视在功率、有功功率和无功功率的关系如下:

$$\begin{cases} P = UI\cos\varphi = S\cos\varphi \\ Q = UI\sin\varphi = S\sin\varphi \\ S = \sqrt{P^2 + Q^2} = UI \\ \varphi = \arctan\dfrac{Q}{P} \end{cases} \qquad (3\text{-}70)$$

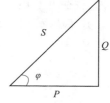

因此,P、Q 和 S 也构成一个直角三角形,此三角形称为功率三角形,如图 3-31 所示,它和阻抗三角形是相似三角形。

图 3-31　功率三角形

 知识点五　功率因数的提高

交流电力系统中的负载多为感性负载,功率因数普遍小于 1。如广泛使用的异步电动机,功率因数在满载时不过 0.8 左右,空载和轻载时仅为 0.2 ~ 0.5;照明用的荧光灯功率因数也只有 0.3 ~ 0.5。

1. 提高功率因数的意义

功率因数低会带来以下两方面的问题:

(1)电源设备的容量不能充分利用。电源设备(发电机、变压器等)是依照它的额定电压与额定电流设计的。例如,一台容量为 100 kV·A 的变压器,若负载功率因数 $\cos\varphi = 1$,则此变压器就能输出 100 kW 的有功功率;若 $\cos\varphi = 0.7$,则此变压器只能输出 70 kW 的有功功率,也就是说变压器的容量未能充分利用。

(2)输电线路的电压降和功率损耗增加。因为 $I = \dfrac{P}{U\cos\varphi}$,当功率因数小时,电流 I 必然增大。线路上的电流越大,线路中的损耗越大,同时线路上的电压降也就增大,会使负载两端电压降低,从而影响负载的正常工作。

可见,提高网络的功率因数,对于充分利用电源设备的容量,提高供电效率和供电质量,是十分必要的。

2. 提高功率因数的方法

提高电路功率因数最简便的方法,是用电容器与感性负载并联。电容的无功功率与电感的无功功率符号相反,标志着它们在能量吞吐方面的互补作用。利用这种互补作用,在感性负载的两端并联电容器,由电容器代替电源提供感性负载所需要的部分或全部无功功率,从而降低电源的无功损耗,提高电路的功率因数。

图 3-32(a)为一个电感性负载并联电容器的电路图,图 3-32(b)为电路中各电压和电流的相量图,通过相量图可以看出,电感性负载并联一个电容器后,可以提高电路的功率因数。

电感性负载未并联电容器时,电流 $\dot{I}_1$ 滞后电压 $\dot{U}$ 为 φ_1,此时电路的总电流 $\dot{I} = \dot{I}_1$ 也滞后电压 $\dot{U}$ 为 φ_1;并联电容器后,电压 $\dot{U}$ 不变,则负载电流 $\dot{I}_1$ 也不变,但电容支路的电流 $\dot{I}_C$ 超

前于电压 $\dot{U}$ 90°,总电流 $\dot{I} = \dot{I}_1 + \dot{I}_C$,$\dot{I}$ 与 $\dot{U}$ 间相位差变小。所以 $\cos\varphi > \cos\varphi_1$,这样就提高了电路的功率因数。应该注意:所谓提高功率因数,并不是提高电感性负载本身的功率因数,负载在并联电容前后,由于电压没有变,负载本身的电流、有功功率和功率因数均无变化。提高功率因数只是提高了电路总的功率因数。

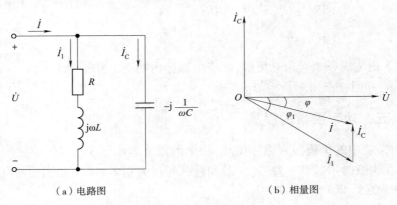

图 3-32　功率因数的提高

下面进一步分析所需电容量的计算。

并联电容前 $$P = UI_1\cos\varphi_1 \qquad I_1 = \frac{P}{U\cos\varphi_1}$$

并联电容后 $$P = UI\cos\varphi \qquad I = \frac{P}{U\cos\varphi}$$

由图 3-32(b)可以看出

$$I_C = I_1\sin\varphi_1 - I\sin\varphi = \frac{P\sin\varphi_1}{U\cos\varphi_1} - \frac{P\sin\varphi}{U\cos\varphi}$$

$$= \frac{P}{U}(\tan\varphi_1 - \tan\varphi)$$

又知 $$I_C = \frac{U}{X_C} = \omega CU$$

代入上式可得

$$\omega CU = \frac{P}{U}(\tan\varphi_1 - \tan\varphi)$$

即 $$C = \frac{P}{\omega U^2}(\tan\varphi_1 - \tan\varphi) \qquad (3\text{-}71)$$

式(3-71)为把功率因数从 $\cos\varphi_1$ 提高到 $\cos\varphi$ 所需的电容值计算公式。

【**例 3-22**】　已知电动机的功率 $P = 100\text{ kW}$,$U = 220\text{ V}$,$\cos\varphi_1 = 0.6$,$f = 50\text{ Hz}$。试求把电路的功率因数提高到 0.85 时,与该电动机并联的电容为多大?

解　　　　　　　　$\cos\varphi_1 = 0.6$,$\varphi_1 = 53.1°$,$\tan\varphi_1 = 1.33$

$\cos\varphi = 0.85$,$\varphi = 31.79°$,$\tan\varphi = 0.62$

由式(3-71)可得

$$C = \frac{P}{\omega U^2}(\tan \varphi_1 - \tan \varphi) = \frac{100 \times 1\,000}{2\pi \times 50 \times 220^2} \times (1.33 - 0.62)\text{F} = 0.006\,58 \times 0.71\,\text{F} = 4\,672\,\mu\text{F}$$

 实　作

实作一　正弦电压信号的观察与测量分析

（一）实作目的
（1）学会使用信号发生器输出正弦电压信号。
（2）学会使用晶体管毫伏表测量正弦交流信号电压。
（3）学会使用示波器观察正弦交流信号。
（二）实作器材
实作器材见表3-1。

表3-1　实作器材

器材名称	规格型号	数量
信号发生器	YB32020	1 台
双踪示波器	YB43025	1 台
晶体管毫伏表	DA－16	1 台
信号连接线	BNC Q9 公转双鳄鱼夹	3 根

（三）实作前预习
（1）示波器、信号发生器、晶体管毫伏表面板上各控制件的名称及作用。
（2）示波器、信号发生器、晶体管毫伏表的使用方法。
（3）正弦交流电的波形与三要素。
（四）实作内容与步骤
（1）熟悉信号发生器、晶体管毫伏表、双踪示波器面板上各控制件的名称及作用。
（2）掌握信号发生器、晶体管毫伏表、双踪示波器的使用方法。
①用示波器的校准信号输出端输出固定频率为1 kHz、峰－峰值为2 V的方波。再用示波器显示该方波波形,测出其周期、峰－峰值。数据填入表3-2中。
②用信号发生器产生频率为1 kHz、有效值为2 V(用晶体管毫伏表测量)的正弦波;再用示波器显示该正弦交流电压波形,测出其周期、峰－峰值。数据填入表3-3中。
③用信号发生器产生频率为2 kHz、有效值为3 V(用晶体管毫伏表测量)的正弦波;再用示波器显示该正弦交流电压波形,测出其周期、峰－峰值。数据填入表3-4中。
④用信号发生器产生频率为500 Hz、峰－峰值为5 V(无须用晶体管毫伏表测量、信号发生器固定输出)的方波;再用示波器显示该方波波形,测出其周期、峰－峰值。数据填入

表 3-5 中。

（五）测试与观察结果记录

表 3-2 测试数据 1

使用仪器	方 波			
	周期 T	频率 f	峰–峰值 U_{P-P}	有效值 U
示波器校准信号输出端	$T = 1/f = （ ）$ ms	1 kHz	2 V	—
示波器	（ ）格 × （ ）ms/格 = （ ）ms	$f = 1/T = $（ ）ms	（ ）格 × （ ）V/格 = （ ）V	—

表 3-3 测试数据 2

使用仪器	正 弦 波			
	周期 T	频率 f	峰–峰值 U_{P-P}	有效值 U
信号发生器	$T = 1/f = $（ ）ms	1 kHz	$U_{P-P} = 2\sqrt{2}U = $（ ）V	2 V
示波器	（ ）格 × （ ）ms/格 = （ ）ms	$f = 1/T = $（ ）ms	（ ）格 × （ ）V/格 = （ ）V	$\dfrac{U_{P-P}}{2\sqrt{2}} = $（ ）V

表 3-4 测试数据 3

使用仪器	正 弦 波			
	周期 T	频率 f	峰–峰值 U_{P-P}	有效值 U
信号发生器	$T = 1/f = $（ ）ms	2 kHz	$U_{P-P} = 2\sqrt{2}U = $（ ）V	3 V
示波器	（ ）格 × （ ）ms/格 = （ ）ms	$f = 1/T = $（ ）ms	（ ）格 × （ ）V/格 = （ ）V	$\dfrac{U_{P-P}}{2\sqrt{2}} = $（ ）V

表 3-5 测试数据 4

使用仪器	方 波			
	周期 T	频率 f	峰–峰值 U_{P-P}	有效值 U
信号发生器	$T = 1/f = $（ ）ms	500 Hz	5 V	—
示波器	（ ）格 × （ ）ms/格 = （ ）ms	$f = 1/T = $（ ）ms	（ ）格 × （ ）V/格 = （ ）V	—

（六）注意事项

（1）切忌将信号发生器输出端短路。

（2）防止晶体管毫伏表的"打针"现象。

（3）所有仪器必须共地，即信号线黑夹子要接在一起。

（七）回答问题

（1）信号发生器输出正弦交流信号的频率为 20 kHz，能否不用晶体管毫伏表而用万用表交流电压挡去测量其大小？

（2）在实验中，所有仪器与实验电路必须共地（所有的地接在一起），这是为什么？

（3）晶体管毫伏表在小量程挡，输入端开路时，指针偏转很大，甚至出现打针现象，这是为什么？应怎样避免？

实作二　电感和电容的频率特性测定分析

（一）实作目的

（1）进一步熟悉电感和电容的频率特性。

（2）进一步熟悉信号发生器、晶体管毫伏表的使用方法。

（二）实作器材

实作器材见表3-6。

表 3-6　实 作 器 材

器材名称	规格型号	数量
信号发生器	YB32020	1 台
晶体管毫伏表	DA－16	1 台
交流线路板	自制	1 块
数字万用表	VC890C＋	1 块
信号连接线	BNC Q9 公转双鳄鱼夹	2 根
导线		若干

（三）实作前预习

（1）电感和电容频率特性。

（2）低频信号发生器和晶体管毫伏表的使用方法。

（四）实作内容与步骤

1. 测定电感的频率特性

（1）将信号发生器、晶体管毫伏表接通电源，进行预热。

（2）先用万用表电阻挡测量电感线圈的电阻值。

（3）按图 3-33（a）接线，调节信号发生器输出电压，用晶体管毫伏表保证电感 L 两端的电压为 2.0 V，按表 3-7 所示数据改变输出信号的频率，用晶体管毫伏表分别测量 U_L、U_R 的值，记入表 3-7 中，注意每次改变频率时，应调节信号发生器，使电感 L 两端的电压保持在 2.0 V。$I_L = I_R = \dfrac{U_R}{R}$，$X_L = \dfrac{U_L}{I_L}$。

2. 测定电容的频率特性

（1）按图 3-33（b）接线，调节信号发生器输出电压，用晶体管毫伏表保证电容 $C=$

0.022 μF两端的电压为 2.0 V,按表 3-8 所示数据改变其输出信号的频率,用晶体管毫伏表分别测量 U_C、U_R 的值,记入表 3-8 中。$I_C = I_R = \dfrac{U_R}{R}$,$X_C = \dfrac{U_C}{I_C}$。

(2)按图 3-33(b)接线,调节信号发生器输出电压,用晶体管毫伏表保证电容 $C = 0.033$ μF 两端的电压为 2.0 V,按表 3-9 所示数据改变其输出信号的频率,用晶体管毫伏表分别测量 U_C、U_R的值,记入表 3-9 中。$I_C = I_R = \dfrac{U_R}{R}$,$X_C = \dfrac{U_C}{I_C}$

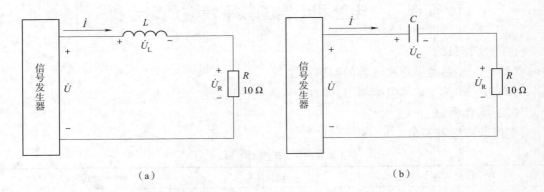

（a）　　　　　　　　　　（b）

图 3-33　测定电感、电容频率特性接线图

(五)测试与观察结果记录

表 3-7　测试数据 1

电感线圈 $r = $ _____ Ω

f/kHz	2	4	6	8	10	12	14	16	18	20
U_L/V										
U_R/V										
I_L/mA										
X_L/Ω										

表 3-8　测试数据 2

$C = 0.022$ μF

f/kHz	2	4	6	8	10	12	14	16	18	20
U_C/V										
U_R/V										
I_C/mA										
X_C/Ω										

表 3-9　测试数据 3

$C = 0.033 \ \mu F$

f/kHz	2	4	6	8	10	12	14	16	18	20
U_C/V										
U_R/V										
I_C/mA										
X_C/Ω										

（六）注意事项

（1）切忌将信号发生器输出端短路。

（2）所有仪器与实验电路必须共地，即信号线黑夹子要接在一起。

（3）接线和拆线时，一定要断开电源进行操作，切忌带电作业。

（七）回答问题

（1）计算表 3-7 中的感抗及表 3-8、表 3-9 中的容抗是多少？

（2）画出电感和电容的频率特性曲线。（画在同一坐标系中。）

（3）为什么实验中要用间接法测量电感或电容电路中的电流？

（4）从电感和电容的频率特性，可以得到什么基本结论？

（5）本次实验中，电感线圈的电阻 r 可以忽略吗？

实作三　正弦稳态下的 RL、RC 电路测试分析

（一）实作目的

（1）加深理解感性电路电压超前电流的特性和容性电路电压滞后电流的特性。

（2）学会使用示波器观察感性电路和容性电路中电压、电流之间的相位关系。

（二）实作器材

实作器材见表 3-10。

表 3-10　实 作 器 材

器材名称	规格型号	数量
信号发生器	YB32020	1 台
晶体管毫伏表	DA – 16	1 台
双踪示波器	YB43025	1 台
交流线路板	自制	1 块
信号连接线	BNC Q9 公转双鳄鱼夹	2 根
导线		若干

（三）实作前预习

（1）RL 和 RC 串联电路的有关理论知识。

（2）示波器观察、测量相位差的方法。

（四）实作内容与步骤

1. 测试 RL 串联电路

（1）按图 3-34 接线。$R = 10\ \Omega$，$L = 10\ \text{mH}$，信号发生器输出电压调为 4.0 V，频率为 1 kHz。用晶体管毫伏表测量 U_R、U_L 和 U 记入表 3-11 中。

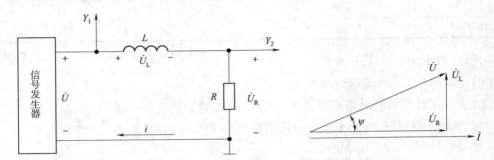

图 3-34　测试 RL 串联电路

（2）保持电路参数不变，将 U_R、U 分别接至示波器的 Y_1、Y_2 输入端（因为 I 与 U_R 成正比，I 的波形与 U_R 的波形相似），调节示波器的有关旋钮，使波形清晰稳定，观测 $I(U_R)$、U 之间的相位差，并将波形描在方格纸上。

（3）改变信号发生器频率为 20 kHz，电路其他参数不变，重复上述实验内容。

（4）改变电阻 R 的值为 1 kΩ，频率为 20 kHz，观察 I、U 相位差是否变化。（只观察，不记录。）

2. 测试 RC 串联电路

（1）按图 3-35 接线。取 $R = 1\ \text{k}\Omega$，$C = 0.022\ \mu\text{F}$，信号发生器输出电压调为 4.0 V，频率为 30 kHz。用晶体管毫伏表测量 U_R、U_C 和 U 记入表 3-12 中。

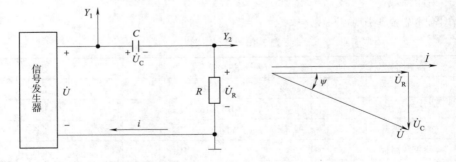

图 3-35　测试 RC 串联电路

（2）保持电路参数不变，将 U_R、U 分别接至示波器的 Y_1、Y_2 输入端（因为 I 与 U_R 成正比，I 的波形与 U_R 的波形相似），调节示波器的有关旋钮，使波形清晰稳定，观测 $I(U_R)$、U 之间的相位差，并将波形描在方格纸上。

（3）改变信号发生器频率为 3 kHz，电路其他参数不变，重复上述实验内容。

（4）改变电阻 R 的值为 2 kΩ，频率为 2 kHz，观察 I、U 相位差是否变化。（只观察，不记录。）

（五）测试与观察结果记录

表 3-11　测试数据 1

f	U/V	U_R/V	U_L/V	ψ	
				观测值	计算值
1 kHz					
20 kHz					

表 3-12　测试数据 2

f	U/V	U_R/V	U_C/V	ψ	
				观测值	计算值
30 kHz					
3 kHz					

（六）注意事项

（1）切忌将信号发生器输出端短路。

（2）所有仪器必须共地，即信号线黑夹子要接在一起。

（3）接线和拆线时，一定要断开电源进行操作，切忌带电作业。

（七）回答问题

（1）画出不同频率下 RL、RC 电路各电压与电流的相量图。

（2）表 3-11、表 3-12 中的实验数据是否满足电压三角形关系？

（3）说明示波器测量相位差的方法及注意事项。

实作四　荧光灯电路测试分析

（一）实作目的

（1）熟悉荧光灯的接线，了解荧光灯的工作原理及安装方法。

（2）研究正弦稳态交流电路电压与电流的相量关系。

（3）掌握功率表的接线方法。

（4）加深理解提高电路功率因数的意义，掌握提高功率因数的方法。

（5）会排除电路中的常见故障。

（6）培养良好的操作习惯，提高职业素质。

（二）实作器材

实作器材见表 3-13。

表 3-13　实 作 器 材

器材名称	规格型号	数量
荧光灯线路板	自制	1 块
荧光灯管	30 W	1 只
镇流器	与 30 W 灯管配用	1 只
辉光启动器	与 30 W 灯管配用	1 只
电容器	4.7 μF/500 V、47 μF/500 V	各 1 只
功率表	自制	1 块
电源线路板	自制	1 块
交流电流表	自制	1 块
电流插头	自制	1 个
数字万用表	VC890C +	1 块
导线		若干

（三）实作前预习

1. 荧光灯的电路组成及工作原理

（1）电路组成。荧光灯照明电路是一个 *RL* 串联电路，主要由灯管、镇流器、辉光启动器等元件组成，如图 3-36 所示。

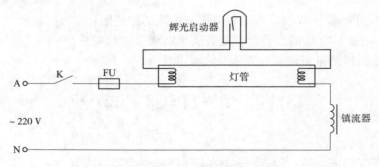

图 3-36　荧光灯电路及其组成

（2）工作原理：

①荧光灯点亮时，辉光启动器起作用。

②荧光灯点亮后，辉光启动器不起作用。

2. 荧光灯的功率因数

荧光灯点亮后的等效电路如图 3-37 所示。灯管相当于电阻负载 *R*，镇流器相当于 $r-L$ 串联。由于镇流器的电感量较大，故整个电路的功率因数较低。

3. 提高功率因数

提高功率因数可以采用给感性负载两端并联电容器的方法,如图 3-38 所示。

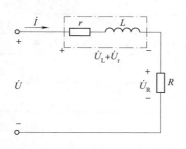 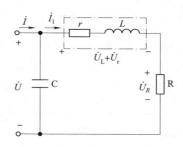

图 3-37 荧光灯工作等效电路　　　　图 3-38 提高功率因数的电路

(四)实作内容与步骤

(1)荧光灯电路接线图(见图 3-39)。

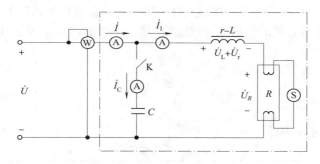

图 3-39 荧光灯电路接线图

(2)不接入电容器,测量荧光灯电路参数:

①先用万用表电阻挡测量镇流器的电阻 r,记入表 3-14 中。

②按图 3-39 接好线路(开关 K 断开)。注意功率表的接法。图 3-39 中电流表的示意处为测电流插孔。

③经教师检查线路无误后,接通电源。合上电源开关时,观察总电流在启动瞬间和灯正常点亮后的变化情况,记下灯管的起动电流 I_S,填入表 3-14 中。

④点亮荧光灯后,用万用表交流电压挡测量电源总电压 U、镇流器电压 U_{r-L} 和灯管电压 U_R,用交流电流表测量总电流 I,荧光灯支路电流 I_1;用功率表测量总有功功率 P,用功率因数表测量 $\cos \varphi$,并计算灯管 R 的有功功率 P_R、镇流器内阻 r 的有功功率 P_r,将测量数据和计算数据记入表 3-14 中。

(3)接入电容器,测量荧光灯电路参数。K 闭合,接通电容器支路。重复上述(3)、(4)的测量步骤,并测量电容支路的电流 I_C,数据填入表 3-14 中。

(4)检查数据无误后,断开电源,整理好仪器设备。

（五）测试与观察结果记录

表3-14　测 试 数 据

镇流器的电阻 $r =$ _____ Ω

项目	测量值								计算值		
	U/V	U_L/V	U_R/V	I/A	I_1/A	I_C/A	I_S/A	P/W	P_R/W	P_r/W	$\cos \varphi$
未接电容器											
并联电容器											

（六）注意事项

（1）切忌将电源短路。操作过程中切忌身体碰触任何带电处。

（2）接线和拆线时，一定要断开电源进行操作，切忌带电作业。

（七）回答问题

（1）荧光灯正常发光后，辉光启动器还起作用吗？若无辉光启动器，能否使荧光灯启动？

（2）未接入电容器时，总电流 i 和荧光灯支路电流 i_1 是什么关系？为什么？

（3）与荧光灯电路并联的电容容量改变时，对整个电路的功率因数和总电流有何影响？为什么？

（4）提高功率因数有什么实际意义？

 实作考核评价

实作考核评价见表3-15。

表3-15　实作考核评价

项目	步骤	分数	序号	考核内容及评分标准	配分	扣分	得分	备注
第三章实作考核（题目自定）例如：荧光灯电路测试分析	电路连接与实现	40	1	正确选择器材。选择错误一个扣2分，扣完为止	10			
			2	导线测试。导线不通引起的故障不能自己查找排除，一处扣1分，扣完为止	5			
			3	元件测试。接线前先测试电路中的关键元件，如果在电路测试时出现元件故障不能自己查找排除，一处扣2分，扣完为止	10			
			4	正确接线。每连接错误一根导线扣3分，扣完为止	15			
	测试	30	5	测量交流电压、电流、有功功率、功率因数。正确使用万用表测量交流电压，使用多功能表测量交流电流、有功功率和功率因数，并填表，每错一处扣5分；测量操作不规范扣5分，扣完为止	30			
	问答	10	6	共两题，回答问题不正确，每题扣5分；思维正确但描述不清楚，每题扣1~3分	10			
	整理	10	7	规范操作，不可带电插拔元器件，错误一次扣3分，扣完为止	5			
			8	正确穿戴，文明作业，违反规定，每处扣2分，扣完为止	2			
			9	操作台整理，测试合格应正确复位仪器仪表，保持工作台整洁有序，如果不符合要求，每处扣2分，扣为完止	3			
时限		10		时限为45 min，每超1 min扣1分，扣完为止	10			
合　计					100			

注意：操作中出现各种人为损坏设备的情况，考核成绩不合格且按照学校相关规定处理。

小　结

1. 正弦量

随时间按正弦规律周期性变化的电流、电压和电动势统称为正弦交流电。正弦交流电又称正弦量。

（1）振幅、角频率和初相位是正弦量的三要素。

（2）正弦量有解析式、波形图和相量三种表示形式。

（3）两个同频率正弦量的相位之差称为相位差。

（4）正弦量的有效值与最大值的关系为

$$U = \frac{U_m}{\sqrt{2}} = 0.707U_m \qquad I = \frac{I_m}{\sqrt{2}} = 0.707I_m$$

平时所说的交流电的数值，如 380 V 和 220 V 都是指有效值；用交流电流表和交流电压表测量的电流和电压的数值也是有效值。

2. 电路基本定律的相量形式

（1）基尔霍夫定律的相量形式：

KCL $\qquad\qquad\qquad \sum \dot{I} = 0$

KVL $\qquad\qquad\qquad \sum \dot{U} = 0$

（2）R、L、C 三种基本元件电压、电流关系的相量形式：

$$\dot{U} = R\dot{I} \qquad \dot{U} = jX_L\dot{I} \qquad \dot{U} = -jX_C\dot{I}$$

3. 复阻抗与复导纳

（1）R、L、C 串联电路与复阻抗：

$$Z = (R + jX) = R + j(X_L - X_C) = R + j\left(\omega L - \frac{1}{\omega C}\right) = |Z| \angle \varphi_Z$$

①电感性电路：当 $X_L > X_C$，则 $U_L > U_C$，$X > 0$，$\varphi_Z > 0$，$\dot{U}$ 超前 $\dot{I}$，电路此时是电感性电路。

②电容性电路：当 $X_L < X_C$，则 $U_L < U_C$，$X < 0$，$\varphi_Z < 0$，$\dot{U}$ 滞后 $\dot{I}$，电路此时是电容性电路。

③电阻性电路：当 $X_L = X_C$，则 $U_L = U_C$，$X = 0$，$\varphi_Z = 0$，$\dot{U}$ 与 $\dot{I}$ 同相位，电路此时是电阻性电路。

（2）R、L、C 并联电路与复导纳：

$$Y = (G + jB) = G + j(B_C - B_L) = \frac{1}{R} + j\left(\omega C - \frac{1}{\omega L}\right) = |Y| \angle \varphi_Y$$

（3）复阻抗与复导纳的等效变换：

$$|Y| = \frac{1}{|Z|} \qquad \varphi_Y = -\varphi_Z$$

4. 正弦交流电路的相量分析法
（1）网孔电流法。
（2）节点电压法。

5. 正弦交流电路中的功率
（1）正弦交流电路中有功功率、无功功率和视在功率的含义及计算。
（2）功率因数及其提高方法。
提高功率因数的方法：在感性负载两端并联合适的电容器。

习　题

一、填空题

（1）大小和方向均不随时间变化的电压和电流称为_____电，大小和方向均随时间变化的电压和电流称为_____电，大小和方向均随时间按照正弦规律变化的电压和电流称为_____电。

（2）正弦交流电的三要素是指正弦量的_____、_____和_____。

（3）反映正弦交流电振荡幅度的量是它的_____；反映正弦量随时间变化快慢程度的量是它的_____；确定正弦量计时起始位置的是它的_____。

（4）_____频率的正弦量之间不存在相位差的概念。两个_____正弦量之间的相位之差称为相位差，其数值等于_____之差。

（5）已知一正弦量 $i = 5\sqrt{2}(314t - 30°)$ A，则该正弦电流的最大值是_____ A；有效值是_____ A；角频率是_____ rad/s；频率是_____ Hz；周期是_____ s；随时间的变化进程相位是_____；初相是_____。

（6）电阻元件上的电压、电流在相位上是_____关系；电感元件上的电压、电流相位存在_____关系，且电压_____电流；电容元件上的电压、电流相位存在_____关系，且电压_____电流。

（7）单一电阻元件的正弦交流电路中，复阻抗 $Z = $_____；单一电感元件的正弦交流电路中，复阻抗 $Z = $_____；单一电容元件的正弦交流电路中，复阻抗 $Z = $_____；电阻、电感相串联的正弦交流电路中，复阻抗 $Z = $_____；电阻、电容相串联的正弦交流电路中，复阻抗 $Z = $_____；电阻、电感、电容相串联的正弦交流电路中，复阻抗 $Z = $_____。

（8）R、L、C 串联电路中，电路复阻抗虚部大于零时，电路呈_____性；若复阻抗虚部小于零时，电路呈_____性；当电路复阻抗的虚部等于零时，电路呈_____性，此时电路中的总电压和电流相量在相位上呈_____关系。

（9）R、L、C 并联电路中，电路复导纳虚部大于零时，电路呈_____性；若复导纳虚部小于零时，电路呈_____性；当电路复导纳的虚部等于零时，电路呈_____性，此时电路中的总电流和电压相量在相位上呈_____关系。

（10）R、L、C 并联电路中，测得电阻上通过的电流为 30 A，电感上通过的电流为 80 A，电容上通过的电流是 40 A，总电流是_____ A，电路呈_____性。

（11）同一个二端网络的复阻抗与复导纳的关系是：$|Y|$ =_____；φ_Y =_____。

（12）在测量交流电路参数时，若功率表、电压表和电流表的读数均为已知（P、U、I），则该电路阻抗角 φ_Z =_____。

二、判断题

（1）正弦量的三要素是指它的最大值、角频率和相位。　　　　　　　　（　　）

（2）有两个频率和初相角都不同的正弦交流电压 u_1 和 u_2，若它们的有效值相同，则最大值也相同。　　　　　　　　　　　　　　　　　　　　　　　　　　（　　）

（3）正弦量可以用相量来表示，因此相量等于正弦量。　　　　　　　　（　　）

（4）从电压、电流瞬时值关系式来看，电感元件属于动态元件。　　　　（　　）

（5）串联电路的总电压超前电流时，电路一定呈感性。　　　　　　　　（　　）

（6）几个复阻抗相加时，它们的和增大；几个复阻抗相减时，其差减小。（　　）

（7）电感、电容相串联，$U_L = 12$ V，$U_C = 8$ V，则总电压等于 20 V。　（　　）

（8）并联电路的总电流超前路端电压时，电路应呈感性。　　　　　　　（　　）

（9）电阻、电感相并联，$I_R = 3$ A，$I_L = 4$ A，则总电流等于 5 A。　　（　　）

（10）电阻元件上只消耗有功功率，不产生无功功率。　　　　　　　　（　　）

（11）无功功率的概念可以理解为这部分功率在电路中不起任何作用。　（　　）

（12）视在功率在数值上等于电路中有功功率和无功功率之和。　　　　（　　）

（13）在荧光灯电路两端并联一个电容器，可以提高功率因数，但灯管亮度变暗。
　　　　　　　　　　　　　　　　　　　　　　　　　　　　　　　　（　　）

（14）提高功率因数，可使负载中的电流减小，因此电源利用率提高。　（　　）

三、单选题

（1）我国工农业生产及日常生活中使用的工频交流电的周期和频率为（　　）。

　　A. 0.02 s、50 Hz　　　B. 0.2 s、50 Hz　　　C. 0.02 s、60 Hz　　　D. 5 s、0.02 Hz

（2）已知 $i_1 = \sqrt{2}\sin(314t + 60°)$ A，$i_2 = 10\sin(628t + 30°)$ A，则（　　）。

　　A. i_1 超前 i_2 30°　　B. i_1 滞后 i_2 30°　　C. i_1 与 i_2 正交　　D. 相位差无法判断

（3）已知交流电压 $u = U_m\sin(1\,000t + 70°)$ V，$i = I_m\sin(1\,000t + 10°)$ A，则 u 比 i 超前（　　）。

　　A. 40°　　　　　　　B. 60°　　　　　　　C. 80°　　　　　　　D. 50°

（4）已知 $u = -100\sin(6\pi t + 10°)$ V，$i = 5\cos(6\pi t - 15°)$ A，则相位差是（　　）。

　　A. $-65°$　　　　　　B. 25°　　　　　　　C. 95°　　　　　　　D. 115°

（5）已知工频电压有效值和初始值均为 380 V，则该电压的瞬时值表达式为（　　）。

　　A. $u = 380\sin 314t$ V　　　　　　　　B. $u = 380\sin(314t + 90°)$ V

　　C. $u = 537\sin(314t + 45°)$ V　　　　　D. $u = 537\sin(314t - 45°)$ V

（6）实验室中的交流电压表和电流表，其读值是交流电的（　　）。

　　A. 最大值　　　　　B. 有效值　　　　　C. 瞬时值　　　　　D. 峰-峰值

(7)某电阻元件的额定数据为"1 kΩ、2.5 W",正常使用时允许流过的最大电流为（　　）。

    A. 50 mA   B. 2.5 mA   C. 250 mA   D. 25 mA

(8)在纯电阻电路中,下列各式中正确的是（　　）。

    A. $i = U_R/R$ B. $I = U_R/R$ C. $I = u_{R_m}/R$ D. $I = u_R/R$

(9)电感元件的正弦交流电路中,电压有效值不变,当频率增大时,电路中电流将（　　）。

    A. 增大   B. 减小   C. 不变   D. 不确定

(10)在纯电感电路中,电压和电流的大小关系为（　　）。

    A. $i = U/L$ B. $U = iX_L$ C. $I = U/\omega L$ D. $I = u/\omega L$

(11)在纯电感电路中,若 $u = U_m \sin \omega t$ V,则 i 为（　　）。

    A. $i = (U_m/\omega L)\sin(\omega t + \pi/2)$ A   B. $i = U_m\omega\sin(\omega t - \pi/2)$ A

    C. $i = (U_m/\omega L)\sin(\omega t - \pi/2)$ A   D. $i = U_m\omega\sin(\omega t + \pi/2)$ A

(12)在电容元件的正弦交流电路中,电压有效值不变,当频率增大时,电路中电流将（　　）。

    A. 增大   B. 减小   C. 不变   D. 不确定

(13)在电容为 C 的纯电容电路中,电压和电流的大小关系为（　　）。

    A. $i = u/C$ B. $i = u/\omega C$ C. $I = U/\omega C$ D. $I = U\omega C$

(14)如图 3-40 所示,电压表 V 的读数为（　　）。

    A. 10 V   B. 14.14 V   C. 20 V   D. 0 V

(15)如图 3-41 所示,当 S 闭合后,电路中的电流为（　　）。

    A. 0 A   B. (5/6) A   C. 2 A   D. 3 A

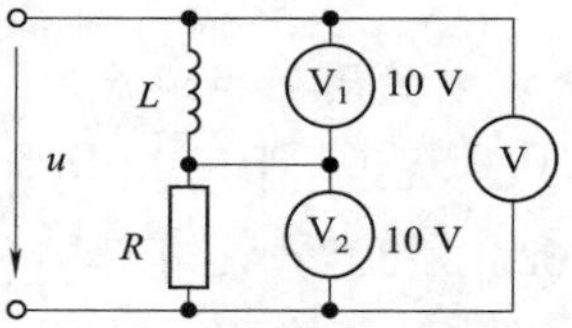

图 3-40 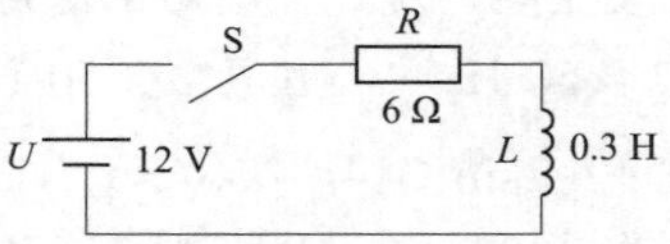   图 3-41

(16)在 R、C 串联交流电路中,电路的总电压为 U,则总阻抗 $|Z|$ 为（　　）。

    A. $|Z| = R + X_C$ B. $|Z| = \sqrt{R^2 + X_C^2}$ C. $|Z| = u/I$ D. $|Z| = U_m/I$

(17)R、C 串联电路中,当选定电压和电流参考方向一致时,总电压滞后电流一个 φ 角, φ 角的大小总是在（　　）之间。

    A. $0° \sim 180°$ B. $0° \sim 135°$ C. $0° \sim 90°$ D. $0° \sim 45°$

(18)在 R、L、C 串联电路中,已知 $R = 3$ Ω,$X_L = 5$ Ω,$X_C = 8$ Ω,则电路的性质为（　　）。

    A. 感性   B. 容性   C. 阻性   D. 不能确定

(19)如图 3-42 所示,已知电压表 V_1、V_2、V_4 的读数分别为 100 V、80 V、20 V,则电压表 V_3 的读数应为（　　）。

A. 80 V   B. 60 V   C. 20 V   D. 100 V

(20)如图 3-43 所示,电流表 A_1 的读数为 5 A、A_2 的读数为 5 A、A_3 的读数为 10 A,则电流表 A 的读数为(　　)。

A. 5 A   B. 10 A   C. 7.07 A   D. 14.14 A

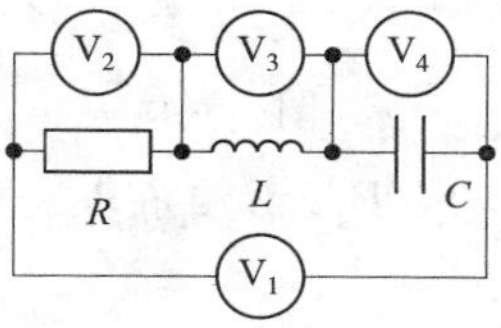

图 3-42 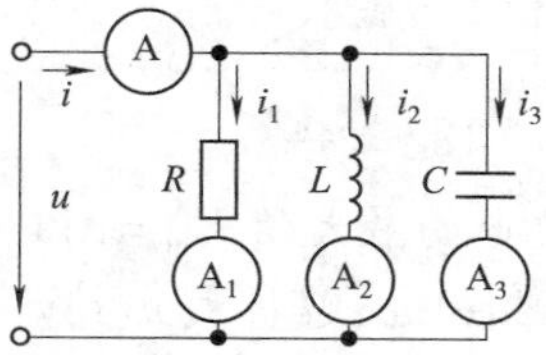   图 3-43

(21)已知 $i = 4\sqrt{2}\sin(628t - \pi/4)$ A,通过 $R = 2\ \Omega$ 的电阻时,消耗的功率为(　　)。

A. 16 W   B. 25 W   C. 8 W   D. 32 W

(22)一个电热器,接在 10 V 的直流电源上,产生的功率为 P。把它改接在正弦交流电源上,使其产生的功率为 $P/2$,则正弦交流电源电压的最大值为(　　)。

A. 5 V   B. 7.07 V   C. 10 V   D. 14.14 V

(23)电感、电容相串联的正弦交流电路,消耗的有功功率为(　　)。

A. UI B. I^2X C. 0   D. 不确定

(24)在交流纯电感电路中,电路的(　　)。

A. 有功功率等于零   B. 无功功率等于零

C. 视在功率等于零   D. 没有功率

(25)交流电路中,提高功率因数的目的是(　　)。

A. 节约用电,增加用电器的输出功率

B. 提高用电器的效率

C. 提高电源的利用率,减小电路电压损耗和功率损耗

D. 提高用电设备的有功功率

(26)对于电感性负载,提高功率因数最有效、最合理的方法是(　　)。

A. 给感性负载串联电阻   B. 给感性负载并联电容器

C. 给感性负载并联电感线圈   D. 给感性负载串联纯电感线圈

(27)每只荧光灯的功率因数为 0.5,当 N 只荧光灯相并联时,总的功率因数(　　)。

A. 大于 0.5   B. 等于 0.5   C. 小于 0.5   D. 无法确定

四、分析计算题

(1)已知照明电路中的电压有效值为 220 V,电源频率为 50 Hz,问该电压的最大值是多少?电源的周期和角频率是多大?

(2)某电容器额定耐压值为 450 V,能否把它接在交流 380 V 的电源上使用?为什么?

(3)图 3-44 所示,u 和 i 的初相角分别为多少?u 和 i 的相位关系?

(4)图 3-45 所示为交流电压的波形。若 $\psi = 60°$,$U_m = 5$ V,$f = 50$ Hz,问当 $t = 0$ 时和

$t = 5$ ms 时 u 的大小。

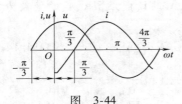

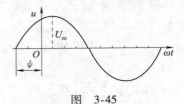

图 3-44   图 3-45

（5）已知某交流电的最大值 $U_m = 311$ V，频率 $f = 50$ Hz，初相角 $\psi_u = \pi/6$，请写出该交流电压的有效值 U、角频率 ω、解析式 $u(t)$。

（6）幅值为 20 A 的正弦电流，周期为 1 ms，0 时刻电流的值为 10 A。

① 求电流频率、角频率、有效值；

② 求 $i(t)$ 的正弦函数表达式。

（7）将下列正弦量用有效值相量表示，并画出相量图。

① $u = 311\sin(\omega t + 45°)$ V；   ② $i = 10\sqrt{2}\sin(\omega t - 30°)$ A；

③ $u = 380\sqrt{2}\sin \omega t$ V；   ④ $i = 10\sin(\omega t - 20°)$ A

（8）写出下列各相量所对应的正弦量解析式，设角频率为 ω。

① $\dot{I} = (4 - j3)$ A；   ② $\dot{U} = 220\angle 60°$ V；

③ $\dot{I} = j2$A；   ④ $\dot{U} = 380$ V。

（9）用于工频电压 220 V 的白炽灯功率为 100 W。（1）求它的电阻；（2）如果电流初相为 30°，试写出 u, i 的解析式及相量表达式。

（10）一电炉电阻为 100 Ω，接到 $u = 311\sin\left(\omega t + \dfrac{2}{3}\pi\right)$ V 的工频交流电源上，求电炉电流的解析式，并写出电流的相量表达式。

（11）电源电压不变，当电路的频率变化时，通过电感元件的电流发生变化吗？

（12）已知 $L = 0.4$ H 的电感线圈（$R = 0$）接到 $u = 311\sin\left(\omega t + \dfrac{\pi}{3}\right)$ V 的工频交流电源上，试求电流的解析式，并写出电流的相量表式。

（13）已知 $C = 0.1$ μF 的电容器接于 $f = 400$ Hz 的电源上，$I = 10$ mA，则电容器两端的电压 U 是多少？

（14）已知 $C = 60$ μF，外加工频电压 $u = 311\sin\left(\omega t + \dfrac{\pi}{6}\right)$V，求容抗、电流的有效值和相量表达式。若外加电压有效值不变，频率变为 500 Hz 时，容抗、电流的有效值和相量表达式又是多少？

（15）已知交流接触器的线圈电阻为 200 Ω，电感量为 7.3 H，此线圈允许通过的电流为 0.2 A。将它接到工频 220 V 的电源上。求线圈中的电流 $I = $？如果误将此接触器接到 $U = 220$ V 的直流电源上，线圈中的电流又为多少？将产生什么后果？

（16）如图 3-46 所示，有两个复阻抗 $Z_1 = (5 + j15)$Ω 与 $Z_2 = (1 - j7)$Ω 相串联，接在电压

$u = 141\sin(\omega t + 90°)$ V 的电源上。试求等效阻抗 Z 及两复

阻抗上的电压 $\dot{U}_1$ 和 $\dot{U}_2$。

（17）在一个 R、L、C 串联电路中，已知外加电源 $u =$

$200\sqrt{2}\sin 1\,000t$ V，电阻 $R = 15\ \Omega$，电感 $L = 60\ \mathrm{mH}$，电容

$C = 25\ \mu\mathrm{F}$，试求：

①复阻抗 Z，并确定电路的性质；

②$\dot{I}$、$\dot{U}_\mathrm{R}$、$\dot{U}_\mathrm{L}$、$\dot{U}_\mathrm{C}$，并绘出相量图；

③电路的功率因数 P、Q、S。

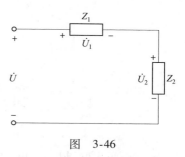

图　3-46

（18）已知加在电路上的端电压为 $u = 311\sin(\omega t + 60°)$ V，通过电路中的电流 $\dot{I} =$

$10\angle -30°\ \mathrm{A}$，求电路 $|Z|$、电路阻抗角 φ_Z 和导纳角 φ_Y。

（19）某 R、L、C 并联电路，已知端电压为 $u = 220\sqrt{2}\sin(314t + 30°)$ V，其电阻 $R = 10\ \Omega$，电

感 $L = 127\ \mathrm{mH}$，电容 $C = 159\ \mu\mathrm{F}$。试求：

①并联电路的复导纳 Y；

②各支路的电流 $\dot{I}_\mathrm{R}$、$\dot{I}_\mathrm{L}$、$\dot{I}_\mathrm{C}$ 和总电流 $\dot{I}$；

③绘出相量图。

（20）两条支路并联的电路，如图 3-47 所示。已知端电压为 $u = 220\sqrt{2}\sin(\omega t + 60°)$ V，

$R = 8\ \Omega$，$X_\mathrm{L} = 6\ \Omega$，$X_\mathrm{C} = 10\ \Omega$，求各支路的电流 $\dot{I}_1$、$\dot{I}_2$ 和总电流 $\dot{I}$，并绘出相量图。

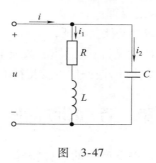

图　3-47

（21）结合电路图和相量图解释感性负载的功率因数是如何得到提高的。

（22）在有效值为 220 V、频率为 50 Hz 的电源两端，接有感性负载，负载有功功率为 10 kW，

要使功率因数从原来的 0.6 提高到 0.9，试求需并联多大容量的电容器以及并联电容器前

后，电路的总电流。

第四章　谐振电路

本章介绍串联谐振和并联谐振电路的谐振条件,电路发生谐振时的特点、特性阻抗、品质因数以及谐振电路的选频特性。

 能力目标

(1)能根据电路判断电路谐振条件;
(2)能根据电路参数计算谐振参数;
(3)会运用仿真软件分析电路频率特性。

 知识目标

(1)了解谐振的含义及谐振现象;
(2)熟悉串联谐振电路的结构及原理;
(3)掌握 R、L、C 串联电路的谐振条件及特征;
(4)掌握特性阻抗、品质因数的含义,以及品质因数与电路选频特性之间的关系;
(5)掌握 R、L、C 并联电路的结构、谐振条件以及特征。

第一节　串联谐振

谐振是正弦波电路在一特定条件下产生的一种特殊物理现象。在 R、L、C 构成的正弦波电路中,总电压和总电流的相位一般是不同的,如果电源的频率和电路参数满足一定的条件,使电路中的总电压和总电流的相位相等,整个电路呈现纯电阻性,这种现象就称为谐振,处于谐振状态的电路称为谐振电路。

这里首先以 R、L、C 串联电路为例分析串联谐振电路的特性。

知识点一　谐振条件

R、L、C 串联电路如图 4-1 所示。电路的总阻抗为

$$Z = R + \mathrm{j}\left(\omega L - \frac{1}{\omega C}\right) \qquad (4\text{-}1)$$

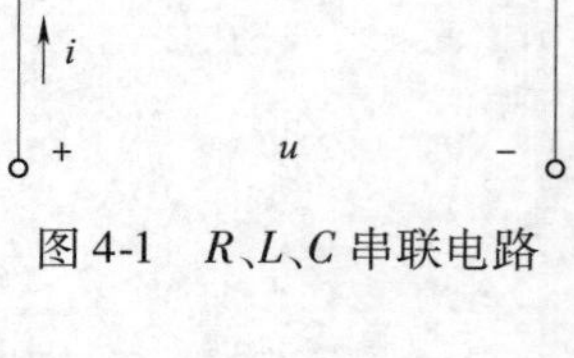

图 4-1　R、L、C 串联电路

式(4-1)中,当 $\omega L - \dfrac{1}{\omega C} = 0$(即 $\omega L = \dfrac{1}{\omega C}$)时,可以得到

$$\omega = \omega_0 = \frac{1}{\sqrt{LC}} \tag{4-2}$$

代入总阻抗公式(4-1)中,则得到电路总阻抗 $Z = R$,说明满足式(4-2)条件下的电路是纯电阻性的,电路总电压 u 和总电流 i 具有相同相位,说明此时电路发生了串联谐振现象。式(4-2)中的 ω_0 称为谐振电路的谐振角频率。由于 $\omega_0 = 2\pi f_0$,可以得到谐振频率

$$f_0 = \frac{1}{2\pi\sqrt{LC}} \tag{4-3}$$

式中, f_0 称为谐振频率。

式(4-2)和式(4-3)表示了 R、L、C 串联电路发生谐振现象的谐振条件,由此可知,对于任一 R、L、C 串联电路,谐振频率仅仅由电感和电容的数值决定,而与外加电压和电流无关。这反映了电路的一种固有性质,所以 f_0 和 ω_0 又称电路的固有频率和固有角频率。

在工程实际和现实生活中,谐振电路有着广泛的应用,比如信号源振荡器电路,电视、收音机的选频电路,手机通信的接收电路等。为使电路发生谐振现象,可以通过调节电源或信号源的频率 f,当 $f = f_0$ 时,电路将发生谐振现象。也可以通过改变电路参数中的 L 和 C 的值,从而改变电路的固有频率 f_0,使 f_0 等于电源或信号源频率,则电路将会发生谐振现象,如收音机就是通过改变可调电容达到谐振的方法进行选台的。

 ## 知识点二　谐振特征

如图 4-2(a)所示, R、L、C 串联电路中,令正弦信号源输入电压 $\dot{U}$ 一定,调节输入信号频率,使电路谐振,由谐振条件及式(4-1)可知,此时电路的阻抗最小。用电压表分别测电阻、电感、电容两端的电压,发现 $U_R = U$, $U_L = U_C$, $U_{LC} = 0$。用电流表测量 R、L、C 串联电路的电流,可以发现电流表读数在电路谐振时数值最大。该电路的相量图如图 4-2(b)所示。

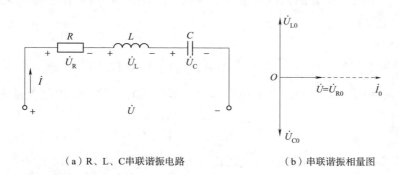

（a）R、L、C串联谐振电路　　　　　　　　（b）串联谐振相量图

图 4-2　R、L、C 串联谐振电路及相量图

由以上分析可知, R、L、C 串联谐振电路具有如下特征:

(1)串联谐振时,电路的阻抗最小,且为纯电阻性,即谐振时

$$Z = R + j\left(\omega L - \frac{1}{\omega C}\right) = R$$

（2）谐振时,电路中的电流最大,且与电源电压同相。

谐振时,R、L、C 串联电路电阻最小,故电流达到最大,且与输入信号电压同相,即

$$I_0 = \frac{U}{|Z|} = \frac{U}{R} \tag{4-4}$$

由此可知,谐振时电流数值的大小仅与电源电压及电阻的大小有关,而与电感、电容无关。

（3）谐振时,电感上的电压和电容上的电压的大小相等,相位相反,即

$$U_{L0} = U_{C0}, \psi_L = -\psi_C \quad 或 \dot{U}_{L0} = -\dot{U}_{C0}$$

由于电感电压与电容电压大小相等,相位相反,因此,电源电压等于电阻电压 $U = U_R$。

（4）谐振时,电路的无功功率为零,电源供给电路的能量,全部消耗在电阻上。

电路在发生谐振时,由于感抗等于容抗,电感上的无功功率和电容上的无功功率大小相等,方向相反,因此电路总的无功功率为零。这说明电感与电容之间有磁场能与电场能交换,而且达到完全补偿,而不与电源进行能量交换。电路没有无功功率,电路中只有电阻元件消耗有功功率,即电源提供的能量,全部消耗在电阻上。

 知识点三　特性阻抗与品质因数

1. 特性阻抗

R、L、C 串联电路发生谐振的条件是 $\omega L = \frac{1}{\omega C}$,故电路总的电抗 $X = 0$。定义谐振时的感抗和容抗的值为电路的特性阻抗,用符号 ρ 表示,即

$$\rho = \omega_0 L = \frac{1}{\omega_0 C} = \sqrt{\frac{L}{C}} \tag{4-5}$$

由式(4-5)可知,特性阻抗 ρ 的数值仅由电路参数 L、C 决定,而与谐振频率无关。它是衡量电路特性的一个重要参数。

2. 品质因数

由串联谐振电路的特性可知,串联谐振时,感抗等于容抗,因此电感上电压 $\dot{U}_{L0}$ 与电容上电压 $\dot{U}_{C0}$ 大小相等,相位相反,其数值大小为电源电压的 Q 倍。其电压关系为

$$Q = \frac{U_{L0}}{U} = \frac{U_{C0}}{U} \tag{4-6}$$

而谐振时电感和电容上的电压值大小为 $U_{L0} = I\omega_0 L$, $U_{C0} = I\frac{1}{\omega C}$,而电源电压 $U = U_R$,则 Q 又可以表示为

$$Q = \frac{U_{C0}}{U} = \frac{U_{L0}}{U} = \frac{I\omega_0 L}{IR} = \frac{\omega_0 L}{R} = \frac{1}{\omega_0 RC} = \frac{\rho}{R} \tag{4-7}$$

定义 Q 为谐振电路的品质因数,它等于谐振时的感抗(或容抗)与电阻之比,也等于电

路的特性阻抗与电阻之比,它是一个无量纲的数。如果 $Q \gg 1$,则电感电压和电容电压远远超过电源电压,即出现过电压现象。因此,串联谐振又称电压谐振。通常 Q 值在 $50 \sim 200$ 之间。

 知识点四　谐振曲线与选频特性

在 R、L、C 串联电路中,当外加正弦交流电压的频率变化时,电路的等效阻抗和电流值将随频率的改变而改变,这种电路阻抗、电流与频率之间的关系,称为电路的频率特性。

1. 阻抗频率特性曲线

如图 4-1 所示的 R、L、C 串联电路的阻抗用式(4-1)表示,其阻抗模为

$$|Z| = \sqrt{R^2 + \left(\omega L - \frac{1}{\omega C}\right)^2} \tag{4-8}$$

由式(4-8)可知,当 $\omega \to 0$ 时,$|Z| \to \infty$;当 $\omega \to \infty$ 时,$|Z| \to \infty$;当 $\omega = \omega_0$ 时,$|Z| = R$。由此可以画出电路阻抗的频率特性如图 4-3(a)所示。

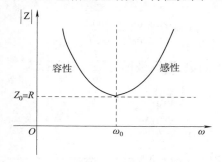
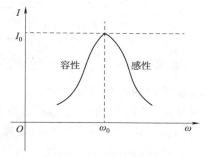

（a）串联谐振电路阻抗的频率特性　　　（b）串联谐振电路电流的频率特性

图 4-3　串联谐振电路阻抗、电流的频率特性

2. 电流频率特性曲线

R、L、C 串联电路的电流有效值为

$$I = \frac{U}{|Z|} = \frac{U}{\sqrt{R^2 + \left(\omega L - \frac{1}{\omega C}\right)^2}} \tag{4-9}$$

由式(4-9)可以画出电流的频率特性如图 4-3(b)所示。从图中可以看出,当 $\omega = \omega_0$ 时,电路发生谐振,此时电路的等效阻抗最小,电路中电流达到最大;而当 ω 偏离 ω_0 且 $\omega < \omega_0$ 时,电路阻抗 $|Z|$ 增大,电流下降,此时电路呈容性阻抗;当 ω 偏离 ω_0 且 $\omega > \omega_0$ 时,电路阻抗 $|Z|$ 增大,电流下降,此时电路呈感性阻抗;ω 偏离 ω_0 越远,电流下降越快。

由 R、L、C 串联电路的频率特性曲线可知,串联谐振回路对不同频率的信号具有不同的响应,它可以将 ω_0 附近的信号选择出来,同时将远离 ω_0 的信号加以削弱和抑制,因此,称串联谐振电路具有选频特性。

3. 品质因数 Q 与选频特性的关系

电路的选频特性与品质因数 Q 的值密切相关,可以用电流的相对值 $\frac{I}{I_0}$ 随频率的相对

值 $\frac{\omega}{\omega_0}$ 的变化关系来描述,根据式(4-4)、式(4-7)、式(4-9)可得

$$\frac{I}{I_0} = \frac{\dfrac{U}{\sqrt{R^2 + \left(\omega L - \dfrac{1}{\omega C}\right)^2}}}{\dfrac{U}{R}} = \frac{R}{\sqrt{R^2 + \left(\omega L - \dfrac{1}{\omega C}\right)^2}} = \frac{R}{\sqrt{R^2 + \left[\dfrac{\omega}{\omega_0}(\omega_0 L) - \dfrac{\omega_0}{\omega}\left(\dfrac{1}{\omega_0 C}\right)\right]^2}}$$

$$= \frac{R}{\sqrt{R^2 + \left[\dfrac{\omega}{\omega_0} \cdot \rho - \dfrac{\omega_0}{\omega} \cdot \rho\right]^2}} = \frac{R}{\sqrt{R^2 + \rho^2\left(\dfrac{\omega}{\omega_0} - \dfrac{\omega_0}{\omega}\right)^2}} = \frac{R}{\sqrt{R^2 + R^2 \cdot \dfrac{\rho^2}{R^2}\left(\dfrac{\omega}{\omega_0} - \dfrac{\omega_0}{\omega}\right)^2}}$$

$$= \frac{R}{R\sqrt{1 + Q^2\left(\dfrac{\omega}{\omega_0} - \dfrac{\omega_0}{\omega}\right)^2}} = \frac{1}{\sqrt{1 + Q^2\left(\dfrac{\omega}{\omega_0} - \dfrac{\omega_0}{\omega}\right)^2}}$$

即

$$\frac{I}{I_0} = \frac{R}{R\sqrt{1 + Q^2\left(\dfrac{\omega}{\omega_0} - \dfrac{\omega_0}{\omega}\right)^2}} = \frac{1}{\sqrt{1 + Q^2\left(\dfrac{\omega}{\omega_0} - \dfrac{\omega_0}{\omega}\right)^2}} \tag{4-10}$$

可见,电流的相对值 $\dfrac{I}{I_0}$ 是频率的相对值 $\dfrac{\omega}{\omega_0}$ 的函数,取纵坐标为 $\dfrac{I}{I_0}$,横坐标为 $\dfrac{\omega}{\omega_0}$,可以画出不同 Q 值时的曲线,如图 4-4 所示。

由图可见,Q 值的大小对谐振曲线的影响很大。Q 值越大,电流曲线越尖锐,远离谐振频率 ω_0 的信号衰减越大,即对偏离 ω_0 的其他频率的信号抑制力强,说明电路的选频特性好;而 Q 值越小,电流曲线越平滑,偏离 ω_0 的其他频率的电流值衰减较小,即电路对偏离 ω_0 的其他频率抑制力较差,也就是选频特性差。因此,选用大 Q 值的电路有利于从众多频率的信号中选择出所需要的信号,并且可以有效地抑制其他信号的干扰。

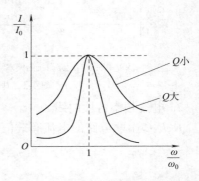

图 4-4　不同 Q 值时的电流谐振曲线

在电路分析时,一个实际信号往往不是一个单一频率,而是占有一定的频率范围,这个范围称为频带。通常定义电流信号衰减到谐振电流 I_0 的 0.707 倍时的一段频率范围称为电路的通频带,常用符号 B 表示。它也是反映电路特性的一个重要参数。由图 4-4 可见,Q 值越大,谐振曲线越尖锐,通频带越窄;Q 值越小,谐振曲线越平滑,通频带越宽。因此通频带 B 与品质因数 Q 成反比关系。在实际应用中,应根据特定需求选择。

串联谐振在无线电工程中应用较多,例如,在大多数接收机中被用来选择信号。

【例 4-1】 已知 R、L、C 串联电路中 $L = 20\ \mu\text{F}$,$C = 200\ \text{pF}$,$R = 5\ \Omega$,电源电压为 $10\ \text{mV}$,若电路产生串联谐振,求电源频率 f_0,回路特性阻抗 ρ,品质因数 Q 以及电容电压 U_{C0}。

解　$f_0 = \dfrac{1}{2\pi\sqrt{LC}} = \dfrac{1}{2 \times 3.14 \times \sqrt{20 \times 10^{-6} \times 200 \times 10^{-12}}}\ \text{Hz} = 2.52\ \text{MHz}$

$$\rho = \sqrt{\frac{L}{C}} = \sqrt{\frac{20 \times 10^{-6}}{200 \times 10^{-12}}}\ \Omega = 316.23\ \Omega$$

$$Q = \frac{\rho}{R} = \frac{316.23}{5} = 63.25$$

$$U_{C0} = QU = 63.25 \times 10 \times 10^{-3}\ \text{V} = 0.63\ \text{V}$$

第二节　并联谐振

 ## 知识点一　R、L、C 并联谐振电路

R、L、C 并联电路如图 4-5 所示。可知电路总导纳为

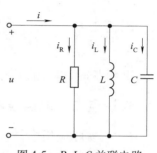

$$Y = G + \text{j}\left(\omega C - \frac{1}{\omega L}\right) \qquad (4\text{-}11)$$

当 $\omega C - \dfrac{1}{\omega L} = 0$（即 $\omega C = \dfrac{1}{\omega L}$）时，电路发生谐振现象。由此可

得谐振角频率和谐振频率分别为

$$\omega_0 = \frac{1}{\sqrt{LC}},\ f_0 = \frac{1}{2\pi\sqrt{LC}} \qquad (4\text{-}12)$$

图 4-5　R、L、C 并联电路

由以上分析，可得 R、L、C 并联谐振电路具有如下特征：

（1）并联谐振时，电抗 $X = 0$，此时电路的导纳最小（也可以说阻抗最大），电路的总阻抗为纯电阻。

（2）谐振时，电路中的电流最小，且与电源电压同相，即 $I_0 = \dfrac{U}{R}$。并联电路的阻抗与电流随频率的变化关系如图 4-6 所示。

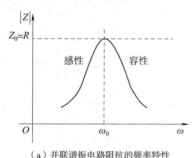

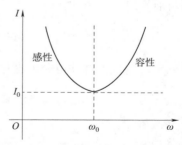

（a）并联谐振电路阻抗的频率特性　　　　　　（b）并联谐振电路电流的频率

图 4-6　R、L、C 并联谐振电路阻抗、电流的频率特性

从图 4-6 中可知，并联电路与串联电路在偏离谐振频率 ω_0 时的阻抗性质是相反的。当 $\omega = \omega_0$ 时，R、L、C 并联电路发生谐振，此时电路的等效阻抗最大，电路中电流最小；而当 ω 偏离 ω_0 且 $\omega < \omega_0$ 时，电路阻抗 $|Z|$ 减小，电流增大，此时电路呈感性阻抗；当 ω 偏离 ω_0 且 $\omega > \omega_0$ 时，电路阻抗 $|Z|$ 减小，电流增大，此时电路呈容性阻抗。

（3）并联谐振时，电感支路的电流 $\dot{I}_{L0}$ 和电容支路的电流 $\dot{I}_{L0}$ 大小相等，相位相反，电感和电容上电流的数值为电路总电流的 Q 倍。由图 4-5 所示电路可知，谐振时电感和电容上的电流值为

$$I_{L0} = I_{C0} = \frac{U}{\omega_0 L} = \frac{U}{R} \cdot \frac{R}{\omega_0 L} = QI_0 \tag{4-13}$$

因此并联谐振又称电流谐振。同串联谐振电路一样，式（4-13）中的 Q 称为 R、L、C 并联电路的品质因数，其值为

$$Q = \frac{I_{C0}}{I} = \frac{I_{L0}}{I} = \frac{R}{\omega_0 L} = \omega_0 RC = \frac{R}{\rho} \tag{4-14}$$

Q 值的大小与 R、L、C 并联谐振电路的选频特性有关，品质因数 Q 越大，曲线越尖锐，选择性越好。

（4）谐振时，电路的无功功率为零，电源供给电路的能量，全部消耗在电阻上。

 知识点二　电感线圈与电容器的并联谐振电路

在工程实际应用中，使用的负载（如各种电动机）都可以等效为一个电阻和电感的串联电路，因此实际工程及电子电路中广泛应用的是电感线圈和电容器并联组成的谐振电路，等效电路模型如图 4-7 所示。

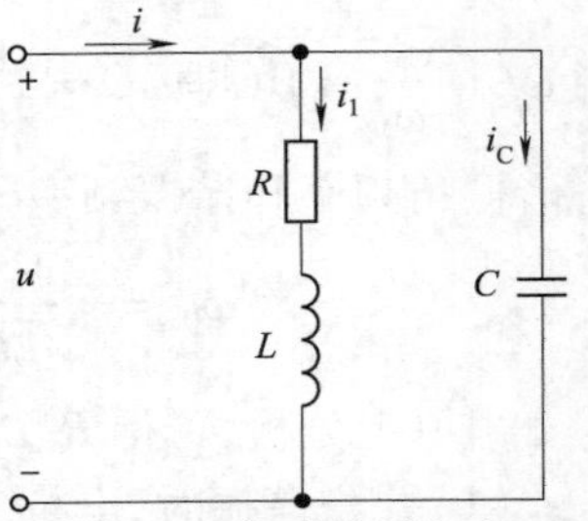

电路的总导纳为

$$Y = \frac{1}{R + j\omega L} + j\omega C$$

图 4-7　电感线圈与电容器并联电路

$$= \frac{R}{R^2 + (\omega L)^2} + j\left[\omega C - \frac{\omega L}{R^2 + (\omega L)^2}\right] \tag{4-15}$$

当电路谐振时，电抗 $X = 0$，即

$$\omega C = \frac{\omega L}{R^2 + (\omega L)^2} \tag{4-16}$$

可得，电感、电容构成的并联电路的谐振角频率为

$$\omega_0 = \sqrt{\frac{L - CR^2}{L^2 C}} = \frac{1}{\sqrt{LC}}\sqrt{1 - \frac{CR^2}{L}} \tag{4-17}$$

谐振频率为

$$f_0 = \frac{1}{2\pi \sqrt{LC}}\sqrt{1 - \frac{CR^2}{L}} \tag{4-18}$$

由式（4-18）可知，电感、电容构成的并联电路谐振频率不仅与 L、C 有关，而且与电阻 R 有关。当且仅当 $\left(1 - \dfrac{CR^2}{L}\right) > 0$，即 $R < \sqrt{\dfrac{L}{C}}$ 时，f_0 为非零实数，电路才可能产生谐振现象。

当线圈的感抗远远大于线圈的等效电阻 R 时,即 $\dfrac{CR^2}{L} \ll 1$ 时,图 4-7 近似为一个 L、C 并联电路,因此,电感线圈与电容器并联电路的谐振角频率和谐振频率近似为

$$\omega_0 = \frac{1}{\sqrt{lc}}, \quad f_0 = \frac{1}{2\pi\sqrt{LC}} \tag{4-19}$$

此时,电感线圈与电容器并联电路的谐振频率取决于电感 L 与电容 C 的值。

电路谐振时的特点有:

(1)谐振时的电路总阻抗最大,即 $|Z_0| = \dfrac{1}{|Y_0|} = \dfrac{R^2 + (\omega L)^2}{R} = \dfrac{U}{I_0}$ 为最大值。当 $\omega L \gg R$ 时,$|Y_0| \to 0$,$|Z_0| \to \infty$。电源为电压源时,谐振电路相当于开路。

(2)谐振时的电路总电流 I_0 最小。

(3)电源是恒流源时,谐振电路的端电压最大,即 $U_0 = IZ_0$ 为最大值。

(4)谐振时,两条支路流过的电流相量图如图 4-8 所示。发生谐振时,$I_1' = I_C$。

$$I_0 = I_1 \cos\varphi_1 = \frac{U}{\sqrt{R^2 + (\omega_0 L)^2}} \cdot \frac{R}{\sqrt{R^2 + (\omega_0 L)^2}}$$

$$= \frac{R}{R^2 + (\omega_0 L)^2} U = \frac{U}{|Z_0|}$$

$$I_1' = I_1 \sin\varphi_1 = \frac{U}{\sqrt{R^2 + (\omega_0 L)^2}} \cdot \frac{\omega_0 L}{\sqrt{R^2 + (\omega_0 L)^2}}$$

$$= \frac{R}{R^2 + (\omega_0 L)^2} \cdot U \cdot \frac{\omega_0 L}{R} = I_0 \frac{\omega_0 L}{R} = QI_0$$

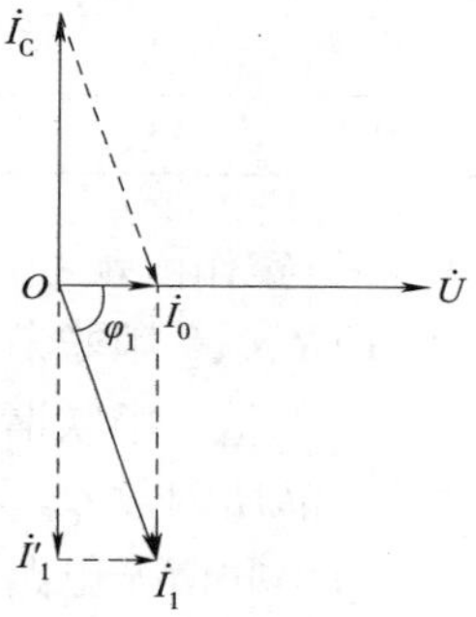

图 4-8 谐振相量图

由 $I_1' = QI_0$ 可以看出:电感线圈与电容器的并联谐振为电流谐振。Q 是品质因数,$Q = \dfrac{\omega_0 L}{R} \gg 1$。

电感线圈与电容器的并联谐振电路在电子技术中常作选频用,例如,电子音响设施中的中频变压器(中周),以及正弦信号发生器等。

 实 作

实作一 R、L、C 串联谐振电路测试分析

(一)实作目的

(1)验证 R、L、C 串联谐振电路的特点。

(2)测定串联谐振电路的谐振曲线。

(3)用示波器观测 R、L、C 串联谐振电路中电压和电流间的相位关系。

(4)会排除电路中的常见故障。

（5）培养良好的操作习惯,提高职业素质。

（二）实作器材

实作器材见表4-1。

表4-1 实 作 器 材

器材名称	规格型号	数量
信号发生器	YB32020	1 台
晶体管毫伏表	DA－16	1 台
双踪示波器	YB43025	1 台
信号连接线	BNC Q9 公转双鳄鱼夹	3 根
交流线路板	自制	1 个
电阻	RJ－0.25－10 Ω	1 个
线圈	10 mH	1 个
电容	0.033 μF	1 个
导线		若干

（三）实作前预习

（1）R、L、C 串联谐振条件与谐振频率。

（2）R、L、C 串联谐振电路的特征。

（3）品质因数 Q。

（4）串联谐振电路的电流谐振曲线。

不同 Q 值时的电流谐振曲线如图4-4所示。Q 值越大,电流谐振曲线越尖锐,电路的选频特性越好。

（四）实作内容与步骤

1. 正确连接电路(见图4-9)

2. 寻找谐振频率

（1）R 取 10 Ω,L 取 10 mH,C 取 0.033 μF。用晶体管毫伏表测量电阻 R 上的电压 U_R,因为 $U_R = RI$,当 R 一定时,U_R 与 I 成正比,电路谐振时的电流 I 最大,电阻电压 U_R 也最大。

（2）保持信号发生器的输出电压为 2 V,调节输出电压的频率,使 U_R 为最大,电路即达到谐振(调节时可参考理论计算的谐振频率)。测量电路中的电压 U_{R0}、U_{L0}、U_{C0},并读取谐振频率 f_0,记入表 4-2 中,同时记下元件参数 R、L、C 的值。

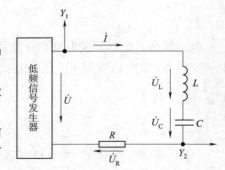

图 4-9 R、L、C 串联谐振测试电路

3. 测定谐振曲线

信号发生器输出电压调为 $U = 2$ V,在谐振频率两侧调节输出电压的频率(一般以 100 Hz 为度调节,谐振点 f_0 附近以 50 Hz 为度),每次改变后均应重新调整电压为 2 V,分别

测量各频率点的 U_R 值,记入表4-3中。(注意:在谐振点附近要多测几组数据。)

4. 用示波器观测 R、L、C 串联谐振电路中电压和电流间的相位关系

(1)将电路中的电压 U 送入双踪示波器的 Y_1 通道,电压 U_R 送入双踪示波器的 Y_2 通道。示波器和信号发生器的接地端连在一起,信号发生器的输出频率取谐振频率 f_0,输出电压取2 V,观察电压 U 和 U_R 的波形,并描绘下来。再在 f_0 左右各取一个频率点,信号发生器输出电压仍保持2 V,观察并描绘 U 和 U_R 的波形。

(2)调节信号发生器的输出频率,在 f_0 附近缓慢变化,观察示波器屏幕上的 U 和 U_R 波形的相对位置和幅度的变化,并分析其变化的原因。

(五)测试与观察结果记录

表4-2　测试数据1

串联谐振点:　f_0(理论值)= _____　　　　　　　　　　　　　　　　　　Q(理论值)= _____

R/Ω		L/mH		$C/\mu\mathrm{F}$	
U_{R0}/V		U_{L0}/V		U_{C0}/V	
f_0(实际值)/Hz		$I_0 = (U_{R0}/R)/\mathrm{A}$		Q(实际值) $= U_{C0}/U$	

表4-3　测试数据2

$R =$		$L =$		$C =$		Q(实际值)=				
f/Hz					f_0(实际值)					
U_R/mV										
$I = (U_R/R)/\mathrm{mA}$										
I/I_0										
f/f_0										

(六)注意事项

(1)切忌将信号发生器输出端短路。

(2)所有仪器必须共地,即信号线黑夹子要接在一起。

(3)接线和拆线时,一定要断开电源进行操作,切忌带电作业。

(七)回答问题

(1)根据实验数据计算品质因数 Q 理论值。由表4-2中的数据,分析电压 $U_L = U_C = QU$ 是否符合?

(2)根据实验数据,计算表4-3中的 I/I_0 值及 f/f_0 的值,绘制串联谐振电路的通用谐振曲线(曲线上标明相应的 Q 值),并说明电路参数对谐振曲线的影响。

(3)根据实验中观察到的 U 和 U_R 波形,分析 R、L、C 串联电路中电流和电压的相位关系。

(4)串联谐振时,电路中 $X_L = X_C$,但从表4-2中看出 U_L 和 U_C 并不严格相等,为什么?

(5)信号发生器的内阻对串联谐振电路有何影响?

实作二　电感线圈(r–L)与电容器 C 并联谐振电路测试分析

(一)实作目的

(1)验证 r–L 与 C 并联谐振电路的特点。

(2)测定并联谐振电路的谐振曲线。

(3)使用示波器观测 r–L 与 C 并联谐振电路中的电压和电流之间的相位关系。

(4)会排除电路中的常见故障。

(5)培养良好的操作习惯,提高职业素质。

(二)实作器材

实作器材见表 4-4。

表 4-4　实 作 器 材

器材名称	规格型号	数量
信号发生器	YB32020	1 台
晶体管毫伏表	DA – 16	1 台
双踪示波器	YB43025	1 台
信号连接线	BNCQ9 公转双鳄鱼夹	3 根
交流线路板	自制	1 块
电阻	RJ – 0. 25 – 10 Ω	2 个
电阻	RJ – 0. 25 – 100 kΩ	1 个
线圈	10 mH	1 个
电容	0. 033 μF	1 个
导线		若干

(三)实作前预习

(1)电感线圈 r–L 与电容器 C 并联电路的谐振条件与谐振频率。

(2)并联谐振电路的特征。

(3)品质因数 Q。

(4)并联谐振电路的电压谐振曲线。Q 值越高,电压谐振曲线越尖锐,电路的选频特性越好。

(四)实作内容与步骤

(1)正确连接电路(见图 4-10)。

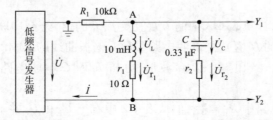

图 4-10　电感线圈 r–L 与电容器 C 并联谐振测试电路

（2）寻找 $r-L$ 与 C 并联电路的谐振点。C 取 0.033 μF，L 取 10 mH，不计线圈电阻，电阻 r_1 和 r_2 作为电流采样电阻，取值均为 10 Ω，电阻 R_1 作为信号源内阻，取值 10 kΩ。调节信号发生器的输出电压保持为 4 V，改变输出电压的频率，用毫伏表测量电阻 R_1 上的电压，当此电压为最小时，电路近似达到谐振（调节时可参考理论计算的谐振频率）。此时电路的总电流 $I_0 = \dfrac{U_{R_1}}{R_1}$，再用晶体管毫伏表测得电压 U_{r_1}、U_{r_2}、U_{AB}，计算电流 $I_L = \dfrac{U_{r_1}}{r_1}$，$I_C = \dfrac{U_{r_2}}{r_2}$，将测量数值和谐振频率 f_0，记入表 4-5 中。

（3）测定谐振曲线。调节信号发生器输出电压的频率，从低频端经 f_0 向高频端改变，并保持信号发生器输出电压为 4 V，用晶体管毫伏表分别测量不同频率下 $r-L$ 与 C 并联电路的端电压 U_{AB}，记入表 4-6 中。（注意：在谐振点附近要多测几组数据，一般以 200 Hz 为度调节，频率点附近以 100 Hz 为度。）

（4）将电路中的电容 C 更换为 0.022 μF 重复上述测量（数据记入表 4-7 和表 4-8 中）。

（5）用示波器观测电感线圈和电容器并联电路中总电压和总电流间的相位关系。

①C 取 0.033 μF，L 取 10 mH，R_1 取 10 kΩ，将电阻 R_1 上的电压 u_A 送入示波器的 Y_1 通道（u_A 波形与总电流波形相似且同相），电压 u_B 送入 Y_2 通道。

②在谐振频率 f_0 左右各取一频率点 f_1（$>f_0$）和 f_2（$<f_0$），保持信号发生器输出电压为 4 V，分别观测这三个频率点的 u_A 和 u_B 波形。操作时可先调节频率使 u_A（总电流）和 U_B（总电压）波形完全重合，这时的频率即为谐振频率 f_0，然后再观察 f_1 和 f_2 的 u_A 和 u_B 波形，并将这些波形描绘下来。

（五）测试与观察结果记录

表 4-5　测试数据 1

测量值	$R_1/\text{k}\Omega$	10	L/mH	10	$C/\mu\text{F}$	0.033	U_{AB}/V	
	U_{R_1}		U_{r_1}		U_{r_2}		f_0	
计算值	$I_0 = U_{R_1}/R_1$		$I_L = U_{r_1}/r_1$		$I_C = U_{r_2}/r_2$		$Q = \dfrac{U_{r_{10}}}{U_{R_{10}}} \times \dfrac{R_1}{r_1}$	

表 4-6　测试数据 2

f/Hz					$f_0=$				
U_{AB}/V									

表 4-7　测试数据 3

测量值	$R_1/\text{k}\Omega$	10	L/mH	10	$C/\mu\text{F}$	0.022 μF	U_{AB}/V	
	U_{R_1}		U_{r_1}		U_{r_2}		f_0	
计算值	$I_0 = U_{R_1}/R_1$		$I_L = U_{r_1}/r_1$		$I_C = U_{r_2}/r_2$		$Q = \dfrac{U_{r_{10}}}{U_{R_{10}}} \times \dfrac{R_1}{r_1}$	

表4-8 测试数据4

f/Hz						$f_0 =$					
U_{AB}/V											

（六）注意事项

（1）切忌将信号发生器输出端短路。

（2）所有仪器必须共地，即信号线黑夹子要接在一起。

（3）接线和拆线时，一定要断开电源进行操作，切忌带电作业。

（七）回答问题

（1）根据实验数据计算表4-5中的 I_0、I_L、I_C 和 Q。

（2）根据表4-6中的数据绘制 $r-L$ 与 C 并联谐振电路的电压谐振曲线。（曲线上标明电容 C 值。）

（3）从观测所得 u_A 和 u_B 的波形，分析 $r-L$ 和 C 的并联电路中总电流和总电压的相位关系。

（4）并联谐振实验中，总电流最小时，I_L 和 I_C 并不完全相等，为什么？

 实作考核评价

实作考核评价见表4-9。

表4-9 实作考核评价

项目	步骤	分数	序号	考核内容及评分标准	配分	扣分	得分	备注
第四章实作考核（题目自定）例如：串联谐振电路测试分析	电路连接与实现	40	1	正确选择器材。选择错误一个扣2分，扣完为止	10			
			2	导线测试。导线不通引起的故障不能自己查找排除，一处扣2分，扣完为止	5			
			3	元件测试。接线前先测试电路中的关键元件，如果在电路测试时出现元件故障不能自己查找排除，一处扣2分，扣完为止	5			
			4	正确接线。每连接错误一根导线扣2分，扣完为止	10			
			5	用示波器观察波形，示波器操作错误2分，看不到波形5分，扣完为止	10			
	测试	30	6	测量直流电压、电流。正确使用万用表测量直流电压、电流，并填表，每错一处扣2分；操作不规范扣2分，扣完为止	30			
	问答	10	7	共两题，回答问题不正确，每题扣5分；思维正确但描述不清楚，每题扣1~3分	10			
	整理	10	8	规范操作，不可带电插拔元器件，错误一次扣3分，扣完为止	5			
			9	正确穿戴，文明作业，违反规定，每处扣2分，扣完为止	2			
			10	操作台整理，测试合格应正确复位仪器仪表，保持工作台整洁有序，如果不符合要求，每处扣2分，扣为完止	3			
时限		10		时限为45 min，每超1 min扣1分，扣完为止	10			
合 计					100			

注意：操作中出现各种人为损坏设备的情况，考核成绩不合格且按照学校相关规定处理。

小　结

（1）谐振是正弦波电路在一特定条件下产生的一种特殊物理现象。在 R、L、C 构成的正弦波电路中，总电压和总电流的相位一般是不同的，如果电源的频率和电路参数满足一定的条件，使电路中的总电压和总电流的相位相等，整个电路呈现纯电阻性，这种现象就称为谐振，处于谐振状态的电路称为谐振电路。

（2）谐振电路包含串联谐振电路和并联谐振电路两种。

① R、L、C 串联谐振电路发生谐振现象的条件是 $\omega L = \dfrac{1}{\omega C}$，谐振频率又称电路的固有频率或自然频率，其大小仅与电路参数 L、C 有关，而与信号的电压、电流无关。谐振角频率和谐振频率可以表示为 $\omega_0 = \dfrac{1}{\sqrt{LC}}$ 和 $f_0 = \dfrac{1}{2\pi\sqrt{LC}}$。

电路发生串联谐振时具有以下特征：

a. 串联谐振时，电路的阻抗最小，且为纯电阻性。

b. 谐振时，电路中的电流最大，且与电源电压同相。

c. 谐振时，电感上电压和电容上电压的大小相等，相位相反。

d. 谐振时，电路的无功功率为零，电源供给电路的能量，全部消耗在电阻上。

串联电路谐振时的感抗和容抗称为电路的特性阻抗，它与电阻的比值称为谐振电路的品质因数 Q。品质因数 Q 的值与电路的选择性密切相关，Q 越大，谐振曲线越尖锐，电路的选频特性越好。

② R、L、C 并联谐振电路常见的是电感线圈与电容器并联的等效模型。在该类型的电路中，当电感线圈的感抗远大于其等效电阻时，其谐振角频率和频率近似为 $\omega_0 = \dfrac{1}{\sqrt{LC}}$ 和 $f_0 = \dfrac{1}{2\pi\sqrt{LC}}$。

电路发生并联谐振时具有以下特征：

a. 并联谐振时，电路的导纳最小（阻抗最大），电路的总阻抗为纯电阻。

b. 谐振时，电路中的电流最小，且与电源电压同相。

c. 并联谐振时，电感支路的电流和电容支路的电流大小相等，相位相反。电感和电容上电流的数值为电路总电流的 Q 倍。

d. 谐振时，电路的无功功率为零，电源供给电路的能量，全部消耗在电阻上。

习　题

一、填空题

（1）在含有 L、C 的电路中，出现总电压、电流同相位，这种现象称为_____。该现象若发生在串联电路中，则电路中阻抗_____，电压一定时电流_____，且在电感和电容两端将出现_____；该现象若发生在并联电路中，电路阻抗将_____，电压一定时电流则_____，但在电感和电容支路中将出现_____现象。

（2）R、L、C串联谐振电路的谐振条件是_____，其谐振频率f_0 = _____。若已知该电路的品质因数$Q = 100$、$U_R = 5$ V，则电源电压U_S = _____ V，电感电压U_L = _____ V。

（3）R、L、C串联谐振电路的特性阻抗ρ_____，品质因数Q = _____。

（4）在R、L、C串联电路中，f_0为谐振频率。当$f = f_0$时，电路呈现_____性；当$f > f_0$时，电路呈现_____性；当$f < f_0$时，电路呈现_____性。

（5）R、L、C并联谐振电路的谐振条件_____，其谐振频率f_0 = _____。若已知电路品质因数$Q = 200$、$I_R = 5$ mA，则电源电流I_S = _____ mA，电容电流I_L = _____ A。

（6）品质因数越_____，电路的_____性越好，但不能无限制地加大品质因数，否则将造成_____变窄，致使接收信号产生失真。

（7）谐振电路的应用，主要体现在用于_____，用于_____和用于_____。

二、判断题

（1）R、L、C串联电路，当$R = 6$ Ω，$X_L = 8$ Ω，$X_C = 8$ Ω，确定电路发生谐振。 （   ）

（2）串联谐振电路的特性阻抗ρ在数值上等于谐振时的感抗与电阻的比值。 （   ）

（3）R、L、C多参数串联电路由感性变为容性的过程中，必然经过谐振点。 （   ）

（4）串联谐振在L和C两端将出现过电压现象，因此也把串联谐振称为电压谐振。

（   ）

（5）并联谐振在L和C支路上出现过电流现象，因此常把并联谐振称为电流谐振。

（   ）

（6）品质因数高的电路对非谐振频率电流具有较强的抵制能力。 （   ）

（7）谐振电路的品质因数越高，电路选择性越好，因此实用中Q值越大越好。 （   ）

（8）谐振状态下，电源供给电路的功率全部消耗在电阻上。 （   ）

（9）R、L、C串联谐振与R、L、C并联谐振的谐振条件都是$X_L = X_C$。 （   ）

三、单选题

（1）如图4-11所示，已知电压表V_1、V_2、V_4的读数分别为100 V、100 V、40 V，则电压表V_3的读数应为（   ）。

  A. 40 V   B. 60 V   C. 80 V   D. 100 V

（2）如图4-12所示，已知$R = X_L = X_C = 10$ Ω，$U = 220$ V，则电压表V_1、V_2、V_3的读数分别为（   ）。

  A. 220 V，110 V，110 V   B. 220 V，220 V，220 V

  C. 110 V，110 V，110 V   D.（220/3）V，（220/3）V，（220/3）V

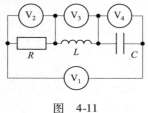

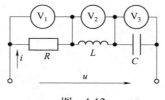

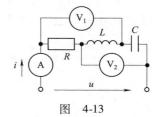

图 4-11   图 4-12   图 4-13

（3）如图 4-13 所示，已知 $R = X_L = X_C = 10\ \Omega$，$U = 220\ \text{V}$，则电流表 A 和电压表 V_1、V_2 的读数分别为（   ）。

    A. 22 A，220 V，0   B. 11 A，220 V，0

    C. 11 A，311 V，0   D. 22 A，311 V，0

（4）如图 4-14 所示，电流表 A_1、A_2 和 A_3 的读数均为 5 A，则电流表 A 的读数为（   ）。

    A. 15 A   B. 10 A   C. 7.07 A   D. 5 A

（5）在图 4-15 所示电路中，$R = X_L = X_C$，并已知电流表 A_1 的读数为 10 A，则电流表 A_2、A_3 的读数分别为（   ）。

    A. 10 A，10 A   B. 10 A，0 A

    C. 14.1 A，10 A   D. 14.1 A，14.1 A

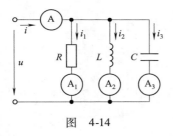

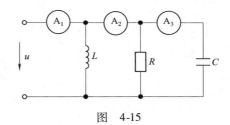

图 4-14   图 4-15

四、分析计算题

（1）如图 4-16 所示电路，其中 $u = 100\sqrt{2}\cos 314t\ \text{V}$，调节电容 C 使电流 i 与电压 u 同相，此时测得电感两端电压为 200 V，电流 $I = 2$ A。求电路中参数 R、L、C，当频率下调为 $f_0/2$ 时，电路呈何种性质？

（2）何谓串联谐振电路的谐振曲线？说明品质因数 Q 值的大小对谐振曲线的影响。

（3）有一 R、L、C 串联电路，$R = 500\ \Omega$，电感 $L = 60\ \text{mH}$，电容 $C = 0.053\ \mu\text{F}$，求电路的谐振频率 f_0、品质因数 Q 和谐振阻抗 Z_0。

（4）已知 R、L、C 串联谐振电路的参数 $R = 10\ \Omega$，$L = 0.13\ \text{mH}$，$C = 25\ \text{pF}$，外加正弦电压有效值为 10 mV。试求电路在谐振时的电流、品质因数及电感和电容上的电压。

（5）已知 R、L、C 串联谐振电路的参数为 $R = 1\ \Omega$、$L = 2\ \text{mH}$，接在角频率 $\omega = 2\ 500\ \text{rad/s}$ 的 10 V 电压源上，求电容 C 为何值时电路发生谐振？求谐振电流 I_0、电容两端电压 U_C、线圈两端电压 U_{RL} 及品质因数 Q。

（6）如图 4-17 所示电路，已知电路的谐振角频率 $\omega = 5 \times 10^6$ rad/s，品质因数 $Q = 100$，特性阻抗 $\rho = 2$ kΩ，求 R、L 和 C。

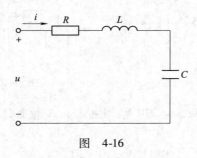

图 4-16

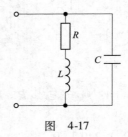

图 4-17

第五章　三相电路

本章介绍三相电源的产生和联结，以及不同联结方式下电源相电压、线电压的关系；三相负载的联结，以及不同联结方式下电路的特点；三相电路的组成和联结，以及三相电路的计算方法、三相电功率的计算方法。

 能 力 目 标

（1）能正确连接三相电源；

（2）能正确连接三相负载；

（3）能正确测试三相电路；

（4）能查找和处理三相交流电路的常见故障。

知 识 目 标

（1）了解三相电源的产生；

（2）掌握三相四线制及中性线的作用；

（3）掌握三相负载的星形联结、三角形联结电路中，相电压与线电压之间、线电流与相电流之间的关系；

（4）掌握对称三相电路的特点及其计算方法；

（5）熟悉不对称三相电路的计算；

（6）会计算三相功率。

第一节　三相交流电源

目前，世界各国的电力系统所采用的供电方式，几乎全都是三相制。工业用的交流电动机大都是三相交流电动机，例如铁道机车及动车车辆上的牵引电动机绝大多数也是三相交流电动机。日常生活中的单相交流电则是取自三相交流电路中的一相。三相交流电在国民经济中应用广泛，是因为三相交流电比单相交流电在发电、输电和用电方面具有显著的优点，例如，在发电机尺寸相同的情况下，三相发电机比单相发电机的输出功率大；在以同样电压降同样大小的功率输送到同样距离时，三相输电线比单相输电线节省有色金属材料；三相交流电动机比单相电动机结构简单、运行特性好、维护方便、经济效益高等。

知识点一　三相电压源的产生

　　三相交流电源通常是由三相发电机产生的。图 5-1 是最简单的两极三相交流发电机结构示意图,在电枢上对称安置了三个相同的绕组 AX、BY、CZ。这三个绕组分别称为 A 相绕组、B 相绕组和 C 相绕组,其中 A、B、C 为绕组的始端(又称相头),X、Y、Z 为绕组的末端(又称相尾)。这里要注意,三个始端在空间位置上彼此要相隔 120°,三个末端在空间位置上彼此也要相隔 120°。当转子由原动机拖动沿逆时针方向以角速度 ω 做匀速旋转时,各相绕组都切割磁感线,因而在每相绕组中都感应出正弦电动势。由于三个绕组的几何形状、尺寸和匝数完全相同,且以同一角速度切割磁感线,所以三个绕组中的感应电动势 e_A、e_B、e_C 的幅值相等、频率相同、相位彼此互差 120°,相当于三个独立的正弦电压源。每个电压源就是一相,依次称为 A 相、B 相和 C 相,又称三相电源。

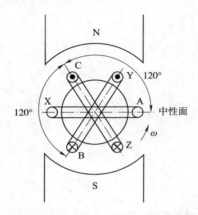

图 5-1　两极三相交流发电机结构示意图

知识点二　三相对称电源及其表达方式

　　如果以 A 相为参考正弦量,则感应电动势 e_A、e_B、e_C 的瞬时值表达式为

$$\begin{cases} e_A = E_m \sin \omega t \\ e_B = E_m \sin(\omega t - 120°) \\ e_C = E_m \sin(\omega t - 240°) = E_m \sin(\omega t + 120°) \end{cases} \quad (5\text{-}1)$$

　　三个正弦电压源的电压分别用 u_A、u_B、u_C 表示,并规定电压源电压的参考方向由始端指向末端,如图 5-2(a)所示。同样,以 A 相为参考正弦量,则三相电压源电压的瞬时值表达式为

$$\begin{cases} u_A = U_m \sin \omega t \\ u_B = U_m \sin(\omega t - 120°) \\ u_C = U_m \sin(\omega t - 240°) = U_m \sin(\omega t + 120°) \end{cases} \quad (5\text{-}2)$$

　　三相电压源电压的相量表达式为

$$\begin{cases} \dot{U}_A = U\angle0° \\ \dot{U}_B = U\angle-120° \\ \dot{U}_C = U\angle120° \end{cases} \tag{5-3}$$

三个正弦电压源的电压分别用 $\dot{U}_A$、$\dot{U}_B$、$\dot{U}_C$ 表示,如图 5-2(b)所示。

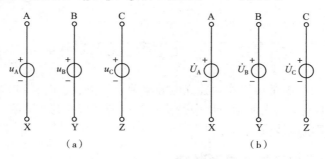

图 5-2 三相电压源

这样三个幅值相等、频率相同、相位彼此互差 120° 的电压源,称为对称三相电源。对称三相电压的波形图和相量图分别如图 5-3(a)、(b)所示。

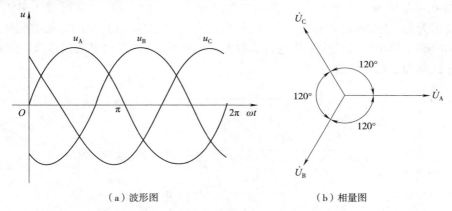

（a）波形图   （b）相量图

图 5-3 对称三相电压的波形图和相量图

从波形图可以看出:对称三相电源电压在任一时刻的瞬时值代数和为零,即

$$u_A + u_B + u_C = 0 \tag{5-4}$$

从相量图可以看出:对称三相电源电压相量之和为零,即

$$\dot{U}_A + \dot{U}_B + \dot{U}_C = 0 \tag{5-5}$$

式(5-4)和式(5-5)表明了对称三相正弦电压的特点,也适用于其他对称三相正弦量。

知识点三 三相电源的相序

对称三相正弦电压的区别是相位不同。相位不同,表明各相电压到达最大值或零值的时间不同,这种先后次序称为相序。在图 5-3(a)中,三相电压到达最大值或零值的先后次

序为 u_A、u_B、u_C，其相序为 A—B—C—A，这样的相序称为正序。如果到达最大值或零值的顺序为 u_C、u_B、u_A，那么，三相电压的相序为 C—B—A—C，称为负序。使用三相电源时，经常要考虑相序，若无特别说明，三相电源均指正序。工业上通常在交流发电机引出线及变配电所三相母线上涂以黄、绿、红三种颜色来区别 A 相、B 相和 C 相。

对于三相电动机，改变其电源的相序就可以改变电动机的运转方向，以实现电动机的正转或反转。

第二节　三相电源的联结

三相电压源的每一相都可以作为独立电源单独接上负载供电，每相需要两根导线，三相共需六根导线，很不经济。在实际应用中是将三相电源接成星形（Y）和三角形（△）两种方式，只需三根或四根输电线供电。

 知识点一　三相电源的星形联结

如图 5-4 所示，把三相电源的三个负极性端（末端）X、Y、Z 接在一起，再把三个正极性端（始端）A、B、C 引出三根线作为输电线，这种连接方式称为三相电源的星形联结。其中 X、Y、Z 接在一起成为一个公共端点，称为中性点或零点，用 N 表示。由始端 A、B、C 引出的三根导线称为相线或端线（俗称"火线"），从中性点引出的导线称为中性线或零线。这样，由三根相线和一根中性线构成的供电方式称为三相四线制；如果只有三根端线，不接中性线的供电方式称为三相三线制。

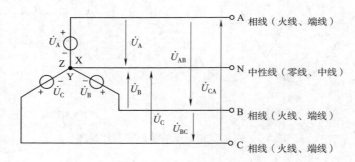

图 5-4　三相电源的星形联结

三相四线制供电方式可以提供两种不同的电压：一种是电源相电压，一种是电源线电压。相电压即为每相电源的电压，是相线与中性线之间的电压，分别用 $\dot{U}_A$、$\dot{U}_B$、$\dot{U}_C$ 表示，相电压的参考方向规定为由相线指向中性线，由图 5-4 可见，$\dot{U}_A = \dot{U}_{AN}$、$\dot{U}_B = \dot{U}_{BN}$、$\dot{U}_C = \dot{U}_{CN}$。线电压即为相线与相线之间的电压，线电压的参考方向规定为由 A 相指向 B 相、B 相指向 C 相、C 相指向 A 相，分别用 $\dot{U}_{AB}$、$\dot{U}_{BC}$、$\dot{U}_{CA}$ 表示。

下面来分析线电压与相电压之间的关系。在图 5-4 中，根据 KVL 可得

$$\begin{cases} \dot{U}_{AB} = \dot{U}_A - \dot{U}_B \\ \dot{U}_{BC} = \dot{U}_B - \dot{U}_C \\ \dot{U}_{CA} = \dot{U}_C - \dot{U}_A \end{cases} \qquad (5\text{-}6)$$

对于对称三相电源,如果设 $\dot{U}_A = U\angle0°$,则 $\dot{U}_B = U\angle-120°$,$\dot{U}_C = U\angle120°$。

相电压和线电压的相量图及其关系如图 5-5 所示。先画出相电压相量 $\dot{U}_A$、$\dot{U}_B$、$\dot{U}_C$,然后根据式(5-6),由平行四边形法则或三角形法则画出线电压相量 $\dot{U}_{AB}$、$\dot{U}_{BC}$、$\dot{U}_{CA}$。在图中利用几何关系可以看出,线电压在相位上超前相应的相电压 30°,$\dot{U}_{AB}$ 超前 $\dot{U}_A30°$、$\dot{U}_{BC}$ 超前 $\dot{U}_B30°$、$\dot{U}_{CA}$ 超前 $\dot{U}_C30°$。设对称三相电源每相电压的有效值为 U_p,线电压的有效值为 U_1,即

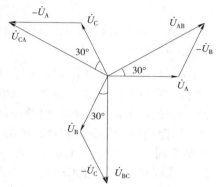

图 5-5 相电压和线电压的相量图及其关系

$$U_1 = 2 \times U_p\cos30° = \sqrt{3}U_p \qquad (5\text{-}7)$$

相电压和线电压的相量关系式为

$$\begin{cases} \dot{U}_{AB} = \sqrt{3}\,\dot{U}_A\angle30° \\ \dot{U}_{BC} = \sqrt{3}\,\dot{U}_B\angle30° \\ \dot{U}_{CA} = \sqrt{3}\,\dot{U}_C\angle30° \end{cases} \qquad (5\text{-}8)$$

由于三个线电压的大小相等,频率相同,相位彼此互差 120°,因而线电压也是对称的。即

$$\dot{U}_{AB} + \dot{U}_{BC} + \dot{U}_{CA} = 0 \qquad (5\text{-}9)$$

式(5-8)表明:当三个相电压对称时,三个线电压也是对称的,线电压的有效值是相电压有效值的 $\sqrt{3}$ 倍,即 $U_1 = \sqrt{3}U_p$;线电压超前相应的相电压 30°。

目前,电网的低压供电系统就采用三相四线制供电方式,线电压为 380 V,相电压为 220 V,常写作"电源电压 380 V/220 V"。

💡 知识点二 三相电源的三角形联结

如图 5-6 所示,将三相电源的始端和末端依次联结,即 A 相的末端与 B 相的始端联结、B 相的末端与 C 相的始端联结、C 相的末端与 A 相的始端联结,组成一个三角形,从三角形的三个联结点引出三根端线,这种连接方式称为三相电源的三角形联结。

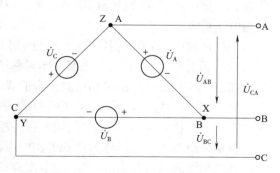

图 5-6 三相电源的三角形联结

由图 5-6 可以看出,三相电源作三角形联结时线电压与相电压的关系为

$$\begin{cases} \dot{U}_{AB} = \dot{U}_A \\ \dot{U}_{BC} = \dot{U}_B \\ \dot{U}_{CA} = \dot{U}_C \end{cases} \tag{5-10}$$

式(5-10)表明:当三相电压对称时,线电压的有效值等于相电压有效值,即 $U_l = U_p$;线电压与相应的相电压相位相同。

由于对称三相电压 $\dot{U}_A + \dot{U}_B + \dot{U}_C = 0$,所以三角形闭合回路中的电源总电压为零,不会在电源内部引起环路电流。需要注意的是:三相电源作三角形联结时,必须按始端、末端依次联结,若任何一相电源接反,电源内部总电压是相电压的两倍,由于三相电源的内阻抗很小,因而回路内会产生很大的环路电流,致使电源烧毁。

【例 5-1】 三相发电机接成三角形供电。电源线电压有效值为 380 V,每相绕组内阻为 j38 Ω,如果误将 C 相绕组 CZ 接反,电源内部环流为多大?

解 设 $\dot{U}_A = \dot{U}_{AB} = 380\angle 0°\text{V}$,当 C 相绕组接反时,电源内部环流为

$$\dot{I}_s = \frac{\dot{U}_A + \dot{U}_B + (-\dot{U}_C)}{3 \times j38} = \frac{380\angle 0° + 380\angle(-120°) - 380\angle 120°}{3 \times j38}\text{A}$$

$$= \frac{380 + [380\cos(-120°) + j380\sin(-120°)] - [380\cos 120° + j380\sin 120°]}{3 \times j38}\text{A}$$

$$= \frac{380 - 2 \times j380\sin 120°}{3 \times j38}\text{A} = \frac{380(1 - j1.732)}{3 \times j38}\text{A} = \frac{760\angle -120°}{3 \times 38\angle 90°}\text{A}$$

$$= 6.67\angle 150°\text{A}$$

第三节 三相负载的联结

 知识点一 三相负载及其电压、电流

交流电器设备按其对电源的要求可分为两类:一类是只需单相电源即可工作,称为单相负载,如电灯、电烙铁、电视机等;另一类必须接上三相电源才能正常工作,称为三相负载,如三相电动机等。

三相负载中,如果每相负载的复阻抗相等(模相等且辐角相等或大小值相等且性质相同),则称为对称三相负载,否则就是不对称三相负载。三相电动机等三相负载就是对称三相负载;在照明电路中,由单相负载组合而成的三相负载一般是不对称三相负载。

为了满足负载对电源电压的不同要求,三相负载也有星形(Y)联结和三角形(△)联结两种方式。三相负载本身无相序,接入哪一相中就是哪一相的负载。

每相负载两端的电压称为负载的相电压,流过每相负载的电流称为负载的相电流。

流经相线的电流称为线电流,线电流的参考方向习惯上规定为从电源端流向负载端,分别用 $\dot{I}_A$、$\dot{I}_B$、$\dot{I}_C$ 表示。流经中性线的电流称为中性线电流,中性线电流的参考方向规定为从

负载中性点 N′ 指向电源中性点 N，用 $\dot{I}_\text{N}$ 表示。

 知识点二　三相负载的星形联结

如图 5-7 所示，三相负载 Z_A、Z_B、Z_C 作星形联结，N′ 为三相负载中性点。三相电源中性点 N 与三相负载中性点 N′ 的连线称为中性线或零线。负载相电压分别用 $\dot{U}_{\text{A}'\text{N}'}$、$\dot{U}_{\text{B}'\text{N}'}$、$\dot{U}_{\text{C}'\text{N}'}$ 表示，负载相电流分别为 $\dot{I}_{\text{A}'\text{N}'}$、$\dot{I}_{\text{B}'\text{N}'}$、$\dot{I}_{\text{C}'\text{N}'}$，其参考方向如图 5-7 所示。

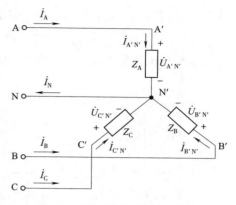

图 5-7　三相负载的星形联结

显然，三相负载星形联结时的特点有：

（1）各相负载的相电流等于对应的线电流，即

$$\dot{I}_{\text{A}'\text{N}'} = \dot{I}_\text{A}, \quad \dot{I}_{\text{B}'\text{N}'} = \dot{I}_\text{B}, \quad \dot{I}_{\text{C}'\text{N}'} = \dot{I}_\text{C} \quad (5\text{-}11)$$

$$\dot{I}_{\text{A}'\text{N}'} = \frac{\dot{U}_{\text{A}'\text{N}'}}{Z_\text{A}}, \quad \dot{I}_{\text{B}'\text{N}'} = \frac{\dot{U}_{\text{B}'\text{N}'}}{Z_\text{B}}, \quad \dot{I}_{\text{C}'\text{N}'} = \frac{\dot{U}_{\text{C}'\text{N}'}}{Z_\text{C}} \quad (5\text{-}12)$$

（2）根据 KCL 得

$$\dot{I}_\text{N} = \dot{I}_{\text{A}'\text{N}'} + \dot{I}_{\text{B}'\text{N}'} + \dot{I}_{\text{C}'\text{N}'} = \dot{I}_\text{A} + \dot{I}_\text{B} + \dot{I}_\text{C} \quad (5\text{-}13)$$

三相负载对称时，$Z_\text{A} = Z_\text{B} = Z_\text{C} = Z_\text{p}$，$Z_\text{p}$ 表示各相负载，这时，流过各相负载的相电流也对称，即各相负载的相电流的有效值相等为 I_p、相位互差 120°。如果以 $\dot{I}_{\text{A}'\text{N}'}$ 为参考相量，即 $\dot{I}_{\text{A}'\text{N}'} = I_\text{p} \angle 0°$，则 $\dot{I}_{\text{B}'\text{N}'} = I_\text{p} \angle -120°$，$\dot{I}_{\text{C}'\text{N}'} = I_\text{p} \angle 120°$。各相负载的相电流有效值为

$$I_{\text{A}'\text{N}'} = I_{\text{B}'\text{N}'} = I_{\text{C}'\text{N}'} = I_\text{p} = \frac{U_\text{p}}{|Z_\text{p}|} = I_1 \quad (5\text{-}14)$$

式中，I_1 为各线电流的有效值，即 $I_1 = I_\text{A} = I_\text{B} = I_\text{C}$

由于各相负载的相电流对称，则流过中性线的电流为零，$\dot{I}_\text{N} = \dot{I}_{\text{A}'\text{N}'} + \dot{I}_{\text{B}'\text{N}'} + \dot{I}_{\text{C}'\text{N}'} = \dot{I}_\text{A} + \dot{I}_\text{B} + \dot{I}_\text{C} = 0$，此时可以去掉中性线，对电路无任何影响，电路变成三相三线制电路。如果各相负载电流不对称，中性线上就会有电流 $\dot{I}_\text{N}$ 流过，此时一定不能去掉中性线，否则会造成三相负载的相电压不对称，使负载不能正常工作或损坏。

 知识点三　三相负载的三角形联结

如图 5-8 所示，三相负载 Z_AB、Z_BC、Z_CA 作三角形联结。图中，负载相电压分别用 $\dot{U}_{\text{A}'\text{B}'}$、$\dot{U}_{\text{B}'\text{C}'}$、$\dot{U}_{\text{C}'\text{A}'}$ 表示，负载相电流分别用 $\dot{I}_{\text{A}'\text{B}'}$、$\dot{I}_{\text{B}'\text{C}'}$、$\dot{I}_{\text{C}'\text{A}'}$ 表示，其参考方向如图 5-8 所示。负载相电流与线电流不相等。线电流和负载相电流之间的关系如下：

图 5-8 中，根据 KCL 得

$$\begin{cases} \dot{I}_\text{A} = \dot{I}_{\text{A}'\text{B}'} - \dot{I}_{\text{C}'\text{A}'} \\ \dot{I}_\text{B} = \dot{I}_{\text{B}'\text{C}'} - \dot{I}_{\text{A}'\text{B}'} \\ \dot{I}_\text{C} = \dot{I}_{\text{C}'\text{A}'} - \dot{I}_{\text{B}'\text{C}'} \end{cases} \quad (5\text{-}15)$$

三相负载对称时，$Z_{AB} = Z_{BC} = Z_{CA} = Z_p$，$Z_p$ 表示各相负载，这时，流过各相负载的电流也对称，即各相负载的相电流有效值相等为 I_p、相位互差 $120°$。如果以 $\dot{I}_{A'B'}$ 为参考相量，即 $\dot{I}_{A'B'} = I_p \angle 0°$，则 $\dot{I}_{B'C'} = I_p \angle -120°$，$\dot{I}_{C'A'} = I_p \angle 120°$。电流相量图如图 5-9 所示，分析图中相电流与线电流相量之间的几何关系，可以得出：相电流对称时，线电流也必然对称。

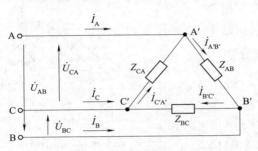

图 5-8 三相负载的三角形联结

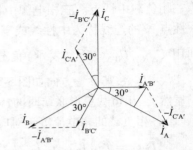

图 5-9 三角形联结负载的电流相量图

显然，对称三相负载作三角形联结时的特点有：

（1）线电流和相电流的大小关系为

$$I_l = \sqrt{3} I_p \tag{5-16}$$

（2）线电流与相电流的相量关系为

$$\begin{cases} \dot{I}_A = \sqrt{3}\, \dot{I}_{A'B'} \angle -30° \\ \dot{I}_B = \sqrt{3}\, \dot{I}_{B'C'} \angle -30° \\ \dot{I}_C = \sqrt{3}\, \dot{I}_{C'A'} \angle -30° \end{cases} \tag{5-17}$$

也就是说，当对称三相负载作三角形联结时，线电流的有效值是相电流有效值的 $\sqrt{3}$ 倍，线电流在相位上滞后相应的相电流 $30°$。

综上所述，三相负载不论作星形联结还是作三角形联结，应根据负载的额定工作电压和电源线电压的数值而定，每相负载承受的电压必须等于其额定电压。当各相负载的额定电压等于电源线电压时，三相负载应作三角形联结；当各相负载的额定电压等于电源线电压的 $1/\sqrt{3}$ 时，三相负载应作星形联结。例如，一台三相电动机，如果它的每相绕组的额定电压为 380 V，则与 380 V 电网相接时，电动机的三相绕组应作三角形联结；如果它的每相绕组的额定电压为 220 V，则与 380 V 电网相接时，电动机的三相绕组应作星形联结。

380 V 电网提供的中性线，一般是提供给额定电压为 220 V 的单相负载用的，若有许多单相负载接到三相电源上，应尽可能把这些单相负载均匀分配到每一相电源上，以保证三相电路尽量对称。

第四节 对称三相电路的计算

三相电路实质上是复杂的正弦交流电路。在第三章已经介绍过的各种正弦交流电路分析方法都适用于三相电路。但是对称三相电路自身具有的对称特点,可以简化它的分析计算。三相星形电源和三相星形负载组成的电路若有中性线,就是三相四线制电路,其余均为三相三线制电路。

由对称三相电源和对称三相负载相连,且相线阻抗相等的三相电路称为对称三相电路。

以图 5-10 所示电路为例来介绍对称三相电路的计算。

图 5-10 所示电路为对称 Y-Y 联结三相电路,Z_1 为相线阻抗,Z_N 为中性线阻抗,三相负载 $Z_A = Z_B = Z_C = Z_p$,电压 $\dot{U}_{N'N}$ 称为中性点电压。电路为具有两个节点、四条支路的复杂正弦交流电路,应用第 2 章的节点电压法,设 N 点为参考节点,可得方程

$$\dot{U}_{N'N}\left(\frac{1}{Z_1 + Z_p} + \frac{1}{Z_1 + Z_p} + \frac{1}{Z_1 + Z_p} + \frac{1}{Z_N}\right) = \frac{\dot{U}_A}{Z_1 + Z_p} + \frac{\dot{U}_B}{Z_1 + Z_p} + \frac{\dot{U}_C}{Z_1 + Z_p}$$

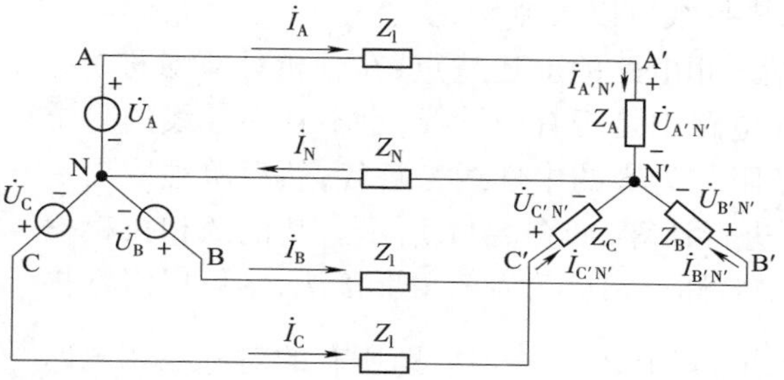

图 5-10 对称 Y-Y 联结三相电路

整理后得

$$\dot{U}_{N'N} = \frac{\dfrac{\dot{U}_A + \dot{U}_B + \dot{U}_C}{Z_1 + Z_p}}{\dfrac{3}{Z_1 + Z_p} + \dfrac{1}{Z_N}}$$

因为三相电源对称,$\dot{U}_A + \dot{U}_B + \dot{U}_C = 0$,所以 $\dot{U}_{N'N} = 0$,即 N 点与 N' 点的电位相等。利用 KVL 对 A 相电路回路列方程,有

$$\dot{U}_A = \dot{I}_A \cdot (Z_1 + Z_p) + \dot{U}_{N'N}$$

因为 $\dot{U}_{N'N} = 0$,则线电流为

$$\begin{cases} \dot{I}_A = \dfrac{\dot{U}_A}{Z_1 + Z_p} \\[2mm] \dot{I}_B = \dfrac{\dot{U}_B}{Z_1 + Z_p} \\[2mm] \dot{I}_C = \dfrac{\dot{U}_C}{Z_1 + Z_p} \end{cases} \tag{5-18}$$

各相负载的相电流为

$$\dot{I}_{A'N'} = \dot{I}_A, \quad \dot{I}_{B'N'} = \dot{I}_B, \quad \dot{I}_{C'N'} = \dot{I}_C$$

各相负载的相电压为

$$\begin{cases} \dot{U}_{A'N'} = \dot{I}_{A'N'}Z_p = \dot{I}_A Z_p \\ \dot{U}_{B'N'} = \dot{I}_{B'N'}Z_p = \dot{I}_B Z_p \\ \dot{U}_{C'N'} = \dot{I}_{C'N'}Z_p = \dot{I}_C Z_p \end{cases} \tag{5-19}$$

可见,对称丫-丫联结三相电路中的各相具有"独立性",且各相的电流、电压都是和三相电源同相序的对称三相正弦量,因而中性线电流 $\dot{I}_N = \dot{I}_A + \dot{I}_B + \dot{I}_C = 0$。这说明在对称丫-丫联结三相电路中,不管中性线的阻抗 Z_N 是多少,中性线上的电流总是等于零,中性线的有无不影响电路的工作状态,中性线可以去掉。

利用对称丫-丫联结三相电路的上述特点,在分析计算对称丫-丫联结三相电路时,不管电路中是否有中性线,也不管中性线的阻抗为何值,总可以用一条阻抗为零的中性线来替代,然后单独取出一相电路(一般取 A 相)进行计算,如图 5-11 所示。其他两相再根据对称性进行推算。如果对称三相负载为三角形接法,则可以将△接阻抗等效变换成丫接阻抗,其中 $Z_丫 = \frac{1}{3}Z_△$,即所有的对称三相电路都可以归为对称丫-丫联结三相电路,都可简化为对一相的计算,然后推算出其他两相。

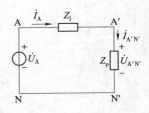

图 5-11　A 相等效

必须注意:在对一相电路进行计算时,电源电压是星形联结电源的相电压,而且中性线阻抗必须视为零。

【例 5-2】 一组对称星形联结负载,每相阻抗 $Z_p = (34.6 + j20)\Omega$ 接于线电压 $U_1 = 380$ V 的对称星形电源上,忽略输电线阻抗,试求各相负载的相电流。

解 由于是三相对称电路,只需要取出其中一相进行计算即可推出其余两相。
电源相电压

$$U_p = \frac{U_1}{\sqrt{3}} = \frac{380}{\sqrt{3}} \text{ V} = 220 \text{ V}$$

以 A 相电源电压为参考相量,则 $\dot{U}_A = 220\angle 0° $ V。
忽略输电线阻抗,则 A 相负载电压为

$$\dot{U}_{A'N'} = \dot{U}_A = 220\angle 0° \text{ V}$$

A 相负载的相电流为

$$\dot{I}_{A'N'} = \frac{\dot{U}_{A'N'}}{Z_p} = \frac{220\angle 0°}{34.6 + j20} \text{ A} = \frac{220\angle 0°}{40\angle 30°} \text{ A} = 5.5\angle -30° \text{ A}$$

B、C 两相负载的相电流为

$$\dot{I}_{B'N'} = 5.5\angle -150° \text{ A}, \quad \dot{I}_{C'A'} = 5.5\angle 90° \text{ A}$$

【例 5-3】 一组对称星形联结负载,每相阻抗 $Z_p = (6 + j8)\,\Omega$,接于线电压 $U_1 = 380\,V$ 的对称三相电源上,相线阻抗 $Z_1 = (1 + j1)\,\Omega$,试求各相负载的相电流、相电压及每条相线中的电流。

解 由于是三相对称电路,只需要取出其中一相进行计算即可推出其余两相。

电源相电压

$$\dot{U}_p = \frac{\dot{U}_1}{\sqrt{3}} = \frac{380}{\sqrt{3}}\,V = 220\,V$$

以 A 相电源电压为参考相量,则 $\dot{U}_A = 220\angle 0°\,V$

A 相负载的相电流为

$$\dot{I}_{A'N'} = \dot{I}_A = \frac{\dot{U}_{A'N'}}{Z_p + Z_1} = \frac{220\angle 0°}{6 + j8 + 1 + j1}\,A = \frac{220\angle 0°}{11.4\angle 52.1°}\,A = 19.3\angle -52.1°\,A$$

A 相负载的相电压为

$$\dot{U}_{A'N'} = \dot{I}_{A'N'}Z_p = (19.3\angle -52.1°) \times (6 + j8)\,V$$
$$= (19.3\angle -52.1°) \times (10\angle 53.1°)\,V = 193\angle 1°\,V$$

B、C 两相负载的相电流为

$$\dot{I}_{B'N'} = 19.3\angle -172.1°\,A, \quad \dot{I}_{C'N'} = 19.3\angle 67.9°\,A$$

B、C 两相负载的相电压为

$$\dot{U}_{B'N'} = 193\angle -119°\,V, \quad \dot{U}_{C'N'} = 193\angle 121°\,V$$

线电流为

$$\dot{I}_A = 19.3\angle -52.1°\,A, \quad \dot{I}_B = 19.3\angle -172.1°\,A, \quad \dot{I}_C = 19.3\angle 67.9°\,A$$

【例 5-4】 如图 5-12(a)所示电路,电源线电压为 380 V,两组负载 $Z_1 = (12 + j16)\,\Omega$, $Z_2 = (48 + j36)\,\Omega$,相线阻抗 $Z_1 = (1 + j2)\,\Omega$,试求两组负载的相电流、线电流、相电压及线电压。

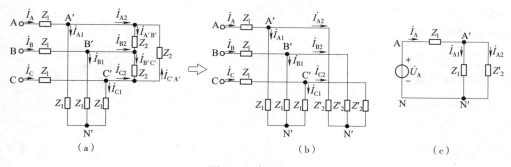

图 5-12 例 5-4 图

解 先将△联结的负载 Z_2 等效变换成丫联结,如图 5-12(b)所示,则

$$Z_2' = \frac{1}{3}Z_2 = \frac{48 + j36}{3}\,\Omega = (16 + j12)\,\Omega = 20\angle 36.9°\,\Omega$$

由于是对称三相电路,可以用一条阻抗为零的中性线将电源中性点 N 和负载中性点 N′连接起来,取出 A 相电路如图 5-12(c)所示。

电源相电压

$$U_p = \frac{U_1}{\sqrt{3}} = \frac{380}{\sqrt{3}} \text{ V} = 220 \text{ V}$$

以 A 相电源电压为参考相量,则 $\dot{U}_A = 220\angle 0°$ V

A 相线电流为

$$\dot{I}_A = \cfrac{\dot{U}_A}{Z_1 + \cfrac{Z_1 Z_2'}{Z_1 + Z_2'}} = \cfrac{220\angle 0°}{1 + j2 + \cfrac{(12 + j16)(16 + j12)}{12 + j16 + 16 + j12}} \text{ A}$$

$$= \cfrac{220\angle 0°}{1 + j2 + \cfrac{(20\angle 53.1°) \cdot (20\angle 36.9°)}{39.6\angle 45°}} \text{ A} = \cfrac{220\angle 0°}{1 + j2 + (10.1\angle 45°)} \text{ A}$$

$$= \cfrac{220\angle 0°}{1 + j2 + 7.14 + j7.14} \text{ A} = \cfrac{220\angle 0°}{12.24\angle 48.3°} \text{ A} = 17.97\angle -48.3° \text{ A}$$

负载 Z_1 的线电流为

$$\dot{I}_{A1} = \frac{Z_2'}{Z_1 + Z_2'} \cdot \dot{I}_A = \frac{16 + j12}{12 + j16 + 16 + j12} \times (17.97\angle -48.3°) \text{ A}$$

$$= \frac{20\angle 36.9°}{39.6\angle 45°} \times (17.97\angle -48.3°) \text{ A} = 9.08\angle -56.4° \text{ A}$$

负载 Z_2 的线电流为

$$\dot{I}_{A2} = \frac{Z_1}{Z_1 + Z_2'} \cdot \dot{I}_A = \frac{12 + j16}{12 + j16 + 16 + j12} \times (17.97\angle -48.3°) \text{ A}$$

$$= \frac{20\angle 53.1°}{39.6\angle 45°} \times (17.97\angle -48.3°) \text{ A} = 9.08\angle -40.2° \text{ A}$$

由对称特点有:

负载 Z_1 的各线电流为

$$\dot{I}_{A1} = 9.08\angle -56.4° \text{ A}, \dot{I}_{B1} = 9.08\angle -176.4° \text{ A}, \dot{I}_{C1} = 9.08\angle 63.6° \text{ A}$$

负载 Z_2 的各线电流为

$$\dot{I}_{A2} = 9.08\angle -40.2° \text{ A}, \dot{I}_{B2} = 9.08\angle -160.2° \text{ A}, \dot{I}_{C2} = 9.08\angle 79.8° \text{ A}$$

负载 Z_1 的各相电流为

$$\dot{I}_{A'N'} = \dot{I}_{A1} = 9.08\angle -56.4° \text{ A}, \dot{I}_{B'N'} = \dot{I}_{B1} = 9.08\angle -176.4° \text{ A}, \dot{I}_{C'N'} = \dot{I}_{C1} = 9.08\angle 63.6° \text{ A}$$

负载 Z_2 的各相电流为

$$\dot{I}_{A'B'} = \frac{1}{\sqrt{3}}\dot{I}_{A2}\angle 30° \text{ A} = \frac{1}{\sqrt{3}} \times (9.08\angle -40.2°) \times 1\angle 30° \text{ A} = 5.24\angle -10.2°\text{A}$$

$$\dot{I}_{B'C'} = 5.24\angle -130.2° \text{ A}, \dot{I}_{C'A'} = 5.24\angle 109.8° \text{ A}$$

负载 Z_1 的各相电压为

$$\dot{U}_{A'N'} = \dot{I}_{A'N'}Z_1 = (9.08\angle -56.4°) \times (12 + j16)\text{ V}$$
$$= (9.08\angle -56.4°) \times (20\angle 53.1°)\text{V} = 181.6\angle -3.3°\text{ V}$$

$$\dot{U}_{B'N'} = 181.6\angle -123.3°\text{ V}, \dot{U}_{C'N'} = 181.6\angle 116.7°\text{ V}$$

负载 Z_2 的各相电压为

$$\dot{U}_{A'B'2} = \dot{I}_{A'B'}Z_2 = (5.24\angle -10.2°) \times (48 + j36)\text{ V}$$
$$= (5.24\angle -10.2°) \times (60\angle 36.9°)\text{ V} = 314.4\angle 26.7°\text{ V}$$

$$\dot{U}_{B'C'2} = 314.4\angle -93.3°\text{ V}, \dot{U}_{C'A'2} = 314.4\angle 146.7°\text{ V}$$

负载 Z_1 的各线电压为

$$\dot{U}_{A'B'1} = \sqrt{3}\,\dot{U}_{A'N'}\angle 30° = \sqrt{3} \times (181.6\angle -3.3°) \times 1\angle 30°\text{ V} = 314.4\angle 26.7°\text{ V}$$

$$\dot{U}_{B'C'1} = 314.4\angle -93.3°\text{ V}, \dot{U}_{C'A'1} = 314.4\angle 146.7°\text{ V}$$

负载 Z_2 的各线电压为

$$\dot{U}_{A'B'2} = 314.4\angle 26.7°\text{ V}, \dot{U}_{B'C'2} = 314.4\angle -93.3°\text{ V}, \dot{U}_{C'A'2} = 314.4\angle 146.7°\text{ V}$$

可见，△联结的负载 Z_2，其线电压等于相电压，且与负载 Z_1 的线电压相等。

第五节　不对称三相电路的计算

引起三相电路不对称的主要原因是三相负载的不对称。一般情况下认为三相电源电压、三相相线阻抗是对称的。实际工作中不对称三相电路大量存在。不对称三相电路不具有对称三相电路的特点，不能应用上面介绍的对称三相电路的计算方法。

下面以图 5-13 所示电路为例来介绍不对称三相电路的计算。图中电路为Y-Y联结三相电路，Z_A、Z_B、Z_C 为三相不对称负载。为了方便分析，各相线阻抗忽略不计。

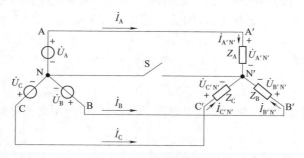

图 5-13　不对称Y-Y联结三相电路

知识点一　无中性线的不对称Y-Y联结三相电路

当图 5-13 中开关 S 打开时，即电路无中性线，设 N 为参考节点，利用节点电压法，可求得两个中性点之间的电压为

$$\dot{U}_{\text{N'N}}\left(\frac{1}{Z_{\text{A}}} + \frac{1}{Z_{\text{B}}} + \frac{1}{Z_{\text{C}}}\right) = \frac{\dot{U}_{\text{A}}}{Z_{\text{A}}} + \frac{\dot{U}_{\text{B}}}{Z_{\text{B}}} + \frac{\dot{U}_{\text{C}}}{Z_{\text{C}}}$$

整理后得

$$\dot{U}_{\text{N'N}} = \frac{\dfrac{\dot{U}_{\text{A}}}{Z_{\text{A}}} + \dfrac{\dot{U}_{\text{B}}}{Z_{\text{B}}} + \dfrac{\dot{U}_{\text{C}}}{Z_{\text{C}}}}{\dfrac{1}{Z_{\text{A}}} + \dfrac{1}{Z_{\text{B}}} + \dfrac{1}{Z_{\text{C}}}}$$

由于负载的不对称,显然$\dot{U}_{\text{N'N}} \neq 0$,即 N′点和 N 点的电位不相等,这种现象称为中性点位移。在这种情况下,负载的各相电压为

$$\dot{U}_{\text{A'N'}} = \dot{U}_{\text{A}} - \dot{U}_{\text{N'N}}$$

$$\dot{U}_{\text{B'N'}} = \dot{U}_{\text{B}} - \dot{U}_{\text{N'N}}$$

$$\dot{U}_{\text{C'N'}} = \dot{U}_{\text{C}} - \dot{U}_{\text{N'N}}$$

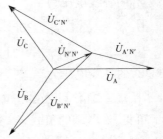

当电源电压对称时,上式电压相量图如图 5-14 所示。从图中可以看出,由于中性点位移,造成负载的各相电压不对称。中性点位移越大,负载相电压的不对称性就越严重,导致某些相的电压过高(如图 5-14 中$\dot{U}_{\text{B'N'}}$、$\dot{U}_{\text{C'N'}}$),而某些相的电压过低(如图 5-14 中$\dot{U}_{\text{A'N'}}$),使负载不能正常工作,甚至被损坏。

图 5-14　中性点位移电压相量图

 知识点二　有中性线的不对称 Y-Y 联结三相电路

当图 5-13 中开关闭合时,即不对称电路接有中性线,假设中性线阻抗 $Z_{\text{N}} = 0$,则 N′点和 N 点的电位相等,即$\dot{U}_{\text{N'N}} = 0$,这样就迫使不对称三相负载各自承受的是本相的电源相电压,即负载相电压等于对应的电源相电压。当电源相电压对称时,负载相电压也对称。各相的工作状态只决定于本相的电源和负载,因而各相独立互不影响。各相负载可分别进行计算:

$$\dot{I}_{\text{A'N'}} = \frac{\dot{U}_{\text{A}}}{Z_{\text{A}}}, \ \dot{I}_{\text{B'N'}} = \frac{\dot{U}_{\text{B}}}{Z_{\text{B}}}, \ \dot{I}_{\text{C'N'}} = \frac{\dot{U}_{\text{C}}}{Z_{\text{C}}}$$

$$\dot{I}_{\text{A'N'}} = \dot{I}_{\text{A}}, \ \dot{I}_{\text{B'N'}} = \dot{I}_{\text{B}}, \ \dot{I}_{\text{C'N'}} = \dot{I}_{\text{C}}$$

虽然电源电压对称,但是因为负载不对称,所以各相电流不对称。则中性线电流为

$$\dot{I}_{\text{N}} = \dot{I}_{\text{A}} + \dot{I}_{\text{B}} + \dot{I}_{\text{C}} \neq 0$$

因而,对于三相不对称电路,中性线的存在非常重要,这就是低压供电系统采用三相四线制的原因。

 知识点三　中性线的作用

三相四线制电路中,即使负载不对称,负载上的相电压也是对称的。负载不对称而又无中性线时,负载上的电压不再对称,这就导致有的相电压过高,有的相电压过低,都不符合负

载额定电压的要求。这是不允许的。

中性线的作用就是使不对称星形联结负载的相电压对称。实际过程中,为了确保负载正常工作,要求中性线可靠接入电路。因此,中性线上不允许装熔断器或开关,必要时还需用机械强度较高、阻抗很小的导线作为中性线。

【例 5-5】　图 5-15 所示电路为相序指示器电路,用来测定三相电源的相序。任意指定电源的一相为 A 相,把电容器 C 接到 A相上,两只白炽灯接到另外两相上。电容器与两只白炽灯联结成星形负载,设 $R = X_C = \dfrac{1}{\omega C}$,试说明如何根据两只灯的亮度来确定 B 相和 C 相。

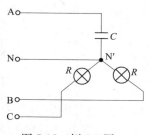

图 5-15　例 5-5 图

解　这是一个不对称 Y-Y 联结电路。设 $\dot{U}_A = U \angle 0°$,以电源中性点 N 为参考节点,根据节点电压法,有

$$\dot{U}_{N'N}\left(j\omega C + \frac{1}{R} + \frac{1}{R}\right) = \dot{U}_A \cdot j\omega C + \dot{U}_B \cdot \frac{1}{R} + \dot{U}_C \cdot \frac{1}{R}$$

将 $R = \dfrac{1}{\omega C}$ 代入上式得

$$\dot{U}_{N'N} = \frac{\dot{U}_A \cdot j\omega C + \dot{U}_B \cdot \omega C + \dot{U}_C \cdot \omega C}{j\omega C + 2\omega C} = \frac{j\dot{U}_A + \dot{U}_B + \dot{U}_C}{j + 2}$$

$$= \frac{j \cdot U \angle 0° + (U \angle -120°) + U \angle 120°}{j + 2} = \frac{j \cdot 1 \angle 0° + (1 \angle -120°) + 1 \angle 120°}{j + 2} \cdot U$$

$$= \frac{-1 + j}{2 + j} \cdot U = \frac{\sqrt{2} \angle 135°}{\sqrt{5} \angle 26.6°} \cdot U = 0.632 U \angle 108.4°$$

B 相白炽灯承受的电压为

$$\dot{U}_{B'N'} = \dot{U}_B - \dot{U}_{N'N} = (U \angle -120°) - 0.632 U \angle 108.4° = 1.49 U \angle 101.6°$$

C 相白炽灯承受的电压为

$$\dot{U}_{C'N'} = \dot{U}_C - \dot{U}_{N'N} = (U \angle 120°) - 0.632 U \angle 108.4° = 0.4 U \angle 138.4°$$

可知,有效值 $U_{B'N'} > U_{C'N'}$,较亮的灯那一相即为 B 相,较暗的灯那一相即为 C 相。

【例 5-6】　图 5-16(a)所示为三相四线制照明电路,负载为纯电阻,其中 $R_A = 100\ \Omega$,$R_B = 140\ \Omega$,$R_C = 60\ \Omega$,负载的额定电压均为 220 V,电源线电压为 380 V。试求:(1)各相负载的相电流、线电流和中性线上的电流。(2)A 相负载断开后,B、C 相负载的相电流和中性线的电流。(3)A 相负载断开,且中性线也同时断开,B、C 相负载的相电压。

解　这是一个不对称三相电路,采用三相四线制,忽略相线阻抗,则每相电源电压直接加在对应负载两端。因此,三相负载的相电压仍然对称。

电源相电压为

$$U_P = \frac{U_l}{\sqrt{3}} = \frac{380}{\sqrt{3}}\ V = 220\ V$$

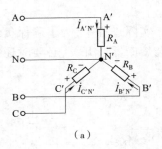 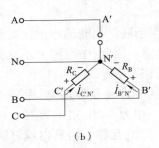 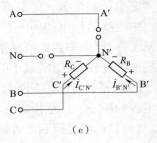

（a） （b） （c）

图 5-16 例 5-6 图

以 A 相电源电压为参考相量，则 $\dot{U}_A = 220\angle 0°$ V

（1）各相负载电流为

$$\dot{I}_{A'N'} = \frac{\dot{U}_{A'N'}}{R_A} = \frac{\dot{U}_A}{R_A} = \frac{220\angle 0°}{100} \text{A} = 2.2\angle 0° \text{ A}$$

$$\dot{I}_{B'N'} = \frac{\dot{U}_{B'N'}}{R_B} = \frac{\dot{U}_B}{R_B} = \frac{220\angle -120°}{140} \text{A} = 1.57\angle -120° \text{ A}$$

$$\dot{I}_{C'N'} = \frac{\dot{U}_{C'N'}}{R_C} = \frac{\dot{U}_C}{R_C} = \frac{220\angle 120°}{60} \text{A} = 3.67\angle 120° \text{ A}$$

各线电流为

$$\dot{I}_A = \dot{I}_{A'N'} = 2.2\angle 0° \text{ A}, \dot{I}_B = \dot{I}_{B'N'} = 1.57\angle -120° \text{ A}, \dot{I}_C = \dot{I}_{C'N'} = 3.67\angle 120° \text{ A}$$

由 KCL 得中性线电流为

$$\dot{I}_N = \dot{I}_A + \dot{I}_B + \dot{I}_C$$
$$= 2.2\angle 0°\text{A} + (1.57\angle -120°\text{A}) + 3.67\angle 120°\text{A}$$
$$= (-0.42 + \text{j}1.82)\text{A}$$
$$= 1.87\angle 103° \text{ A}$$

（2）A 相负载断开后，如图 5-16(b)所示

A 相负载的相电流为

$$\dot{I}_{A'N'} = 0$$

由于中性线的存在，B 相负载和 C 相负载的电压不变，因此 B、C 相负载的相电流不变。则

$$\dot{I}_{B'N'} = 1.57\angle -120° \text{ A}, \dot{I}_{C'N'} = 3.67\angle 120° \text{ A}$$

中性线电流变为

$$\dot{I}_N = \dot{I}_A + \dot{I}_B + \dot{I}_C = \dot{I}_{A'N'} + \dot{I}_{B'N'} + \dot{I}_{C'N'}$$
$$= (1.57\angle -120°)\text{A} + 3.67\angle 120°\text{A} = (-2.62 + \text{j}1.36)\text{A}$$
$$= 3.19\angle 145.2°\text{A}$$

中性线电流越大，说明负载的不对称程度越大；反之，负载越接近对称，中性线电流就越接近于零。

（3）A 相负载断开且中性线同时断开,如图 5-16（c）所示。此时电路已变成单回路电路,B、C 两相负载串联承受线电压 $\dot{U}_{\mathrm{BC}}$,B、C 两相负载的电流相同。则 B 相负载的相电压为

$$\dot{U}_{\mathrm{B'N'}} = \frac{R_{\mathrm{B}}}{R_{\mathrm{B}} + R_{\mathrm{C}}} \cdot \dot{U}_{\mathrm{BC}} = \frac{140}{140 + 60} \times (\sqrt{3}\,\dot{U}_{\mathrm{B}} \angle 30°)\ \mathrm{V}$$

$$= 0.7 \times \sqrt{3} \times (220 \angle -120°) \times 1 \angle 30°\ \mathrm{V} = 266.74 \angle -90°\ \mathrm{V}$$

C 相负载的相电压为

$$\dot{U}_{\mathrm{C'N'}} = -\frac{R}{R_{\mathrm{B}} + R_{\mathrm{C}}} \cdot \dot{U}_{\mathrm{BC}} = -\frac{60}{140 + 60} \times (\sqrt{3}\,\dot{U}_{\mathrm{B}} \angle 30°)\ \mathrm{V}$$

$$= -0.3 \times \sqrt{3} \times (220 \angle -120°) \times 1 \angle 30°\ \mathrm{V} = -114.32 \angle -90°\ \mathrm{V}$$

$$= 114.32 \angle 90°\ \mathrm{V}$$

第六节　三相电路的功率

三相负载的瞬时功率为各相负载的瞬时功率之和,即

$$p(t) = p_{\mathrm{A}}(t) + p_{\mathrm{B}}(t) + p_{\mathrm{C}}(t)$$

当三相负载作星形联结时

$$p(t) = p_{\mathrm{A}}(t) + p_{\mathrm{B}}(t) + p_{\mathrm{C}}(t) = u_{\mathrm{A'N'}}i_{\mathrm{A'N'}} + u_{\mathrm{B'N'}}i_{\mathrm{B'N'}} + u_{\mathrm{C'N'}}i_{\mathrm{C'N'}} \tag{5-20}$$

当三相负载作三角形联结时

$$p(t) = p_{\mathrm{A}}(t) + p_{\mathrm{B}}(t) + p_{\mathrm{C}}(t) = u_{\mathrm{A'B'}}i_{\mathrm{A'B'}} + u_{\mathrm{B'C'}}i_{\mathrm{B'C'}} + u_{\mathrm{C'A'}}i_{\mathrm{C'A'}} \tag{5-21}$$

式(5-20)、式(5-21)中,电压、电流分别为三相负载各相电压、相电流的瞬时值。

 知识点一　三相有功功率

正弦稳态电路,三相负载消耗(吸收)的总有功功率 P 为

$$P = \frac{1}{T}\int_0^T p\,\mathrm{d}t = \frac{1}{T}\int_0^T [p_{\mathrm{A}}(t) + p_{\mathrm{B}}(t) + p_{\mathrm{C}}(t)]\,\mathrm{d}t = P_{\mathrm{A}} + P_{\mathrm{B}} + P_{\mathrm{C}}$$

当三相负载作星形联结时

$$P = U_{\mathrm{A'N'}}I_{\mathrm{A'N'}}\cos\varphi_{\mathrm{A}} + U_{\mathrm{B'N'}}I_{\mathrm{B'N'}}\cos\varphi_{\mathrm{B}} + U_{\mathrm{C'N'}}I_{\mathrm{C'N'}}\cos\varphi_{\mathrm{C}} \tag{5-22}$$

当三相负载作三角形联结时

$$P = U_{\mathrm{A'B'}}I_{\mathrm{A'B'}}\cos\varphi_{\mathrm{A}} + U_{\mathrm{B'C'}}I_{\mathrm{B'C'}}\cos\varphi_{\mathrm{B}} + U_{\mathrm{C'A'}}I_{\mathrm{C'A'}}\cos\varphi_{\mathrm{C}} \tag{5-23}$$

在三相交流电路中,三相负载消耗的总有功功率就等于各相负载消耗的有功功率之和。

在对称三相交流电路中,各相负载的有功功率相等,三相总有功功率可写成

$$P = 3U_{\mathrm{p}}I_{\mathrm{p}}\cos\varphi \tag{5-24}$$

式中,U_{p} 为负载的相电压有效值;I_{p} 为负载的相电流有效值;φ 为同一相负载中相电压与相电流之间的相位差,也即每相负载的阻抗角。

当对称三相负载作星形联结时

$$U_1 = \sqrt{3}U_p, \ I_1 = I_p$$

当对称三相负载作三角形联结时

$$U_1 = U_p, \ I_1 = \sqrt{3}I_p$$

将两种联结方式的 U_p、I_p 代入式(5-24),可得

$$P = \sqrt{3}U_1I_1\cos\varphi \tag{5-25}$$

因此,不论负载是星形联结还是三角形联结,对称三相负载消耗的功率都可以用式(5-25)计算。需要注意的是,式(5-25)只适用于对称三相电路,式中 φ 仍是负载相电压与相电流之间的相位差,而不是线电压和线电流之间的相位差。

三相电动机等设备铭牌上标明的有功功率都是三相总有功功率。

 知识点二　三相无功功率

同理,对称三相电路的无功功率为

$$Q = Q_A + Q_B + Q_C \tag{5-26}$$

当三相负载作星形联结时

$$Q = U_{A'N'}I_{A'N'}\sin\varphi_A + U_{B'N'}I_{B'N'}\sin\varphi_B + U_{C'N'}I_{C'N'}\sin\varphi_C \tag{5-27}$$

当三相负载作三角形联结时

$$Q = U_{A'B'}I_{A'B'}\sin\varphi_A + U_{B'C'}I_{B'C'}\sin\varphi_B + U_{C'A'}I_{C'A'}\sin\varphi_C \tag{5-28}$$

当三相电路对称时,则

$$Q = 3U_pI_p\sin\varphi = \sqrt{3}U_1I_1\sin\varphi \tag{5-29}$$

 知识点三　三相视在功率

三相电路的视在功率定义为

$$S = \sqrt{P^2 + Q^2} \tag{5-30}$$

当三相电路对称时,则

$$S = 3U_pI_p = \sqrt{3}U_1I_1 \tag{5-31}$$

 知识点四　三相电路的功率因数

三相电路的功率因数定义为

$$\cos\varphi' = \frac{P}{S} \tag{5-32}$$

在对称三相电路中,$\cos\varphi'$ 即为每相负载的功率因数 $\cos\varphi$;而在不对称三相电路中,$\cos\varphi'$ 只有计算上的意义,没有实际意义。

【例5-7】　一组对称三相负载,每相阻抗 $Z_p = 109\angle53.1°\Omega$,接在线电压为 380 V 对称三相电源上。试求此对称负载分别作星形联结和三角形联结时的有功功率和无功功率。

解　(1)当对称负载作星形联结时,各相负载的相电压为

$$U_p = \frac{U_1}{\sqrt{3}} = \frac{380}{\sqrt{3}} \text{ V} = 220 \text{ V}$$

各相负载的相电流为

$$I_p = \frac{U_p}{|Z_p|} = \frac{220}{109} \text{ A} = 2.02 \text{ A}$$

由式(5-24)可得三相对称负载的有功功率为

$$P = 3U_pI_p\cos\varphi = 3 \times 220 \times 2.02 \times \cos 53.1° \text{ W} = 0.8 \text{ kW}$$

又因为负载作星形联结,则

$$U_1 = \sqrt{3}U_p = 380 \text{ V}, I_1 = I_p = 2.02 \text{ A}$$

另由式(5-25)可得

$$P = \sqrt{3}U_1I_1\cos\varphi = \sqrt{3} \times 380 \times 2.02 \times \cos 53.1° \text{ W} = 0.8 \text{ kW}$$

两种方法的计算结果相同。

三相对称负载的无功功率为

$$Q = \sqrt{3}U_1I_1\sin\varphi = \sqrt{3} \times 380 \times 2.02 \times \sin 53.1° \text{ var} = 1.07 \text{ kvar}$$

(2)当对称负载作三角形联结时

由式(5-24)可得三相对称负载的有功功率为

$$P = 3U_pI_p\cos\varphi = 3 \times 380 \times \frac{380}{109} \times \cos 53.1° \text{W} = 2.4 \text{ kW}$$

又因为负载作三角形联结,则

$$U_1 = U_p = 380 \text{ V}, I_1 = \sqrt{3}I_p = \sqrt{3} \times 3.5 \text{ A} = 6.06 \text{ A}$$

另由式(5-25)可得

$$P = \sqrt{3}U_1I_1\cos\varphi = \sqrt{3} \times 380 \times 6.06 \times \cos 53.1° \text{W} = 2.4 \text{ kW}$$

两种方法的计算结果相同。

三相对称负载的无功功率为

$$Q = \sqrt{3}U_1I_1\sin\varphi = \sqrt{3} \times 380 \times 6.06 \times \sin 53.1° \text{ var} = 3.21 \text{ kvar}$$

从本例可见,同一三相负载接到同一个三相电源上,三角形联结时的线电流、有功功率及无功功率分别都是星形联结的 3 倍。所以负载的联结方式必须正确。若将星形联结才能正常工作的负载误接成三角形联结,则负载可能因功率过大而烧毁;若将三角形联结才能正常工作的负载误接成星形联结,则负载可能因功率过小而不能正常工作。

实　作

实作　三相电路测试分析

(一)实作目的

(1)熟悉并掌握三相负载星形联结的接线方法。

(2)进一步理解并掌握三相对称电路的线电压和相电压、线电流和相电流的关系。

（3）加深理解三相四线制电路中的中性线的作用。

（4）会排除电路中的常见故障。

（5）培养良好的操作习惯，提高职业素质。

（二）实作器材

实作器材见表5-1。

表5-1　实作器材

器材名称	规格型号	数量
三相电路负载灯箱	自制	1台
三相电源	380 V/220 V	1个
数字万用表	VC890C +	1块
交流电流表	自制	1块
电流表插头	自制	1个
导线		若干

（三）实作前预习

（1）三相负载的星形联结电路见图5-7。

（2）电源电压对称、负载也对称时，不论采用三线制或四线制（无、有中性线），负载上的线电压 U_1 和相电压 U_p、线电流 I_1 和相电流 I_p 有下列关系：$U_1 = \sqrt{3} U_p$ 且 $I_1 = I_p$，这时若采用的是三相四线制电路也可以省去中性线。

（3）当电源电压对称、负载不对称，采用四线制时，仍然有 $U_1 = \sqrt{3} U_p$、$I_1 = I_p$，但是此时 $\dot{I}_N = \dot{I}_A + \dot{I}_B + \dot{I}_C \neq 0$，三相电流不对称，中性线不可省去。这时若仍然采用三相三线制，将出现中点位移现象 $\dot{U}_{N'N} \neq 0$。由于各相电压大小不同，电压过高可能使负载损坏，电压过低将使负载不能正常工作。

（四）实作内容与步骤

（1）根据图5-7画出三相丫-丫联结电路的布线图。

（2）将灯箱上的 X、Y、Z 接线端连在一起，A、B、C、N 四个接线端分别与电源的三根相线及中性线相连。

（3）三相接入的灯泡数相同（拨动面板的上开关进行调节控制），构成三相对称星形负载。

①测量各相负载的相电压（如 A 相电压，在 A、X 接线端之间测量）和线电压（A、B 间线电压，在 A、B 接线端之间测量），记入表5-2中。

② 测量各相电流 $I_{A'N'}$、$I_{B'N'}$、$I_{C'N'}$（各线电流 I_A、I_B、I_C）和中线电流 I_N（电流表测量插头分别插入相应插孔内），记入表5-2中。

③断开中性线（将三相电源线上的中性线从 N 接线柱端拆下），重复上述电压、电流测量（不测中性线电流），记入表5-2中，观察灯的亮度有无变化。

（4）A、B、C 三相负载分别接入1只、2只、3只灯泡，构成三相不对称星形负载。

①测量(无中性线)各相负载的相电压、线电压和相电流(线电流)记入表5-2中,并观察灯的亮度情况。

②接通中性线,重复上述各相电压、线电压、相电流(线电流)和中性线电流测量,记入表5-2中,并观察灯的亮度情况。

(5)故障下不对称负载(C相断路,即C相灯泡全部关掉,A、B两相灯泡全部接通)。

①测量各相电压、线电压、相电流(线电流)和中性线电流,记入表5-2中,并观察灯的亮度情况。

②断开中性线,重复上述各相电压、线电压、相电流(线电流)测量,记入表5-2中,并观察灯的亮度情况。

(五)测试与观察结果记录

表5-2 测试数据

测试电量		U_{AB}	U_{BC}	U_{CA}	U_A	U_B	U_C	I_A	I_B	I_C	I_N	$I_{A'N'}$	$I_{B'N'}$	$I_{C'N'}$
单位		V	V	V	V	V	V	A	A	A	A	A	A	A
负载对称	有中性线													
负载不对称														
C相开路														
负载对称	无中性线										—			
负载不对称											—			
C相开路											—			

(六)注意事项

(1)实验中电压较高,电路改接次数多,测量的电量也多,特别要注意安全。

(2)注意正确选择电压表、电流表的量程,以免烧坏仪表。

(3)C相断路时,应将C相负载灯泡全部关断,即能达到断路效果,千万不能将C相的相线断开,否则将引起安全事故。

(4)接线和拆线时,一定要断开电源进行操作,千万不能带电作业。

(5)本次实验用三组相同的白炽灯作为三相负载。由于三相不对称负载作星形无中性线连接时,各相承受的电压不相等,有的白炽灯上的电压可能超过额定值使亮度变得很亮,而有的灯上电压低于正常值使亮度变暗。请注意,在观察并记录完成后及时断电,以免造成负载损坏。

(七)回答问题

(1)说明有、无中性线情况下电压和电流之间的相互关系。

(2)画出星形接法C相开路时,无中性线情况下的电压相量图。

(3)教室的电灯应采用星形接法还是三角形接法,为什么?

（4）为什么在工程实践中，三相四线制电路中的中性线上既不安能装开关，也不能安装熔断器？

 实作考核评价

实作考核评价见表5-3。

表5-3　实作考核评价

项目	步骤	分数	序号	考核内容及评分标准	配分	扣分	得分	备注
第五章　实作考核（题目自定）例如：三相电路测试分析	电路连接与实现	40	1	正确选择器材。选择错误一个扣2分，扣完为止	10			
			2	导线测试。导线不通引起的故障不能自己查找排除，一处扣2分，扣完为止	5			
			3	元件测试。接线前先测试电路中的关键元件，如果在电路测试时出现元件故障不能自己查找排除，一处扣2分，扣完为止	5			
			4	正确接线。每连接错误一根导线扣2分，扣完为止	20			
	测试	30	5	测量交流电压、电流。正确使用万用表测量交流电压、使用交流电流表测量电流，并填表，每错一处扣3分；测量操作不规范扣3分，扣完为止	30			
	问答	10	6	共两题，回答问题不正确，每题扣5分；思维正确但描述不清楚，每题扣1~3分	10			
	整理	10	7	规范操作，不可带电插拔元器件，错误一次扣3分，扣完为止	5			
			8	正确穿戴，文明作业，违反规定，每处扣2分，扣完为止	2			
			9	操作台整理，测试合格应正确复位仪器仪表，保持工作台整洁有序，如果不符合要求，每处扣2分，扣完为止	3			
	时限	10		时限为45 min，每超1 min扣1分，扣完为止	10			
合　计					100			

注：操作中出现各种人为损坏设备的情况，考核成绩不合格且按照学校相关规定处理。

小　　结

（1）目前世界各国的电力系统基本上都采用三相制供电。在通常情况下，习惯上认为三相电源和三相线路都是对称的。三相交流电一般是由三相交流发电机产生的，为 A、B、C 三相，三相电压源的电压幅值相等、频率相同、相位互差120°，为对称三相电源，其正相序为 A—B—C—A。

（2）对称三相电源有星形和三角形两种联结方式。对称三相电源电压的瞬时值之和、相量之和恒为零。当对称三相电源星形联结时，有三根相线和一根中性线，线电压的有效值 U_1 是相电压有效值 U_p 的 $\sqrt{3}$ 倍，即 $U_1 = \sqrt{3}U_p$，线电压超前相应的相电压30°。当对称三相电源三角形联结时,只有三根相线,线电压等于相应的相电压。

(3)三相负载有对称和不对称两种情况,各相负载的复阻抗相等即为对称三相负载,否则为不对称三相负载。

三相负载也有星形和三角形两种联结方式。三相负载作星形联结还是三角形联结,应根据各相负载的额定电压值和电源线电压的有效值而定。各相负载的额定电压等于电源线电压时,三相负载作三角形联结;各相负载的额定电压等于电源线电压的 $1/\sqrt{3}$ 时,三相负载作星形联结。每相负载的相电压必须等于其额定电压。

(4)Y-Y 联结三相电路中,无论是否有中性线、负载是否对称,线电流等于相应的相电流。对称 Y-Y 联结三相电路和不对称 Y-Y 联结有中性线三相电路,各相负载承受的是对称的电源相电压。在对称 Y-Y 联结三相电路中,由于各相电压、相电流为对称正弦量,且电源中性点 N 与负载中性点 N'同相位,因此可归结为一相计算的方法求解,再按对称特点推算出其他两相。在不对称 Y-Y 联结有中性线三相电路中,由于负载相电压是确定的,因此各相电流可按三个单相回路分别进行计算。不对称负载星形联结时,必须采用三相四线制,中性线不可省去,而且也不能在中性线上安装开关和熔断器,以免发生事故。

(5)三相负载作三角形联结的三相电路中,无论负载是否对称,各相负载承受的是对称的电源线电压。当三相负载对称时,线电流是相电流的 $\sqrt{3}$ 倍,且线电流滞后相应的相电流 30°。

(6)三相电路无论对称与否,总有功功率 P(或无功功率 Q)等于各相有功功率(或无功功率)之和,总视在功率 $S = \sqrt{P^2 + Q^2}$。当三相电路对称时,无论负载是星形联结还是三角形联结,计算三相电路总有功功率 P、总无功功率 Q 和总视在功率 S 的公式为

$$P = \sqrt{3}U_1I_1\cos\varphi$$

$$Q = \sqrt{3}U_1I_1\sin\varphi$$

$$S = \sqrt{3}U_1I_1$$

必须注意,φ 为负载相电压与相电流的相位差夹角,即各相负载的阻抗角。

同一三相负载接到同一个三相电源上,三角形联结时的线电流、有功功率及无功功率分别都是星形联结时的 3 倍。所以,负载的联结方式必须正确。

(7)三相电路的功率因数定义为 $\cos\varphi' = \dfrac{P}{S}$。在对称三相电路中,$\cos\varphi'$ 即为每相负载的功率因数 $\cos\varphi$;而在不对称三相电路中,$\cos\varphi'$ 只有计算上的意义,没有实际意义。

习 题

一、填空题

(1)把三个_____相等、_____相同,在相位上互差_____度的正弦交流电称为_____三相交流电。

(2)三相电源绕组的联结方式有_____和_____两种,而常用的是_____联结。

(3) 若_____联结的三相电源绕组有一相不慎接反,就会在发电机绕组回路中出现 $2U_p$ 大小的电源内部总电压,这将使发电机因_____而烧损。

(4) 相线与相线之间的电压称为_____电压,相线与中性线之间的电压称为_____电压。电源丫接时,数量上 $U_1 =$ _____ U_p;若电源 △ 接,数量上 $U_1 =$ _____ U_p。

(5) 三相负载的联结方式有_____和_____两种。

(6) 三相负载作星形联结有中性线,则每相负载承受的电压为电源的_____电压;若作三角形联结,则每相负载承受的电压为电源的_____电压。

(7) 已知三相电源的线电压为 380 V,而三相负载的额定相电压为 220 V,则此负载应作_____形联结;若三相负载的额定相电压为 380 V,则此负载应作_____形联结。

(8) 相线上通过的电流称为_____电流,负载上通过的电流称为_____电流。当对称三相负载丫接时,数量上 $I_1 =$ _____ I_p;当对称三相负载 △ 接时,数量上 $I_1 =$ _____ I_p。

(9) 对称三相电路中,由于_____ = 0,所以各相电路的计算具有独立性,各相_____也是独立的,因此,三相电路的计算就可以归结为_____来计算。

(10) 三相不对称负载作星形联结时,中性线的作用是使三相负载成为三个_____电路,保证各相负载都承受对称的电源_____。

(11) 对称三相电路中,三相总有功功率 $P =$ _____;三相总无功功率 $Q =$ _____;三相总视在功率 $S =$ _____。

(12) 某三相异步电动机,每相绕组的等效电阻 $R = 8\ \Omega$,等效感抗 $X_L = 6\ \Omega$,现将此电动机连成星形接于线电压 380 V 的三相电源上,则每相绕组承受的相电压为_____V,相电流为_____A,线电流为_____A。

(13) 某三相对称负载作三角形联结,已知电源的线电压 $U_1 = 380$ V,测得线电流 $I_1 = 15$ A,三相电功率 $P = 8.5$ kW,则每相负载承受的相电压为_____,每相负载的功率因数为_____。

二、判断题

(1) 丫接三相电源若测出线电压两个为 220 V、一个为 380 V 时,说明有一相接反。 （　　）

(2) 对称三相交流电任一瞬时值之和恒等于零,有效值之和恒等于零。 （　　）

(3) 中性线的作用是使三相不对称负载保持对称。 （　　）

(4) 凡负载作星形联结,有中性线时,每相负载的相电压为线电压的 $1/\sqrt{3}$ 倍。 （　　）

(5) 凡负载作星形联结,无中性线时,负载的相电压不等于线电压的 $1/\sqrt{3}$ 倍。 （　　）

(6) 三相负载作星形联结时,负载越接近对称,则中性线电流越小。 （　　）

(7) 三相负载作三角形联结时,负载的相电压等于电源的相电压。 （　　）

(8) 三相对称负载作三角形联结时,三个相电压相互对称,三个相电流相互对称,三个线电流也相互对称。 （　　）

(9) 一台接入线电压为 380 V 三相电源的三相交流电动机,其三相绕组无论接成星形

或三角形,取用的功率是相同的。　　　　　　　　　　　　　　　　　　　　　　(　　)

(10)三相总视在功率总是等于各相视在功率之和。　　　　　　　　　　　　　　(　　)

三、单选题

(1)三相对称电路是指(　　)。

    A. 电源对称的电路　　　　　　　　　　　　B. 负载对称的电路

    C. 电源和负载均对称的电路　　　　　　　D. 必须有中性线的电路。

(2)三相四线制电路,已知 $\dot{I}_A = 2\angle 20°$ A, $\dot{I}_B = 2\angle -100°$ A, $\dot{I}_C = 2\angle 140°$ A,则中性线电流 $\dot{I}_N$ 为(　　)。

    A. 10 A　　　　　　　B. 0 A　　　　　　　C. 30 A　　　　　　　D. 6 A

(3)某对称三相电源绕组为 Y 接,已知 $\dot{U}_{AB} = 380\angle 15°$ V,当 $t = 10$ s 时,三个线电压之和为(　　)。

    A. 380 V　　　　　　B. $(380/\sqrt{3})$ V　　　　C. 0 V　　　　　　D. $220\sqrt{2}$V

(4)三相四线制供电线路的中性线上不准安装开关和熔断器的原因是(　　)。

    A. 中性线上无电流,熔体烧不断

    B. 开关接通或断开时对电路无影响

    C. 开关断开或熔体熔断后,三相不对称负载将承受三相不对称电压的作用,无法正常工作,严重时会烧毁负载

    D. 安装开关和熔断器降低了中性线的机械强度

(5)某三相对称负载作星形联结,已知 $i_A = 10\sin(\omega t - 30°)$ A,则 C 相的线电流为(　　)。

    A. $i_C = 10\sin(\omega t - 150°)$ A　　　　　B. $i_C = 10\sin(\omega t + 90°)$ A

    C. $i_C = 10\sin \omega t$ A　　　　　　　　D. $i_C = 10\sin(\omega t + 120°)$ A

(6)已知 $X_C = 6$ Ω 的对称纯电容负载作△接,与对称三相电源相接后测得各线电流均为 10 A,则三相电路的视在功率为(　　)。

    A. 600 V·A　　　　　B. 1 800 V·A　　　　C. 600 W　　　　　D. 1 800 W

(7)某三相负载接在三相对称电源上,负载获得有功功率 P 等于(　　)。

    A. $P = P_A + P_B + P_C$　　　　　　　B. $P = \sqrt{3}U_p I_p \cos \varphi$

    C. $P = \sqrt{3}U_l I_l \cos \varphi$　　　　　　D. $P = 3P_p$

(8)在相同线电压作用下,同一台三相交流电动机作三角形联结所产生的功率是作星形联结所产生功率的(　　)倍。

    A. $\sqrt{3}$　　　　　　　B. 1/3　　　　　　C. $1/\sqrt{3}$　　　　　D. 3

(9)三相发电机绕组接成三相四线制,测得三个相电压 $U_A = U_B = U_C = 220$ V,三个线电压 $U_{AB} = 380$ V, $U_{BC} = U_{CA} = 220$ V,这说明(　　)。

    A. A 相绕组接反了　　　　　　　　　　B. B 相绕组接反了

    C. C 相绕组接反了　　　　　　　　　　D. 三相绕组都接反了

(10)如图 5-17 所示,各相灯泡的数量及功率均相同。若 C 相灯泡因故发生断路,则产

生的现象是(　　)。

  A. A 相、B 相灯泡都变亮

  B. A 相、B 相灯泡都变暗

  C. A 相灯泡变亮、B 相灯泡变暗

  D. A 相、B 相灯泡亮度不变

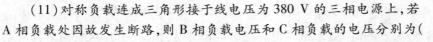

图 5-17

(11) 对称负载连成三角形接于线电压为 380 V 的三相电源上,若 A 相负载处因故发生断路,则 B 相负载电压和 C 相负载的电压分别为(　　)。

  A. 380 V,380 V B. 220 V,220 V C. 190 V,220 V D. 220 V,380 V

四、分析计算题

(1) 已知对称三相电源 A、B 相线间的电压解析式为 $u_{AB} = 380\sqrt{2}\sin(\omega t + 30°)$ V,试写出其余各线电压和相电压的解析式。

(2) 有一星形接法的三相对称负载,每相电阻 $R = 6\ \Omega$,感抗 $X_L = 8\ \Omega$,接在 $u_{AB} = 220\sqrt{2}\sin(\omega t + 60°)$ V 的三相电源上,试写出各线电流的瞬时值表达式。

(3) 三相对称负载 $Z = (6 + j8)\Omega$,接成星形,与线电压为 380 V 的三相电源相联结,线路阻抗 $Z_1 = (4 + j2)\Omega$,当中性线阻抗分别为下列数值①$Z_N = 0$;②$Z_N = \infty$;③$Z_N = (3 + j4)\Omega$ 时,求电源的相电压、负载的相电流、线电流。

(4) 有一台三角形联结的三相异步电动机,满载时每相电阻 $R = 9.8\ \Omega$,电抗 $X_L = 5.3\ \Omega$。由线电压为 380 V 的三相电源供电,试求电动机的相电流和线电流的大小。

(5) 已知对称三相负载各相复阻抗均为 $(8 + j6)\Omega$,分别 Y 和 △ 接于工频 380 V 的三相电源上,若 u_{AB} 的初相为 60°,试求:①各相电流;②三相负载的功率为多少瓦?

(6) 工业上用的电阻炉,经常用改变电阻丝的接法来改变功率的大小,以达到调节炉内温度之目的。现有一台三相电阻炉,每相电阻 $R = 10\ \Omega$,接在线电压为 380 V 的三相电源上。分别求电阻炉在星形和三角形两种接法下,从电网上取用的功率。

(7) 如图 5-18 所示,在线电压为 380 V 三相四线制电源上,接入三组单相负载。A 相灯泡电阻 $R = 22\ \Omega$;B 相线圈 $X_L = 110\ \Omega$,C 相电容 $X_C = 110\ \Omega$。试求:①各线电流 I_A、I_B、I_C;②三相总有功功率;③中性线电流 I_N。

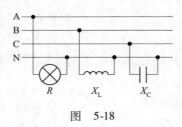

图 5-18

(8) 三相四线制电路中有一组电阻性三相负载,三相负载的电阻值分别为 $R_A = R_B = 5\ \Omega$,$R_C = 10\ \Omega$,三相电源对称,电源线电压 $U_l = 380$ V。设电源的内阻抗、线路阻抗、中性线阻抗均为零,试求:①负载相电流及中性线电流;②中性线完好,C 相断线时的负载相电压、相电流及中性线电流;③C 相断线,中性线也断开时的负载相电压、相电流。

(9)一台国产 300 000 kW 的汽轮发电机在额定运行状态运行时,线电压为 18 kV,功率因数为 0.85,发电机定子绕组为 Y 联结,试求该发电机在额定状态运行时的线电流及输出的无功功率和视在功率。

(10)已知对称三相电源的线电压 $U_1 = 380$ V,对称三相负载的每相电阻为 32 Ω,电抗为 24 Ω,试求在负载作星形联结和三角形联结两种情况下接上电源,负载所吸收的有功功率、无功功率和视在功率。

(11)某超高压输电线路中,线电压为 22 万 V,输送功率为 24 万 kW。若输电线路的每相电阻为 10 Ω,①试计算负载功率因数为 0.9 时线路上的电压降及输电线上一年(按 365 天计)的电能损耗。②若负载功率因数降为 0.6,则线路上的电压降及一年的电能损耗又为多少?

＊＊第六章　非正弦周期电流电路

本章介绍非正弦周期信号分解为傅里叶级数,非正弦周期量的有效值、平均值及平均功率的计算,非正弦周期电流电路的简单计算。

能力目标

(1)能将非正弦周期信号分解为傅里叶级数;
(2)会简单计算非正弦周期电流电路。

知识目标

(1)了解周期信号的傅里叶级数,学会查找非正弦周期信号的分解表达式;
(2)掌握非正弦周期信号的有效值、平均值和平均功率的计算;
(3)掌握非正弦周期电流电路的谐波分析法;
(4)了解谐波的危害及防范方法。

第一节　非正弦周期信号及其分解

知识点一　非正弦周期信号

除了正弦交流信号外,实际应用中还会遇到非正弦周期信号。非正弦周期信号是指电路中的电压、电流仍做周期性变化,但不是正弦波。图6-1中几种非正弦量都是常见的非正弦周期信号。而含有周期性非正弦量的电路,称为非正弦周期电路。

电路中产生非正弦周期信号的原因主要来自电源和负载两方面。一般来说,即使是在线性电路中,如果电源电压本身是一个非正弦周期量,那么在电路中产生的响应也将是非正弦周期量。图6-1中的几种非正弦周期电信号作为激励加到线性电路上,必将导致电路中产生非正弦的周期信号。再如交流电动机,由于受到内磁场分布和结构等因素的影响,输出的电压并不是理想的正弦量。还有当电路中存在非线性元件时,即使是加上正弦激励,电路的响应也是非正弦的。如正弦的交流电压经过二极管的整流后,能得到非正弦周期信号。在电子技术和自动控制系统中,常常人为地组成电路得到各种满足技术要求的周期性非正弦信号。本章仅讨论线性非正弦周期电流电路。

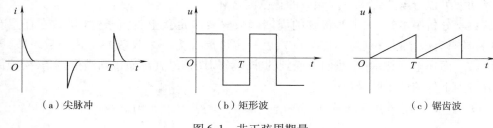

（a）尖脉冲　　　　　　　　（b）矩形波　　　　　　　　（c）锯齿波

图 6-1　非正弦周期量

 知识点二　非正弦周期信号的分解

在介绍非正弦周期信号的分解之前,先讨论几个不同频率的正弦波的合成。

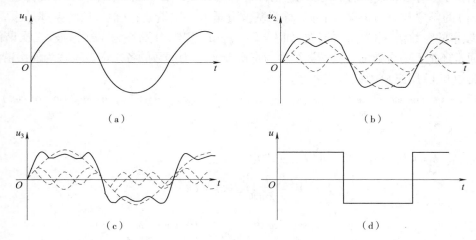

（a）　　　　　　　　　　　　　（b）

（c）　　　　　　　　　　　　　（d）

图 6-2　矩形波的合成

图 6-2（a）所示的正弦电压,其幅值为 U_{1m}、角频率为 ω,表达式为 $u_1 = U_{1m}\sin \omega t$;

图 6-2（b）所示,在 u_1 上面叠加一个幅值为 $\frac{1}{3}U_{1m}$、角频率为 3ω 的正弦电压,则表达式为

$$u_2 = U_{1m}\sin \omega t + \frac{1}{3}U_{1m}\sin 3\omega t$$

如图 6-2（c）所示,在 u_2 上面叠加一个幅值为 $\frac{1}{5}U_{1m}$、角频率为 5ω 的正弦电压,则表达式为

$$u_3 = U_{1m}\sin \omega t + \frac{1}{3}U_{1m}\sin 3 \omega t + \frac{1}{5}U_{1m}\sin 5\omega t$$

照这样继续下去,如果叠加的正弦项是无穷多个,那么它们的合成波形就会与图 6-2（d）的矩形波一样。

由此可以看出,几个不同频率的正弦波可以合成一个非正弦的周期波;反之,一个非正弦的周期波可以分解成许多不同频率的正弦波之和。

从数学分析中可知:一个非正弦的周期函数只要满足狄里克雷条件(函数在任意有限区间内,具有有限个极值点与不连续点),就一定可展开为一个收敛的正弦函数级数,即傅里叶级数。而在电工技术中,我们所遇到的非正弦周期信号 $f(t)$ 通常均满足该条件,因而都可以分解为下列的傅里叶级数

$$f(t) = A_0 + A_{1m}\sin(\omega t + \psi_1) + A_{2m}\sin(2\omega t + \psi_2) + \cdots + A_{km}\sin(k\omega t + \psi_k) + \cdots$$

$$= A_0 + \sum_{k=1}^{\infty} A_{km}\sin(k\omega t + \psi_k) \tag{6-1}$$

式中,角频率 $\omega = \dfrac{2\pi}{T}$ [T 为 $f(t)$ 的周期];k 为非零正整数;A_0、A_{km} 称为傅里叶系数。

A_0 称为周期函数 $f(t)$ 的恒定分量,也称为直流分量或者零次谐波;$k=1$ 时的分量 $A_{1m}\sin(\omega t + \varphi_1)$ 的频率与 $f(t)$ 的频率相同,称为基波分量或一次谐波;其他各项的频率是原周期函数 $f(t)$ 频率的整数倍,称为高次谐波,如 $k=2$、3、… 的各项,分别称为二次谐波、三次谐波等。此外,通常还把 k 为奇数的各次谐波统称为奇次谐波,k 为偶数的各次谐波统称为偶次谐波。

将式(6-1)用三角函数公式展开,又可写成

$$f(t) = a_0 + (a_1\cos \omega t + b_1\sin \omega t) + (a_2\cos 2\omega t + b_2\sin 2\omega t) + \cdots + (a_k\cos k\omega t + b_k\sin k\omega t) + \cdots$$

$$= a_0 + \sum_{k=1}^{\infty}(a_k\cos k\omega t + b_k\sin k\omega t)$$

式中,a_0、a_k、b_k 为傅里叶级数,可按下式求出:

$$a_0 = \frac{1}{T}\int_0^T f(t)\,\mathrm{d}t = \frac{1}{2\pi}\int_0^{2\pi} f(t)\,\mathrm{d}(\omega t)$$

$$a_k = \frac{2}{T}\int_0^T f(t)\cos k\omega t\,\mathrm{d}t = \frac{1}{\pi}\int_0^{2\pi} f(t)\cos k\omega t\,\mathrm{d}(\omega t)$$

$$b_k = \frac{2}{T}\int_0^T f(t)\sin k\omega t\,\mathrm{d}t = \frac{1}{\pi}\int_0^{2\pi} f(t)\sin k\omega t\,\mathrm{d}(\omega t)$$

各系数之间还有如下关系:

$$A_0 = a_0$$

$$A_{km} = \sqrt{a_k^2 + b_k^2}$$

$$\psi_k = \arctan\frac{a_k}{b_k}$$

$$a_k = A_{km}\sin \psi_k \qquad b_k = A_{km}\cos \psi_k$$

可见,要将一个非正弦周期信号分解成傅里叶级数,实质上就是计算其傅里叶系数 a_0、a_k、b_k。

工程中,常采用查表的方法得到周期函数的傅里叶级数。现将常见的几种周期函数波形及傅里叶级数展开式列于表 6-1 中。

由于傅里叶级数是一个无穷级数,因此把一个非正弦周期函数分解为傅里叶级数,从理论上讲,应该取无穷多项才能准确地代表原函数,但由于各次谐波的振幅是随着频率增加而

衰减的,即频率越高的谐波其幅值越小,故只需取前面几项即可。实际工程中一般取 5 次或 7 次谐波就能保证足够的计算精度。实际究竟取几项,应视精确度要求而定。

表 6-1　几种周期函数波形及傅里叶级数展开式

名称	波形	傅里叶级数	有效值
半波整流波		$f(t) = \dfrac{2A_m}{\pi}\left(\dfrac{1}{2} + \dfrac{\pi}{4}\cos\omega t + \dfrac{1}{3}\cos 2\omega t - \dfrac{1}{15}\cos 4\omega t + \right.$ $\left. \cdots - \dfrac{\cos\frac{k\pi}{2}}{k^2-1}\cos k\omega t + \cdots\right)(k = 2,4,6\cdots)$	$\dfrac{A_m}{2}$
全波整流波		$f(t) = \dfrac{4A_m}{\pi}\left(\dfrac{1}{2} + \dfrac{1}{3}\cos 2\omega t - \dfrac{1}{15}\cos 4\omega t + \right.$ $\left. \cdots - \dfrac{\cos\frac{k\pi}{2}}{k^2-1}\cos k\omega t + \cdots\right)(k = 2,4,6\cdots)$	$\dfrac{A_m}{\sqrt{2}}$
三角波		$f(t) = \dfrac{8A_m}{\pi^2}\left(\sin\omega t - \dfrac{1}{9}\sin 3\omega t + \dfrac{1}{25}\sin 5\omega t + \right.$ $\left. \cdots + \dfrac{(-1)^{\frac{k-1}{2}}}{k^2}\sin k\omega t + \cdots\right)(k = 1,3,5\cdots)$	$\dfrac{A_m}{\sqrt{3}}$
矩形波		$f(t) = \dfrac{4A_m}{\pi}\left(\sin\omega t + \dfrac{1}{3}\sin 3\omega t + \dfrac{1}{5}\sin 5\omega t + \cdots + \right.$ $\left. \dfrac{1}{k}\sin k\omega t + \cdots\right)(k = 1,3,5\cdots)$	A_m
锯齿波		$f(t) = \dfrac{A_m}{2} - \dfrac{A_m}{\pi}\left(\sin\omega t + \dfrac{1}{2}\sin 2\omega t + \dfrac{1}{3}\sin 3\omega t + \right.$ $\left. \cdots + \dfrac{1}{k}\sin k\omega t + \cdots\right)(k = 1,2,3,4\cdots)$	$\dfrac{A_m}{\sqrt{3}}$
梯形波		$f(t) = \dfrac{4A_m}{a\pi}\left(\sin a\sin\omega t + \dfrac{1}{9}\sin 3a\sin 3\omega t + \right.$ $\dfrac{1}{25}\sin 5a\sin 5\omega t + \cdots + \dfrac{1}{k^2}\sin ka\sin k\omega t + \cdots\right)$ $(k = 1,3,5\cdots)$	$A_m\sqrt{1 - \dfrac{4a}{3\pi}}$

知识点三　谐波的危害和抑制

随着电力电子装置的广泛应用,将大量谐波和无功功率注入电网,使电网的电能质量下降,引起"电网污染"问题,由此认识和分析电力电子装置谐波产生的原因及其危害,探讨抑制谐波的方法,防止电网污染,提高电网利用效率已成为电力电子技术中的一个重大研究课题。

1. 谐波的危害

电网中日益严重的谐波污染常常对设备的工作产生严重的影响,其危害的一般表现为:

(1)谐波电流使输电电缆损耗增大,输电能力降低,绝缘加速老化,泄漏电流增大,严重的甚至引起放电击穿。

(2)使电动机损耗增大,发热增加,过载能力、寿命和效率降低,甚至造成设备损坏。

(3)容易使电网与用作补偿电网无功功率的并联电容器发生谐振,造成过电压或过电流,使电容器绝缘老化甚至烧坏。

(4)谐波电流流过变压器绕组,增大附加损耗,使绕组发热,加速绝缘老化,并发出噪声。

(5)使大功率电动机的励磁系统受到干扰而影响正常工作。

(6)影响电子设备的正常工作。例如,使某些电气测量仪表受谐波的影响而造成误差,导致继电保护和自动装置误动作,对邻近的通信系统产生干扰,非整数和超低频谐波会使一些视听设备受到影响,使计算机自动控制设备受到干扰而造成程序运行不正常等。

2. 谐波的抑制

为了抑制电网中的谐波,减小谐波的危害,除了科学化、法制化管理外,还要采取积极有效的技术措施。目前采用的主要技术如下:

(1)多脉波变流技术对于大功率电力电子装置,常将原来6脉波的变流器设计成12脉波或24脉波变流器,以减少交流侧的谐波电流含量。

(2)脉宽调制技术的基本思想是控制PWM输出波形的各个转换时刻,保证1/4波形的对称性。使需要消除的谐波幅值为零,基波幅值为给定量,达到消除指定谐波和控制基波幅值的目的。

(3)多电平变流技术针对各种电力电子变流器采用移相多重法、顺序控制和非对称控制多重化等方法,将方波电流或电压叠加,使得变流器在交流电网侧产生的电流或电压为接近正弦的阶梯波,且与电源电压保持一定的相位关系。

(4)安装电力滤波器,提高滤波性能。

第二节　非正弦周期量的有效值、平均值及平均功率

 知识点一　非正弦周期量的有效值

任意周期量的有效值等于它的方均根值。以电流 i 为例,其有效值公式为

$$I = \sqrt{\frac{1}{T}\int_0^T i^2 \mathrm{d}t} \tag{6-2}$$

下面讨论非正弦周期信号的有效值与各次谐波有效值的关系。将电流 i 分解成傅里叶级数

$$i = I_0 + \sum_{k=1}^{\infty} I_{km}\sin(k\omega t + \psi_k) \tag{6-3}$$

将该表达式代入有效值公式,可得有效值为

$$I = \sqrt{\frac{1}{T}\int_0^T \left[I_0 + \sum_{k=1}^{\infty} I_{km}\sin(k\omega t + \psi_k) \right]^2 \mathrm{d}t} \tag{6-4}$$

式(6-4)中根号内的积分展开,可得出以下四项:

(1) $\dfrac{1}{T}\int_0^T I_0^2 \mathrm{d}t = I_0^2$;

(2) $\dfrac{1}{T}\int_0^T \sum_{k=1}^{\infty} I_{km}^2 \sin^2(k\omega t + \psi_k)\mathrm{d}t = \dfrac{1}{2}\sum_{k=1}^{\infty} I_{km}^2 = \sum_{k=1}^{\infty} I_k^2$;

(3) $\dfrac{1}{T}\int_0^T 2I_0 \sum_{k=1}^{\infty} I_{km}\sin(k\omega t + \psi_k)\mathrm{d}t = 0$;

(4) $\dfrac{1}{T}\int_0^T 2\sum_{k=1}^{\infty}\sum_{q=1}^{\infty} I_{km}\sin(k\omega t + \psi_k)I_{qm}\sin(q\omega t + \psi_q)\mathrm{d}t = 0 \quad (k \neq q)$。

因此式(6-2)非正弦周期电流 i 的有效值可写成

$$I = \sqrt{I_0^2 + \sum_{k=1}^{\infty} I_k^2} = \sqrt{I_0^2 + I_1^2 + I_2^2 + \cdots} \tag{6-5}$$

同理,非正弦周期电压 u 的有效值为

$$U = \sqrt{U_0^2 + \sum_{k=1}^{\infty} U_k^2} = \sqrt{U_0^2 + U_1^2 + U_2^2 + \cdots} \tag{6-6}$$

所以,非正弦周期量的有效值等于各次谐波(包含零次谐波)有效值平方和的平方根。

各次谐波有效值与最大值之间的关系为

$$I_k = \frac{I_{km}}{\sqrt{2}}, \ U_k = \frac{U_{km}}{\sqrt{2}} \quad (k = 1,2,3,\cdots) \tag{6-7}$$

💡 知识点二　非正弦周期量的平均值

实践中还会用到平均值的概念。以周期电流为例,平均值的定义式为

$$I_{\mathrm{av}} = \frac{1}{T}\int_0^T |i|\mathrm{d}t \tag{6-8}$$

即非正弦周期电流的平均值等于此电流绝对值的平均值。式(6-8)又称整流平均值,它相当于正弦电流经全波整流后的平均值。

例如,当 $i = I_\mathrm{m}\sin\omega t$ 时,其平均值为

$$I_{\mathrm{av}} = \frac{1}{T}\int_0^T |I_\mathrm{m}\sin\omega t|\mathrm{d}t = \frac{2}{T}\int_0^{\frac{T}{2}} I_\mathrm{m}\sin\omega t\,\mathrm{d}t = 0.637I_\mathrm{m} = 0.898I \tag{6-9}$$

同理,非正弦周期电压平均值的表达式为

$$U_{av} = \frac{1}{T}\int_0^T |u|\,dt = 0.637U_m = 0.898U \tag{6-10}$$

所以,非正弦周期量的平均值等于其有效值的 0.898 倍。

另外要注意,对于同一非正弦周期量,当用不同类型的仪表测量时,会得到不同的值。这是由各种仪表的设计原理决定的。例如,直流仪表(磁电系仪表)的偏转角度正比于被测量,所以用磁电系仪表测得的值是电流的直流量;而电磁系仪表的偏转角度正比于被测量的有效值的二次方,所以用电磁系仪表测得的值是电流的有效值;而整流系仪表的偏转角度正比于被测量的整流平均值,并按照正弦量的有效值和整流平均值的关系将标尺刻度换算成有效值,所以用整流系仪表测得的值是正弦量的有效值,如果被测量是非正弦量时就会有误差。因此,测量非正弦周期量时要注意测量仪表的选择。

 ## 知识点三　非正弦周期量的平均功率

设有一个二端网络,在非正弦周期电压 u 的作用下产生非正弦周期电流 i,选择电压和电流的参考方向一致,如图 6-3 所示。

此二端网络吸收的瞬时功率为

$$P = ui$$

此二端网络的平均功率为

$$P = \frac{1}{T}\int_0^T p\,dt = \frac{1}{T}\int_0^T ui\,dt$$

该二端网络中的电压和电流展开成傅里叶级数,有

$$u = U_0 + \sum_{k=1}^{\infty} U_{km}\sin(k\omega t + \psi_{uk})$$

$$i = I_0 + \sum_{k=1}^{\infty} I_{km}\sin(k\omega t + \psi_{ik})$$

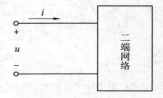

图 6-3　二端网络

将表达式代入平均功率公式,可得平均功率为

$$P = \frac{1}{T}\int_0^T \left[U_0 + \sum_{k=1}^{\infty} U_{km}\sin(k\omega t + \psi_{uk}) \right]\left[I_0 + \sum_{k=1}^{\infty} I_{km}\sin(k\omega t + \psi_{ik}) \right]dt$$

将上式积分展开,可得出以下五项:

(1) $\dfrac{1}{T}\displaystyle\int_0^T U_0 I_0\,dt = U_0 I_0$;

(2) $\dfrac{1}{T}\displaystyle\int_0^T \sum_{k=1}^{\infty} U_{km}I_{km}\sin(k\omega t + \psi_{uk})\sin(k\omega t + \psi_{ik})\,dt = \dfrac{1}{2}\sum_{k=1}^{\infty} U_{km}I_{km}\cos(\psi_{uk} - \psi_{ik}) = \displaystyle\sum_{k=1}^{\infty} U_k I_k\cos\varphi_k$;

(3) $\dfrac{1}{T}\displaystyle\int_0^T U_0 \sum_{k=1}^{\infty} I_{km}\sin(k\omega t + \psi_{ik})\,dt = 0$;

(4) $\dfrac{1}{T}\displaystyle\int_0^T I_0 \sum_{k=1}^{\infty} U_{km}\sin(k\omega t + \psi_{uk})\,dt = 0$;

(5) $\dfrac{1}{T}\displaystyle\int_0^T \sum_{k=1}^{\infty} \sum_{q=1}^{\infty} U_{km}I_{qm}\sin(k\omega t + \psi_{uk})I_{qm}\sin(q\omega t + \psi_{iq})\mathrm{d}t = 0\,(k \neq q)$。

因此,二端网络吸收的平均功率可按下式计算:

$$P = U_0 I_0 + \sum_{k=1}^{\infty} U_k I_k \cos \varphi_k = P_0 + \sum_{k=1}^{\infty} P_k \qquad\qquad (6\text{-}11)$$
$$= P_0 + P_1 + P_2 + \cdots + P_k + \cdots$$

式中,U_k、I_k 为 k 次谐波电压、电流的有效值;φ_k 表示 k 次谐波电压和电流的相位差,即 $\varphi_k = \psi_{uk} - \psi_{ik}$。

所以,非正弦周期电流电路的平均功率等于各次谐波(包括零次谐波)产生的平均功率之和。

【例 6-1】 电路如图 6-3 所示,端口非正弦周期电压、电流分别为

$$u(t) = \left[10 + 20\sqrt{2}\sin(\omega t - 30°)\right] + 8\sqrt{2}\sin(2\omega t - 30°)\ \text{V}$$
$$i(t) = \left[3 + 6\sqrt{2}\sin(\omega t + 30°) + 2\sqrt{2}\sin 2\omega t + \sqrt{2}\sin 3\omega t\right]\ \text{A}$$

试求:电压、电流的有效值和平均值,及该电路的平均功率。

解 根据式(6-6)可得电压的有效值

$$U = \sqrt{U_0^2 + U_1^2 + U_2^2} = \sqrt{10^2 + 20^2 + 8^2}\ \text{V} = 23.75\ \text{V}$$

根据式(6-10)可得电压的平均值

$$U_{\text{av}} = 0.898U = 21.33\ \text{V}$$

根据式(6-5)可得电流的有效值

$$I = \sqrt{I_0^2 + I_1^2 + I_2^2 + I_3^2} = \sqrt{3^2 + 6^2 + 2^2 + 1^2}\ \text{A} = 7.07\ \text{A}$$

根据式(6-9)可得电流的平均值

$$I_{\text{av}} = 0.898\,I = 6.35\ \text{A}$$

根据式(6-11)可得该电路的平均功率

$$P = P_0 + P_1 + P_2$$
$$= U_0 I_0 + U_1 I_1 \cos \varphi_1 + U_2 I_2 \cos \varphi_2$$
$$= \left[10 \times 3 + 20 \times 6 \times \cos(-30° - 30°) + 8 \times 2 \times \cos(-30°)\right]\ \text{W}$$
$$= 103.86\ \text{W}$$

第三节　非正弦周期电流电路的分析计算

由前述可知,非正弦的周期电压、电流可用傅里叶级数展开法分解成直流分量和各次谐波分量。这种将周期函数分解为一系列谐波的傅里叶级数后再进行分析计算的方法称为谐波分析法。具体步骤如下:

(1)将给定的非正弦激励信号分解为傅里叶级数,并根据计算精度要求,取有限项高次谐波。

(2)分别计算各次谐波单独作用下电路的响应。计算方法与直流电路及正弦交流电路的计算方法完全相同。对直流分量,电感元件等效于短路,电容元件等效于开路。对各次谐

波,电路成为正弦交流电路。但要注意电容元件和电感元件对各次谐波表现出来的感抗和容抗的不同,对于 k 次谐波有

$$X_{kL} = k\omega L \qquad X_{kC} = \frac{1}{k\omega C}$$

（3）应用叠加定理,将各次谐波作用下的响应解析式进行叠加。应注意的是,由于各次谐波的频率不同,不能用相量形式进行叠加,必须先将各次谐波分量响应写成瞬时值表达式后才可以叠加。

【例 6-4】 图 6-4(a)所示电路中

$$u(t) = \left[10 + 100\sqrt{2}\sin\omega t + 50\sqrt{2}\sin(3\omega t + 30°) \right] \text{V}$$

其中,$\omega L = 2\ \Omega$,$\dfrac{1}{\omega C} = 15\ \Omega$,$R_1 = 5\ \Omega$,$R_2 = 10\ \Omega$。试求:各支路电流及 R_1、L 支路吸收的平均功率。

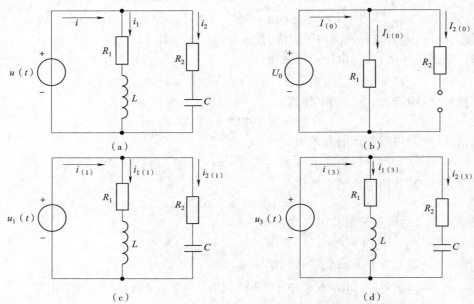

图 6-4 例 6-4 图

根据 $u(t)$ 的傅里叶级数展开式可知,相当于把 10 V 的直流电压源(零次谐波)、一次谐波和三次谐波三个信号源同时串联作用于电路,根据叠加定理,就有每一个频率分量电源单独作用下的电路图,如图 6-4(b)、(c)、(d)所示,再应用谐波分析法分析计算。

（1）在直流分量 $U_0 = 10$ V 单独作用下的等效电路如图 6-4(b)所示,这时电感相当于短路,而电容相当于开路。各支路电流分别为

$$I_{(0)} = I_{1(0)} = \frac{U_0}{R_1} = \frac{10}{5} \text{A} = 2 \text{ A}, \qquad I_{2(0)} = 0$$

（2）在基波分量 $u_1(t) = 100\sqrt{2}\sin\omega t$ V 单独作用下,等效电路如图 6-4(c)所示,用相量法计算如下:

$$\dot{U}_1 = 100\angle 0° \text{V}$$

$$\dot{I}_{1(1)} = \frac{\dot{U}_1}{R_1 + j\omega L} = \frac{100\angle 0°}{5 + j2}\text{A} = 18.6\angle -21.8° \text{A}$$

$$\dot{I}_{2(1)} = \frac{\dot{U}_1}{R_1 - j\dfrac{1}{\omega C}} = \frac{100\angle 0°}{10 - j15}\text{A} = 5.55\angle 56.3° \text{A}$$

$$\dot{I}_{(1)} = \dot{I}_{1(1)} + \dot{I}_{2(1)} = 20.5\angle -6.38° \text{A}$$

（3）在三次谐波分量 $u_3 = 50\sqrt{2}\sin(3\omega t + 30°)$ V 单独作用下，等效电路如图 6-4（d）所示，此时，感抗 $X_{L(3)} = 3\omega L = 6$ Ω，容抗 $X_{C(3)} = \dfrac{1}{3\omega C} = 5$ Ω。

$$\dot{U}_3 = 50\angle 30° \text{V}$$

$$\dot{I}_{1(3)} = \frac{\dot{U}_3}{R_1 + j3\omega L} = \frac{50\angle 30°}{5 + j6}\text{A} = 6.4\angle -20.19° \text{A}$$

$$\dot{I}_{2(3)} = \frac{\dot{U}_3}{R_1 - j\dfrac{1}{3\omega C}} = \frac{50\angle 30°}{10 - j5}\text{A} = 4.47\angle 56.57° \text{A}$$

$$\dot{I}_{(3)} = \dot{I}_{1(3)} + \dot{I}_{2(3)} = 8.62\angle 10.17° \text{A}$$

叠加，可得图 6-4（a）中各支路电流：

$$i(t) = I_{(0)} + i_{(1)} + i_{(3)}$$
$$= [\,2 + 20.5\sqrt{2}\sin(\omega t - 6.38°) + 8.62\sqrt{2}\sin(3\omega t + 10.17°)\,]\text{A}$$

$$i_1(t) = I_{1(0)} + i_{1(1)} + i_{1(3)}$$
$$= [\,2 + 18.6\sqrt{2}\sin(\omega t - 21.8°) + 6.4\sqrt{2}\sin(3\omega t - 20.19°)\,]\text{A}$$

$$i_2(t) = I_{2(0)} + i_{2(1)} + i_{2(3)}$$
$$= [\,5.55\sqrt{2}\sin(\omega t + 56.3°) + 4.47\sqrt{2}\sin(3\omega t + 56.57°)\,]\text{A}$$

分析计算 R_1、L 支路吸收的平均功率：

$$P_1 = I_{1(0)}U_0 + I_{1(1)}U_1\cos\varphi_1 + I_{1(3)}U_3\cos\varphi_3$$
$$= [\,2 \times 10 + 18.6 \times 100 \times \cos(-21.8°) + 6.4 \times 50 \times \cos 50.19°\,]\text{W}$$
$$= (20 + 1\,727 + 204.8)\text{W}$$
$$= 1\,951.8 \text{W}$$

小　　结

（1）除了正弦交流信号外，实际应用中还会遇到非正弦周期信号，非正弦周期信号是指电路中的电压、电流仍做周期性变化，但不是正弦波。而含有周期性非正弦量的电路，称为非正弦周期电路。

（2）分析非正弦周期电流电路的方法，是要先将非正弦周期信号分解为傅里叶级数，即分解为一系列不同频率的正弦量之和，一般可通过查表法获得。

（3）非正弦周期信号的有效值、平均值和平均功率的计算表达式：

①非正弦周期电流的有效值为

$$I = \sqrt{I_0^2 + \sum_{k=1}^{\infty} I_k^2} = \sqrt{I_0^2 + I_1^2 + I_2^2 + \cdots}$$

非正弦周期电压的有效值为

$$U = \sqrt{U_0^2 + \sum_{k=1}^{\infty} U_k^2} = \sqrt{U_0^2 + U_1^2 + U_2^2 + \cdots}$$

②非正弦周期电流的平均值为

$$I_{av} = 0.898I$$

非正弦周期电压的平均值为

$$U_{av} = 0.898U$$

③非正弦周期电流电路的平均功率：

$$P = P_0 + P_1 + P_2 + \cdots + P_k + \cdots = U_0 I_0 + U_1 I_1 \cos \varphi_1 + U_2 I_2 \cos \varphi_2 + \cdots + U_k I_k \cos \varphi_k + \cdots$$

式中，U_0、I_0 为零次谐波电压、电流的值；U_k、I_k 为 k 次谐波电压、电流的有效值；$\varphi_k = \psi_{uk} - \psi_{ik}$ 表示 k 次谐波电压和电流的相位差。

（4）非正弦周期电流电路的分析方法——谐波分析法的分析步骤：

①将给定的非正弦激励信号分解为傅里叶级数，并根据计算精度要求，取有限项高次谐波。

②分别计算各次谐波单独作用下电路的响应。对于 k 次谐波有

$$X_{kL} = k\omega L \qquad X_{kC} = \frac{1}{k\omega C}$$

③应用叠加定理，将各次谐波作用下的响应解析式进行叠加。应注意必须先将各次谐波分量响应写成瞬时值表达式后才可以叠加。

习　　题

（1）在电工技术中，所遇到的非正弦周期信号 $f(t)$ 的傅里叶级数展开式是什么？

（2）谐波有哪些危害？

（3）已知某无源二端网络的端口电压和端口电流分别为

$$u(t) = [141\sin(\omega t - 45°) + 84.6\sin 2\omega t + 56.4\sin(3\omega t + 45°)] \text{ V}$$

$$i(t) = [100\sin(\omega t + 45°) + 56\sin(2\omega t + 45°) + 30.5\sin(3\omega t + 45°)] \text{ A}$$

试求：①电压、电流的有效值；②该二端网络消耗的平均功率。

（4）如图 6-5 所示，输入信号电压中含有 $f_1 = 50$ Hz、$f_2 = 500$ Hz、$f_3 = 5\ 000$ Hz 三种频率的信号分量，各信号分量的电压有效值均为 20 V。试求电容两端的电压各频率分量值是

多少?

（5）如图 6-6 所示,二端网络的电压、电流分别为

$$u(t) = \left[\sin\left(t + \frac{\pi}{2}\right) + \sin\left(2t - \frac{\pi}{4}\right) + \sin\left(3t - \frac{\pi}{3}\right)\right] \text{V}$$

$$i(t) = \left[5\sin t + 2\sin\left(2t + \frac{\pi}{4}\right)\right] \text{A}$$

试求:①网络对各频率的输入阻抗;②该二端网络消耗的有功功率。

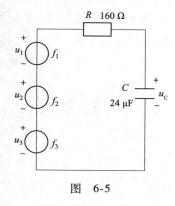

图　6-5　　　　　　　　　　　　　　　图　6-6

第七章　线性瞬态电路的时域分析

本章讨论可以用一阶微分方程描述 KCL、KVL 的电路,主要以 RC、RL 一阶电路为例,介绍换路定律、线性电路过渡过程的时域分析、求解一阶电路的三要素法。

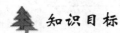 能力目标

(1)熟悉瞬态电路,能读懂简单的一阶瞬态电路图;
(2)掌握常用瞬态电路的安装和测量方法。

🌲 知识目标

(1)理解瞬态电路的概念和特点;
(2)理解零输入响应、零状态响应、全响应的概念;
(3)掌握换路定律及应用换路定律计算瞬态电路初始值的方法;
(4)熟练掌握一阶电路时间常数分析计算方法,了解时间常数的意义;
(5)熟练掌握一阶 RC、RL 电路零输入响应、零状态响应、全响应的分析方法;
(6)熟练掌握一阶电路的三要素分析方法。

第一节　瞬态电路的基本概念

 知识点一　瞬态过程及产生原因

瞬态和稳态是一种相对的概念。在学习瞬态前,先总结一下前面各章所研究的稳态。

稳态是指电路中所有的激励和响应在一定时间内都是某一稳定值或者呈周期性变化的稳定状态,简称稳态。直流电路中的稳态就是在输入固定的情况下有稳定的输出;交流电路中的稳态是指在有周期性激励输入的情况下,输出电压、电流呈周期性的稳定的变化。

然而,实际电路中,经常会发生开关的通断、元件参数的变化、连接方式的改变等情况,这些情况统称为换路。电路发生换路时,通常会引起电路稳定状态的改变。

如图 7-1 所示的实验电路,当开关 S 闭合时,电阻支路的灯泡立即点亮,而且亮度始终不变,说明电阻支路在开关闭合后立即进入稳定状态;而电容支路的灯泡在开关闭合瞬间很亮,然后逐渐变暗直至熄灭,熄灭后不再变化;电感支路的灯泡在开关闭合瞬间不亮,然后逐

渐变亮,最后亮度稳定不再变化。

电容元件在直流稳态电路中相当于开路,电感元件在直流稳态电路中相当于一根导线。实验现象说明,换路后电感支路的灯泡和电容支路的灯泡达到最后稳定,都要经历一段过程。电路从一种稳定状态变化到另一种稳定状态的中间过程称为电路的过渡过程。实际电路中的过渡过程是暂时存在的变化的过程,最后会消失,故称为瞬态过程,简称瞬态(或暂态)。

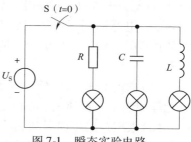

图 7-1　瞬态实验电路

而深究电路出现瞬态过程的原因是,由于换路引起的稳定状态的改变,必然伴随着能量的改变,在电容、电感储能元件上能量的积累和释放需要一定的时间,即储能元件储存的能量不能突变,需要有一个过渡过程。

由上述可知,电路产生瞬态过程的原因有两点:

(1)电路中含有电容或电感等储能元件;

(2)电路发生换路。

本章研究的就是含有储能元件的电路在换路后,电路中的电压、电流的变化规律。电路的瞬态过程虽然比较短暂,但是在实践中有着重要的作用,在控制设备中利用暂态电路的特性来提高控制速度和精度,在波形的产生和改善设计中也有广泛应用。另外,有些电路在暂态中会出现过电压或过电流,导致电气设备和元件受到损害。故认识瞬态电路的特点和规律,有利于应用和防范。

 知识点二　换路定律

换路使电路的能量发生变化,但能量不能跳变。电容元件所存储的电场能为 $\frac{1}{2}Cu_C^2$,所以电容元件两端的电压 u_C 不能跳变;电感元件所存储的磁场能为 $\frac{1}{2}Li_L^2$,所以通过电感线圈中的电流 i_L 不能跳变。

电路在换路时能量不能跳变具体表现为:换路瞬间,电容两端的电压不能跳变;通过电感线圈中的电流不能跳变。这个规律是分析瞬态电路很重要的定律,称为换路定律。

用 $t=0$ 表示换路瞬间,以 $t=0_-$ 表示换路前的瞬间,$t=0_+$ 表示换路后的瞬间。即从 $t=0_-$ 到 $t=0_+$ 瞬间,电容元件上的电压和电感元件中的电流不能跃变,换路定律可表示为

$$\begin{cases} u_C(0_+) = u_C(0_-) \\ i_L(0_+) = i_L(0_-) \end{cases} \tag{7-1}$$

注意:式(7-1)只适用于换路前后的瞬间,电容电压和电感电流的数值应保持不变。而其他的量,如电容电流、电感电压、电阻电压和电流都是可以跃变的,通常换路前后瞬间的值是不相等的。

 知识点三　初始值的计算

电路的瞬态过程是从换路后瞬间(即 $t=0_+$ 时刻)开始到电路达到新的稳定状态(即

$t = \infty$ 时刻)时结束。电路换路后的最初一瞬间的电流、电压值,统称为初始值,记作 $f(0_+)$。电路达到新的稳定状态时的电流、电压值,统称为稳态值,记作 $f(\infty)$。故确定初始值 $f(0_+)$ 和稳态值 $f(\infty)$ 是暂态分析非常关键的一步。先来分析总结初始值的计算步骤:

(1)画出 $t = 0_-$ 时的等效电路。如此时电路为直流稳态电路,电容元件相当于开路,电感元件相当于一根导线。在此电路中确定 $u_C(0_-)$ 和 $i_L(0_-)$ 的值。

(2)根据换路定律得到 $u_C(0_+)$ 和 $i_L(0_+)$ 的值。

(3)画出 $t = 0_+$ 时的等效电路,确定除电容电压和电感电流外电路中其他变量的初始值。在该电路中,若 $u_C(0_+) = u_C(0_-) = U_S$,电容用一个直流电压源 U_S 代替;若 $u_C(0_+) = 0$ 则电容用一根导线代替。若 $i_L(0_+) = i_L(0_-) = I_S$,电感用一个直流电流源 I_S 代替;若 $i_L(0_+) = 0$ 则电感作开路处理。

【例 7-1】 图 7-2(a)所示电路在 $t = 0$ 时换路,即开关 S 由位置 1 合到位置 2。设换路前电路已经稳定,求换路后的初始值 $i_1(0_+)$、$i_2(0_+)$ 和 $u_L(0_+)$。

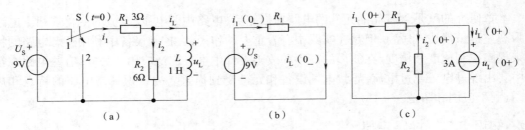

图 7-2　例 7-1 图

解 (1)画 $t = 0_-$ 等效电路如图 7-2(b)所示,则有

$$i_L(0_+) = i_L(0_-) = \frac{U_S}{R_1} = \frac{9}{3} \text{ A} = 3 \text{ A}$$

(2)画 $t = 0_+$ 等效电路如图 7-2(c)所示。则有

$$i_1(0_+) = \frac{R_2}{R_1 + R_2} i_L(0_+) = \frac{6}{3 + 6} \times 3 \text{ A} = 2 \text{ A}$$

$$i_2(0_+) = i_1(0_+) - i_L(0_+) = (2 - 3) \text{ A} = -1 \text{ A}$$

$$u_L(0_+) = R_2 i_2(0_+) = 6 \times (-1) \text{ V} = -6 \text{ V}$$

【例 7-2】 图 7-3(a)所示电路中,已知 $U_S = 18 \text{ V}$、$R_1 = 1 \text{ }\Omega$、$R_2 = 2 \text{ }\Omega$、$R_3 = 3 \text{ }\Omega$、$L = 0.5 \text{ H}$、$C = 4.7 \text{ }\mu\text{F}$,开关 S 在 $t = 0$ 时合上,设 S 合上前电路已进入稳态。试求初始值 $i_1(0_+)$、$i_2(0_+)$、$i_L(0_+)$、$u_L(0_+)$、$u_C(0_+)$。

解 (1)画 $t = 0_-$ 等效电路如图 7-3(b)所示,则有

$$i_L(0_-) = \frac{U_S}{R_1 + R_2} = \frac{18}{1 + 2} \text{ A} = 6 \text{ A} = i_L(0_+)$$

$$u_C(0_-) = R_2 i_L(0_-) = 2 \times 6 \text{ V} = 12 \text{ V} = u_C(0_+)$$

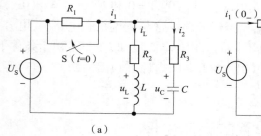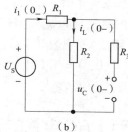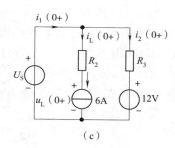

（a）　　　　　　　（b）　　　　　　　（c）

图 7-3　例 7-2 图

（2）画 $t = 0_+$ 等效电路如图 7-3（c）所示，则有

$$i_2(0_+) = \frac{U_S - u_C(0_+)}{R_3} = \frac{18 - 12}{3}\ A = 2\ A$$

$$i_1(0_+) = i_L(0_+) + i_2(0_+) = (6 + 2)\ A = 8\ A$$

$$u_L(0_+) = U_S - R_2 i_L(0_+) = (18 - 2 \times 6)\ V = 6\ V$$

【例 7-3】　图 7-4（a）所示电路中，$t = 0$ 时刻开关 S 闭合，换路前电路无储能。试求开关闭合后各电压、电流的初始值。

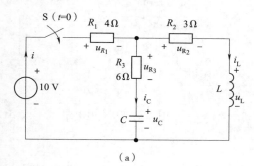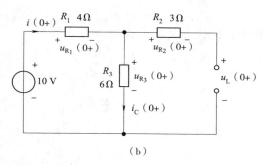

（a）　　　　　　　　　　　　　　　　　（b）

图 7-4　例 7-3 图

解　（1）根据题中所给定条件，换路前电路无储能，故得出

$$u_C(0_+) = u_C(0_-) = 0$$

$$i_L(0_+) = i_L(0_-) = 0$$

（2）作 $t = 0_+$ 等效电路如图 7-4（b）所示，则有

$$i(0_+) = i_C(0_+) = \frac{10}{4 + 6}\ A = 1\ A$$

$$u_{R_1}(0_+) = R_1 i(0_+) = 4 \times 1\ V = 4\ V$$

$$u_{R_3}(0_+) = R_3 i_C(0_+) = 6 \times 1\ V = 6\ V$$

$$u_{R_2}(0_+) = 0$$

$$u_L(0_+) = u_{R_3}(0_+) = 6\ V$$

注意：由例7-3可知，在零初始条件下，即 $u_C(0_+) = u_C(0_-) = 0$ 和 $i_L(0_+) = i_L(0_-) = 0$，电路在换路后瞬间，电容相当于短路，而电感相当于开路。这与直流稳态电路中，电容相当于开路，电感相当于一根导线（短路）是截然不同的。由例7-2可知，在非零初始条件下，即 $u_C(0_+) = u_C(0_-) = U_S \neq 0$ 和 $i_L(0_+) = i_L(0_-) = I_S \neq 0$，电路在换路后瞬间，电容等效为直流电压源 U_S，电感等效为直流电流源 I_S。

第二节　RC 电路的瞬态过程

 ## 知识点一　RC 电路的充电过程

RC 电路的瞬态过程即为 RC 电路的充、放电过程。下面对换路后的 RC 电路中的电压和电流变化进行探讨，其充电电路如图7-3所示。

在图7-5中，开关 S 原先是打开的，电路稳定，电容中没有储能，即 $u_C(0_-) = 0$。在 $t = 0$ 时将开关 S 闭合，电路接通直流电源 U_S，电源将向电容充电。此时电路中的响应完全是由输入的直流电源 U_S 作为激励而引起的，称为零状态响应。

由图7-5换路后的电路，依据 KVL，有

$$u_R + u_C = U_S \quad (t \geqslant 0)$$

由 R、C 的伏安关系

$$i = C\frac{\mathrm{d}u_C}{\mathrm{d}t}$$

$$u_R = Ri = RC\frac{\mathrm{d}u_C}{\mathrm{d}t}$$

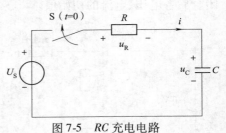

图 7-5　RC 充电电路

可得

$$RC\frac{\mathrm{d}u_C}{\mathrm{d}t} + u_C = U_S \quad (t \geqslant 0) \tag{7-2}$$

式(7-2)是一个一阶微分方程，解该微分方程，并结合初始条件 $u_C(0_+) = u_C(0_-) = 0$，可得

$$u_C(t) = U_S - U_S\mathrm{e}^{-\frac{t}{RC}} = U_S(1 - \mathrm{e}^{-\frac{t}{RC}}) \quad (t \geqslant 0)$$

其中，令 $\tau = RC$，称为 RC 电路的时间常数，τ 的单位为秒(s)。则有换路后电容电压的响应为

$$u_C(t) = U_S - U_S\mathrm{e}^{-\frac{t}{\tau}} = U_S(1 - \mathrm{e}^{-\frac{t}{\tau}}) \quad (t \geqslant 0) \tag{7-3}$$

同理，换路后电路中电流 $i(t)$ 和电阻电压 $u_R(t)$ 为

$$i(t) = C\frac{\mathrm{d}u_C}{\mathrm{d}t} = \frac{U_S}{R}\mathrm{e}^{-\frac{t}{\tau}} \quad (t \geqslant 0) \tag{7-4}$$

$$u_R(t) = Ri = U_S\mathrm{e}^{-\frac{t}{\tau}} \quad (t \geqslant 0) \tag{7-5}$$

$u_C(t)$、$u_R(t)$ 和 $i(t)$ 随时间变化的曲线如图7-6所示。

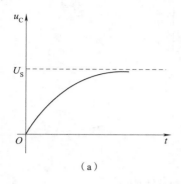
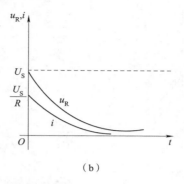

（a）　　　　　　　　　　　　　　（b）

图 7-6　RC 电路 $u_C(t)$、$u_R(t)$ 和 $i(t)$ 波形

由图 7-6 可知，电容元件在与直流电源接通后的充电过程中，电压 u_C 从零值按指数规律上升直至趋于稳态值 U_S。与此同时，电阻电压 u_R 在换路瞬间从零值跃变为最大值 U_S 后，按指数规律衰减直至趋于零值。电路电流 i 的变化规律和 u_R 一样，在换路瞬间从零值跃变为最大值 U_S/R 后，按指数规律衰减直至趋于零值。

 知识点二　RC 电路的放电过程

RC 放电电路如图 7-7 所示。开关 S 原先是打开的，电路稳定，电容有储能，已知 $u_C(0_-) = U_0$。在 $t = 0$ 时，将开关 S 闭合，电路接通，电容将向电阻放电。此时电路中的响应完全是电容电压的初始值作为激励而引起的，称为零输入响应。

由图 7-7 换路后的电路，依据 KVL，有

$$u_R - u_C = 0 \quad (t \geqslant 0)$$

由 R、C 的伏安关系

$$i = -C\frac{\mathrm{d}u_C}{\mathrm{d}t}$$

$$u_R = Ri = -RC\frac{\mathrm{d}u_C}{\mathrm{d}t}$$

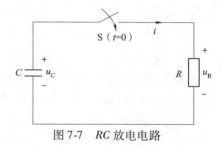

图 7-7　RC 放电电路

可得

$$RC\frac{\mathrm{d}u_C}{\mathrm{d}t} + u_C = 0 \quad (t \geqslant 0) \tag{7-6}$$

解该微分方程，并结合初始条件 $u_C(0_+) = u_C(0_-) = U_0$，可得

$$u_C(t) = U_0 \mathrm{e}^{-\frac{t}{\tau}} \quad (t \geqslant 0) \tag{7-7}$$

同理，电路中电流 $i(t)$ 和电阻电压 $u_R(t)$ 为

$$i(t) = -C\frac{\mathrm{d}u_C}{\mathrm{d}t} = \frac{U_0}{R}\mathrm{e}^{-\frac{t}{\tau}} \quad (t \geqslant 0) \tag{7-8}$$

$$u_R(t) = Ri = U_0 \mathrm{e}^{-\frac{t}{\tau}} \quad (t \geqslant 0) \tag{7-9}$$

$u_C(t)$、$i(t)$ 随时间变化的曲线如图 7-8 所示。

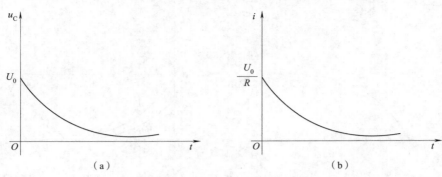

图 7-8 RC 电路 $u_C(t)$ 和 $i(t)$ 波形

由图 7-8 可知,电路接通后电容元件在放电过程中,电压 u_C 从初始值 U_0 按指数规律衰减直至趋于零值。电路电流 i 和电阻电压 u_R 的变化规律类似,都是在换路瞬间从零值跃变为最大值后,按指数规律衰减直至趋于零值。

由上述分析可知,电压、电流上升或下降的快慢显然是取决于时间常数 τ 的大小。现以式(7-7)中的电容电压 $u_C(t)$ 为例来说明时间常数 τ 的意义。将 $t = \tau$、2τ、3τ、…不同时间的响应 u_C 值列于表 7-1 中。

表 7-1 不同时间的响应 u_C 值

t	0	τ	2τ	3τ	4τ	5τ	…	∞
$\mathrm{e}^{-t/\tau}$	1	0.368	0.135	0.05	0.018	0.007	…	0
u_C	U_0	$0.368U_0$	$0.135U_0$	$0.05U_0$	$0.018U_0$	$0.007U_0$	…	0

从表 7-1 中可以看出:

(1)在式(7-3)对应的 RC 充电电路中,当 $t = \tau$ 时,$u_C(\tau) = 0.632U_S$,所以时间常数 τ 是响应上升至新稳态值 0.632 倍所需要的时间。在式(7-7)对应的 RC 放电电路中,当 $t = \tau$ 时,$u_C(\tau) = 0.368U_0$,所以时间常数 τ 也可以是响应衰减至初始值 0.368 倍所需要的时间。

(2)从理论上讲,要经过 $t = \infty$ 的时间,过渡过程结束,电路达到新的稳态。但从表 7-14 可以看出,$t = 3\tau \sim 5\tau$ 时,响应已很稳定。如在式(7-3)对应的 RC 充电电路中,当 $t = 5\tau$ 时,$u_C(5\tau) = 0.993U_S \approx U_S$,充电过程基本结束;在式(7-7)对应的 RC 放电电路中,当 $t = 5\tau$ 时,$u_C(5\tau) = 0.007U_0 \approx 0$,放电过程基本结束。所以,工程上常认为 $t = (3 \sim 5)\tau$ 时,电路的过渡过程基本结束。

显然,换路后的电路需要 $(3 \sim 5)\tau$ 时间来完

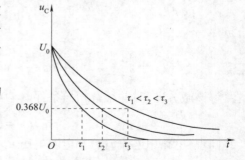

图 7-9 时间常数 τ 对暂态过程的影响

成过渡过程,τ 越大,充、放电过程越慢;τ 越小,充、放电过程越快。时间常数 τ 反映了电容器的充放电速率。以式(7-7)对应的放电电压为例,用图 7-9 能直观地反映出时间常数 τ 对暂态过程的影响。

第三节　*RL* 电路的瞬态过程

 知识点一　*RL* 电路的充磁过程

RL 充磁电路如图 7-10 所示,在图 7-10 中开关 S 原先是打开的,电路稳定,电感中没有储能,即 $i_L(0_-) = 0$。在 $t = 0$ 时将开关 S 闭合,电路接通直流电源 U_S,电源将向电感充磁。此时电路中的响应完全是由输入的直流电源 U_S 作为激励而引起的,称为零状态响应。

由图 7-10 换路后的电路,依据 KVL,有

$$u_R + u_L = U_S \qquad (t \geq 0)$$

由 R、L 的伏安关系

$$u_R = Ri_L$$

$$u_L = L\frac{di_L}{dt}$$

可得

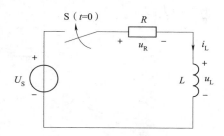

图 7-10　*RL* 充磁电路

$$L\frac{di_L}{dt} + Ri_L = U_S \qquad (t \geq 0) \qquad (7\text{-}10)$$

解该微分方程,并结合初始条件 $i_L(0_+) = i_L(0_-) = 0$,可得

$$i_L(t) = \frac{U_S}{R} - \frac{U_S}{R}e^{-\frac{t}{\tau}} = \frac{U_S}{R}(1 - e^{-\frac{t}{\tau}}) \qquad (t \geq 0) \qquad (7\text{-}11)$$

式中,$\tau = \dfrac{L}{R}$,称为 *RL* 电路的时间常数,τ 的单位为秒(s)。

同理,换路后电路中电感电压 $u_L(t)$ 和电阻电压 $u_R(t)$ 为

$$u_L(t) = L\frac{di_L}{dt} = U_S e^{-\frac{t}{\tau}} \qquad (t \geq 0) \qquad (7\text{-}12)$$

$$u_R(t) = Ri_L = U_S(1 - e^{-\frac{t}{\tau}}) \qquad (t \geq 0) \qquad (7\text{-}13)$$

$i_L(t)$、$u_R(t)$ 和 $u_L(t)$ 随时间变化的曲线如图 7-11 所示。

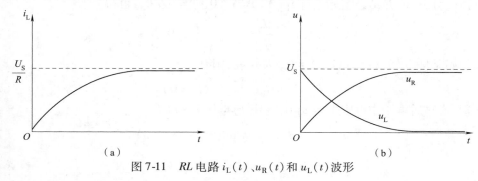

(a) 　　　　　　　　　　　　　　　(b)

图 7-11　*RL* 电路 $i_L(t)$、$u_R(t)$ 和 $u_L(t)$ 波形

由图 7-11 可知,电感元件在与直流电源接通后的充磁过程中,电流 i_L 从零值按指数规律上升直至趋于稳态值 U_S/R。与此同时,电感电压 u_L 在换路瞬间从零值跃变为最大值 U_S

后,按指数规律衰减直至趋于零值。电阻电压 u_R 的变化规律和 i_L 一样,在换路瞬间从零值按指数规律上升直至趋于稳态值 U_S。

RL 电路的时间常数 τ 的意义和 RC 电路的时间常数 τ 的意义是一样的。

💡 知识点二 RL 电路的放磁过程

RL 放磁电路如图 7-12(a)所示。开关 S 原先是在 1 的位置,电路稳定,即电感有储能,计算初始值可得 $i_L(0_-) = U_S/R_S$。在 $t = 0$ 时将开关 S 打到 2 的位置,电路如图 7-12(b)所示,电感将向电阻放磁。此时电路中的响应完全是电感电流的初始值作为激励而引起的,称为零输入响应。

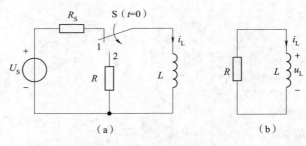

图 7-12 RL 放磁电路

由图 7-12(b)电路,依据 KVL,有

$$Ri_L + u_L = 0 \quad (t \geqslant 0)$$

由 L 的伏安关系

$$u_L = L\frac{di_L}{dt}$$

可得

$$L\frac{di_L}{dt} + Ri_L = 0 \qquad (t \geqslant 0) \tag{7-14}$$

解该微分方程,并结合初始条件 $i_L(0_+) = i_L(0_-) = U_S/R_S$,可得

$$i_L(t) = \frac{U_S}{R_S}e^{-\frac{t}{\tau}} \qquad (t \geqslant 0) \tag{7-15}$$

设初始条件 $i_L(0_+) = i_L(0_-) = U_S/R_S = I_0$,则有

$$i_L(t) = I_0 e^{-\frac{t}{\tau}} \qquad (t \geqslant 0) \tag{7-16}$$

同理,换路后电路中电阻电压 $u_R(t)$ 和电感电压 $u_L(t)$ 为

$$u_R(t) = Ri_L = I_0 R e^{-\frac{t}{\tau}} \qquad (t \geqslant 0) \tag{7-17}$$

$$u_L(t) = L\frac{di_L}{dt} = -I_0 R e^{-\frac{t}{\tau}} \qquad (t \geqslant 0) \tag{7-18}$$

$i_L(t)$、$u_R(t)$、$u_L(t)$ 随时间变化的曲线如图 7-13 所示。

由图 7-13 可知,电感元件在放磁过程中,电流 i_L 从初始值 U_S/R_S 按指数规律衰减直至趋于零值。电阻电压 u_R 和电感电压 u_L 都是在换路瞬间从零值跃变为最大值后,按指数规律衰减直至趋于零值。

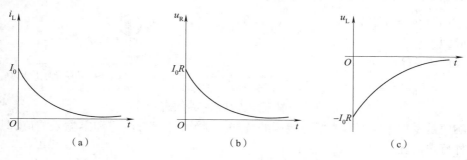

图 7-13　RL 电路 $i_L(t)$、$u_R(t)$ 和 $u_L(t)$ 波形

第四节　一阶电路的分析与应用

 知识点一　一阶电路的定义

在一个电路简化后(如电阻的串并联、电容的串并联、电感的串并联化为一个元件),只含有一个储能元件(电容或电感等)的电路称为一阶电路。一阶电路的瞬态过程是指,电路发生换路后,电路中的响应由初始值按指数规律趋向新的稳态值的过程,趋向新稳态值的速度与时间常数有关。本节讨论的是一阶线性电路的分析与应用。

 知识点二　零输入响应、零状态响应和全响应

由前两节内容可知,在一阶瞬态电路中的响应除了由外加激励所引起外,也能由储能元件的"初始状态"引起。按照激励的不同,一阶瞬态电路的响应可以分为三种:

(1)零输入响应。在图 7-7 和图 7-12 的放电电路里,储能元件有初始储能,换路后的电路中没有外加的电源。这种换路后的电路中没有外电源,仅由储能元件的初始储能作为激励而引起的电路响应,称为零输入响应。零输入响应的特点是按指数规律随时间变化而衰减到零,如图 7-8 和图 7-13 所示。

(2)零状态响应。如果电路中的储能元件没有初始储能,仅由激励源引起的响应称为零状态响应。如图 7-5 和图 7-10 所示,换路后的电路中电压、电流,均为零状态响应。

(3)全响应。换路后的电路中储能元件的初始储能和外加信号源共同作为激励源引起的响应称为全响应。显然,对于线性电路,全响应为零输入响应和零状态响应叠加的结果。

下面以一阶 RC 电路为例分析全响应。在图 7-14 电路中,在原先的稳态电路中电容有储能,即 $u_C(0_-)=U_0$。在 $t=0$ 时将开关 S 闭合,电路接通直流电源 U_S。此时电路中的响应是由电容的初始储能和直流电源 U_S 共同作为激励而引起的,为全响应。

由电容的初始储能单独作用的零输入响应为

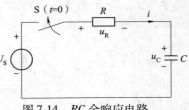

图 7-14　RC 全响应电路

$$u'_C(t) = U_0 e^{-\frac{t}{\tau}} \qquad (t \geq 0)$$

由电源 U_S 单独作用的零状态响应为

$$u''_C(t) = U_S(1 - e^{-\frac{t}{\tau}}) \qquad (t \geq 0)$$

则全响应为

$$u_C(t) = u'_C(t) + u''_C(t)$$
$$= U_0 e^{-\frac{t}{\tau}} + U_S(1 - e^{-\frac{t}{\tau}}) \quad (t \geq 0) \qquad (7\text{-}19)$$

即　　　　　　　　　　全响应 = 零输入响应 + 零状态响应

全响应是零输入响应和零状态响应的叠加。显然,零状态响应和零输入响应都是全响应的一种特殊情况。

由式(7-19)可得全响应的另一种分解方法:

$$u_C(t) = U_S + (U_0 - U_S)e^{-\frac{t}{\tau}} \qquad (t \geq 0) \qquad\qquad (7\text{-}20)$$

式(7-20)中第一项是电路的稳态解,第二项是电路的暂态解。因此,一阶电路的全响应可以看成是稳态分量与暂态分量的和。

即　　　　　　　　　　全响应 = 稳态分量 + 暂态分量

可以看出,零输入响应和初始值[式(7-20)中为 U_0]有关,零状态响应和外加信号源[式(7-20)中为 U_S]有关,全响应和两者之差[式(7-20)中为 $U_0 - U_S$]有关。

由式(7-20)画出图 7-15。图 7-15 给出了 $U_0 < U_S$、$U_0 = U_S$、$U_0 > U_S$ 三种不同初始状态下,RC 电路的全响应 $u_C(t)$ 的曲线。

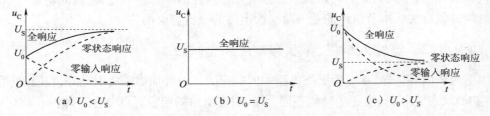

（a）$U_0 < U_S$　　　　　　（b）$U_0 = U_S$　　　　　　（c）$U_0 > U_S$

图 7-15　RC 全响应电路三种情况下 u_C 随时间变化的曲线

由式(7-19),画出用零输入响应和零状态响应叠加而得到的 $u_C(t)$ 的全响应曲线,其结果与稳态分量和暂态分量叠加是一样的,如图 7-16 所示。

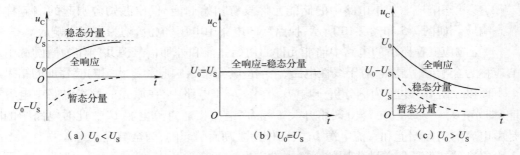

（a）$U_0 < U_S$　　　　　　（b）$U_0 = U_S$　　　　　　（c）$U_0 > U_S$

图 7-16　RC 全响应电路三种情况下 u_C 随时间变化的曲线

知识点三 三要素法

从前面的分析可以归纳出两点：

（1）一阶电路中各处响应都是从初始值开始，按照指数规律逐渐增加或衰减到新的稳态值，其增加或衰减的速度由电路时间常数的大小决定；

（2）零输入响应和零状态响应都是全响应的特殊情况，分析时无论是零输入响应、零状态响应还是全响应，都可以用全响应的表达式表达。因此，一阶电路的响应都是由初始值、稳态值和时间常数这三个要素决定的，只要是知道了这三个要素就可以直接写出一阶电路的响应表达式，这种求解一阶电路响应的方法称为三要素法。

设 $f(t)$ 为电路的电压或电流的响应、$f(0_+)$ 为电压或电流的初始值、$f(\infty)$ 为电压或电流的新的稳态值，τ 为换路后电路的时间常数。则一阶电路的响应可表示为

$$f(t) = f(\infty) + [f(0_+) - f(\infty)] e^{-\frac{t}{\tau}} \qquad (t \geq 0) \tag{7-21}$$

求解一阶电路响应的三要素法步骤如下：

（1）求初始值 $f(0_+)$：

①画出 $t = 0_-$ 时的等效电路。如此时电路为直流稳态电路，电容元件相当于开路，电感元件相当于一根导线。在此电路中确定 $u_C(0_-)$ 或 $i_L(0_-)$ 的值；根据换路定律得到 $u_C(0_+)$ 或 $i_L(0_+)$ 的值。

②画出 $t = 0_+$ 时的等效电路，确定除电容电压和电感电流外，电路中其他变量的初始值。在该电路中，若 $u_C(0_+) = u_C(0_-) = U_S$，则电容用一个直流电压源 U_S 代替；若 $u_C(0_+) = 0$，则电容用一根导线代替。若 $i_L(0_+) = i_L(0_-) = I_S$，则电感用一个直流电流源 I_S 代替；若 $i_L(0_+) = 0$，则电感作开路处理。

（2）求稳态值 $f(\infty)$。画出换路后并已达到新稳态的电路，将其中的电感作短路处理，电容作开路处理，获得直流电阻性电路。

（3）求时间常数 τ。在 RC 电路中，$\tau = RC$；在 RL 电路中，$\tau = L/R$。注意：其中 R 是换路后的电路中所有的独立源置零（电压源短路、电流源开路）后，从储能元件（C 或者 L）两端看进去的等效电阻。

（4）由式（7-21）写出响应的表达式 $f(t)$。

需要指出的是，三要素法只适用于一阶线性电路，对于二阶或高阶电路是不适用的。

【例 7-4】 图 7-17（a）所示电路，在 $t = 0$ 时开关 S 闭合，S 闭合前电路已达稳态。求 $t \geq 0$ 时，$u_C(t)$、$i_C(t)$ 和 $i(t)$。

解 （1）求初始值 $u_C(0_+)$、$i_C(0_+)$、$i(0_+)$。

①画 $t = 0_-$ 时的等效电路，如图 7-17（b）所示，则有

$$u_C(0_+) = u_C(0_-) = 20 \text{ V}$$

②画 $t = 0_+$ 时的等效电路，如图 7-17（c）所示，可计算得

$$i_C(0_+) = -2.5 \text{ mA}$$

$$i(0_+) = 1.25 \text{ mA}$$

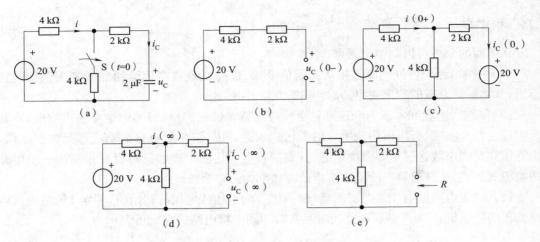

图 7-17　例 7-4 图

（2）求稳态值 $u_C(\infty)$、$i_C(\infty)$、$i(\infty)$。画 $t=\infty$ 时稳态等效电路如图 7-17（d）所示，则有

$$u_C(\infty) = \frac{4}{4+4} \times 20\ \text{V} = 10\ \text{V}$$

$$i_C(\infty) = 0$$

$$i(\infty) = \frac{20}{4+4}\ \text{mA} = 2.5\ \text{mA}$$

（3）求时间常数 τ。将电容元件断开，电压源短路，如图 7-17（e）所示，求得等效电阻

$$R = \left(2 + \frac{4 \times 4}{4+4}\right)\text{k}\Omega = 4\ \text{k}\Omega$$

所以，时间常数为

$$\tau = RC = 4 \times 10^3 \times 2 \times 10^{-6}\ \text{s} = 8 \times 10^{-3}\ \text{s}$$

（4）根据式（7-21）得出电路的响应电压、电流分别

$$u_C(t) = 10 + (20-10)\text{e}^{-125t} = 10(1 + \text{e}^{-125t})\ \text{V} \qquad (t \geqslant 0)$$

$$i_C(t) = -2.5\text{e}^{-125t}\ \text{mA} \qquad (t \geqslant 0)$$

$$i(t) = 2.5 + (1.25 - 2.5)\text{e}^{-125t} = (2.5 - 1.25\text{e}^{-125t})\ \text{mA} \qquad (t \geqslant 0)$$

【例 7-5】　图 7-18（a）所示电路，已知 $U_S = 10\ \text{V}$、$R_1 = 6\ \Omega$、$R_2 = 4\ \Omega$、$L = 2\ \text{mH}$，开关 S 原处于断开状态时电路稳定，求开关 S 闭合后的 $u_L(t)$、$i_1(t)$、$i_2(t)$ 和 $i_3(t)$。

　　解　（1）求解初始值 $u_L(0_+)$、$i_1(0_+)$、$i_2(0_+)$ 和 $i_3(0_+)$。
在 $t=0_-$ 时的稳定电路中，电感用一根导线替代，可得

$$i_1(0_-) = i_L(0_-) = \frac{U_S}{R_1 + R_2} = \frac{10\ \text{V}}{6\ \Omega + 4\ \Omega} = 1\ \text{A} = i_1(0_+)$$

在 $t=0_+$ 时的等效电路如图 7-18（b）所示，可得

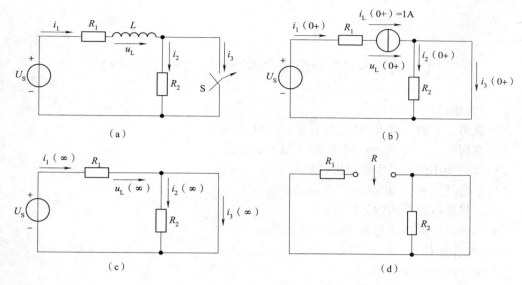

图 7-18　例 7-5 图

$$i_2(0_+) = 0$$
$$i_3(0_+) = i_1(0_+) = 1 \text{ A}$$
$$u_L(0_+) = U_S - R_1 i_1(0_+) = 10 \text{ V} - 6 \ \Omega \times 1 \text{ A} = 4 \text{ V}$$

（2）求稳态值 $u_L(\infty)$、$i_1(\infty)$、$i_2(\infty)$、$i_3(\infty)$。画 $t = \infty$ 时稳态等效电路如图 7-18（c）所示，则有

$$u_L(\infty) = 0$$
$$i_1(\infty) = i_3(\infty) = \frac{10 \text{ V}}{6 \ \Omega} = \frac{5}{3} \text{ A} = 1.67 \text{ A}$$
$$i_2(\infty) = 0$$

（3）求时间常数 τ。将电感元件断开看进去，电压源短路，如图 7-18（d）所示，求得等效电阻

$$R = R_1 = 6 \ \Omega$$

所以，时间常数为

$$\tau = \frac{L}{R} = \frac{2 \times 10^{-3} \text{H}}{6 \ \Omega} = \frac{1}{3} \times 10^{-3} \text{ s}$$

（4）根据式（7-21）得

$$u_L(t) = [0 + (4 - 0)e^{-3\,000t}] \text{ V} = 4e^{-3\,000t} \text{ V} \qquad (t \geqslant 0)$$
$$i_1(t) = i_3(t) = [1.67 + (1 - 1.67)e^{-3\,000t}] \text{ A} = (1.67 - 0.67e^{-3\,000t}) \text{ A} \qquad (t \geqslant 0)$$
$$i_2(t) = 0 \qquad (t \geqslant 0)$$

实 作 一阶 RC 电路的瞬态过程测试分析

（一）实作目的

（1）熟悉并掌握一阶 RC 电路的充电和放电特性。

（2）掌握测定一阶 RC 电路的时间常数 τ 的方法。

（3）学会使用信号发生器输出方波信号。

（4）学会使用示波器观察 RC 电路的方波响应。

（5）会排除电路中的常见故障。

（6）培养良好的操作习惯，提高职业素质。

（二）实作器材

实作器材见表7-2。

表 7-2　实 作 器 材

器材名称	规格型号	数量
直流（双）稳压电源	YB1731A,0~30 V,3 A	1 台
双踪示波器	YB43025	1 台
信号连接线	BNCQ9 公转双鳄鱼夹	2 根
交流线路板	自制	1 块
指针式万用表	MF-47	1 块
电阻	RJ-0.25-20 kΩ	2 个
电容	1 000 μF	1 个
导线		若干

（三）实作前预习

（1）示波器、信号发生器面板上各控制件的名称及作用。

（2）示波器、信号发生器的使用方法。

（3）一阶 RC 电路瞬态过程的相关理论知识。

（四）实作内容与步骤

1. 测试 RC 电路充电和放电过程中电容电压的变化规律

（1）按图 7-19 接线，取 R_1、R_2 均为 20 kΩ，电容 C 为 1 000 μF，稳压电源的输出电压 U_S 调节到 10 V。

（2）首先将开关 K 合向位置“2”，用导线将电容 C 短接放电，以保证电容上的初始电压为零。

（3）万用表置直流电压 10 V 挡，将万用表并联在电容 C 的两端。然后将开关 K 合向位置“1”，电容开始充电，同时用秒表计时，每相隔一个相同的时间（5 s），读取不同时刻的电

容电压 u_C,记入表 7-3 中。

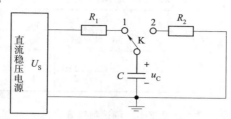

图 7-19　一阶 *RC* 电路瞬态过程测试电路

（4）充电结束后,$u_C = 10$ V,再将开关 K 合向位置"2",电容开始放电,同时即用秒表重新计时,读取不同时刻的电容电压 u_C,记入表 7-3 中,并记下电压表内阻 R_V（$R_V =$ 灵敏度 × 量程）。

（5）将图 7-19 电路中的电阻 R_1 和 R_2 均换为 10 kΩ,重复上述测量,结果记入表 7-4 中。

2. 测定时间常数 τ

（1）按图 7-19 接线,R_1、R_2 均为 10 kΩ,测量 u_C 从零上升到 63.2% U_S 所需的时间,亦即测量充电时间常数 $\tau_{充}$,记入表 7-5 中。

（2）再测量 u_C 从 U_0（ $=10$ V）下降到 36.8% U_0 所需时间,即测量放电时间常数 $\tau_{放}$,记入表 7-5 中。

3. 观察 *RC* 电路充放电时电容电压 u_C 的变化波形。

（1）按图 7-20 接线,电阻 *R* 取 20 kΩ,电容 *C* 取 0.01 μF。

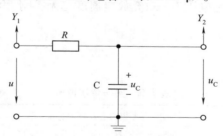

图 7-20　观察 *RC* 充、放电电压波形

（2）信号发生器输出方波信号:频率 1 000 Hz,幅度 2 V。将 u_C 输入 Y_2 通道,方波 u 输入 Y_1 通道,观察 u 与 u_C 的波形,并描绘波形图;再改变电阻的阻值为 10 kΩ,观察 u_C 的波形变化,分析其变化原因。

（五）测试与观察结果记录

表 7-3　测试数据 1

$U_S =$			$R_1 = R_2 =$			$C =$		$R_V =$		
t/s	0	5	10	15	20	25	30	35	40	60	90
u_C/V（充电）											
u_C/V（放电）											

表7-4　测试数据2

$U_S =$				$R_1 = R_2 =$			$C =$		$R_V =$	
t/s	0	5	10	15	20	25	30	35	40	60	90
u_C/V（充电）											
u_C/V（放电）											

表7-5　测试数据3

$\tau_{充}/\text{s}$	$\tau_{放}/\text{s}$

（六）注意事项

（1）切忌将直流稳压电源短路。

（2）改接电路、接线和拆线时，一定要断开电源进行操作，切忌带电作业。

（3）所有仪器与实验电路必须共地，即信号线黑夹子要接在一起。

（七）回答问题

（1）根据表7-3的实验数据，画出充、放电 $u_C(t)$ 的曲线。

（2）实测 RC 电路的时间常数与理论计算值有无区别，为什么？

（3）在图7-19所示电路中，改变 R、C 的值对 u_C 的波形有何影响？为什么？并绘出所观察到的两种波形图。

（4）改变 RC 电路的电源电压 U_S，对充放电速度有无影响，为什么？

实作考核评价

实作考核评价见表7-6。

表7-6　实作考核评价

项目	步骤	分数	序号	考核内容及评分标准	配分	扣分	得分	备注
第七章 实作考核（题目自定）例如：RC 电路瞬态过程测试分析	电路连接与实现	40	1	正确选择器材。选择错误一个扣2分，扣完为止	10			
			2	导线测试。导线不通引起的故障自己不能查找排除，一处扣2分，扣完为止	5			
			3	元件测试。接线前先测试电路中的关键元件，如果在电路测试时出现元件故障自己不能查找排除，一处扣2分，扣完为止	5			
			4	正确接线。每连接错误一根导线扣2分，扣完为止	10			
			5	用示波器观察波形，示波器操作错误扣2分，看不到波形扣5分，扣完为止	10			
	测试	30	6	测量直流电压。正确使用万用表测量直流电压，并填表，每错一处扣2分；操作不规范扣2分，扣完为止	30			
	问答	10	7	共两题，回答问题不正确，每题扣5分；思维正确但描述不清楚，每题扣1~3分	10			

项目	步骤	分数	序号	考核内容及评分标准	配分	扣分	得分	备注
第七章　实作考核(题目自定)例如:RC 电路瞬态过程测试分析	整理	10	8	规范操作,不可带插拔元器件,错误一次扣 3 分,扣完为止	5			
			9	正确穿戴,文明作业。违反规定,每处扣 2 分,扣完为止	2			
			10	操作台整理,测试合格应正确复位仪器仪表,保持工作台整洁有序,如果不符合要求,每处扣 2 分,扣完为止	3			
时限		10		时限为 45 min,每超 1 min 扣 1 分,扣完为止	10			
合　计					100			

注意:操作中出现各种人为损坏设备的情况,考核成绩不合格且按照学校相关规定处理。

小　结

1. 换路

电路中发生开关的通断、元件参数的变化、连接方式的改变等情况,这些情况统称为换路。电路发生换路时,通常会引起电路稳定状态的改变。

2. 过渡过程

电路从一种稳定状态变化到另一种稳定状态的中间过程称为电路的过渡过程。由于换路引起的稳定状态的改变,必然伴随着能量的改变,在电容、电感储能元件上能量的积累和释放需要一定的时间,即储能元件储存的能量不能突变,需要有一个过渡过程。

3. 瞬态

实际电路中的过渡过程是暂时存在的变化的过程,最后会消失,故称为瞬态过程,简称瞬态(或暂态)。

4. 换路定律

换路瞬间,电容两端的电压和电感线圈中的电流都应保持原值不变,称为换路定律。

换路定律表达式为

$$\begin{cases} u_C(0_+) = u_C(0_-) \\ i_L(0_+) = i_L(0_-) \end{cases}$$

5. 一阶电路

在一个电路简化后(如电阻的串并联、电容的串并联、电感的串并联化为一个元件),只含有一个储能元件(电容或电感等)的电路称为一阶电路。

6. 零输入响应

换路后的电路中没有外电源,仅由储能元件的初始储能作为激励而引起的电路响应,称为零输入响应。

零输入响应的表达式为

$$f(t) = f(0_+) e^{-\frac{t}{\tau}} \qquad (t \geq 0)$$

零输入响应的特点是按指数规律随时间变化而衰减到零,如 RC 电路的放电过程和 RL 电路的放磁过程。

7. 零状态响应

换路后的电路中储能元件没有初始储能,仅由激励源引起的响应称为零状态响应。

零状态响应的表达式为

$$f(t) = f(\infty)(1 - e^{-\frac{t}{\tau}}) \qquad (t \geqslant 0)$$

零状态响应的特点是储能元件中的储能都是由初始的零值按指数规律上升直至趋于新的稳态值,如 RC 电路的充电过程和 RL 电路的充磁过程。

8. 全响应

换路后的电路中储能元件的初始储能和外加信号源共同作为激励源引起的响应称为全响应。即:全响应 = 零状态响应 + 零输入响应。表达式为

$$f(t) = f(0_+)e^{-\frac{t}{\tau}} + f(\infty)(1 - e^{-\frac{t}{\tau}}) \qquad (t \geqslant 0)$$

全响应的另一种分解表达式为

$$f(t) = f(\infty) + [f(0_+) - f(\infty)]e^{-\frac{t}{\tau}} \qquad (t \geqslant 0)$$

即:全响应 = 稳态分量 + 暂态分量。

9. 三要素法

知道了初始值 $f(0_+)$、稳态值 $f(\infty)$ 和时间常数 τ 这三个要素后,根据三要素法公式(即全响应表达式)就可以直接写出响应表达式,这种求解一阶瞬态电路响应的方法称为三要素法。

步骤:①求初始值 $f(0_+)$;②求稳态值 $f(\infty)$;③求时间常数 τ;④由三要素法公式写出响应的表达 $f(t)$。

习　　题

一、填空题

(1)在电路中,电源的突然接通或断开,电源瞬时值的突然跳变,某一元件的突然接入或被移去等,统称为_____。

(2)_____态是指从一种_____态过渡到另一种_____态所经历的过程。

(3)换路定律指出:在电路发生换路后的一瞬间,_____元件上通过的电流和_____元件上的端电压,都应保持换路前一瞬间的原有值不变。

(4)换路定律指出:一阶电路发生换路时,状态变量不能发生跳变。该定律用公式可表示为_____和_____。

(5)一阶 RC 电路的时间常数 $\tau =$ _____;一阶 RL 电路的时间常数 $\tau =$ _____。时间常数 τ 的取值决定于电路的_____和_____。

(6)由时间常数公式可知,一阶 RC 电路中,C 一定时,R 值越大过渡过程进行的时间就越_____;一阶 RL 电路中,L 一定时,R 值越大,过渡过程进行的时间就越_____。

（7）一阶电路全响应的三要素是指待求响应的_____值、_____值和_____。

（8）换路前，动态元件中已经储有原始能量。换路时，若外激励等于_____，仅在动态元件_____作用下所引起的电路响应，称为_____响应。

（9）只含有一个_____元件的电路可以用_____方程进行描述，因而称为一阶电路。仅由外激励引起的电路响应称为一阶电路的_____响应；只由元件本身的原始能量引起的响应称为一阶电路的_____响应；既有外激励，又有元件原始能量的作用所引起的电路响应称为一阶电路的_____响应。

（10）一阶电路的全响应，是_____和_____之和，也可以是_____和_____之和。

二、判断题

（1）换路定律指出：电感两端的电压是不能发生跃变的，只能连续变化。　　　　　　（　　）

（2）换路定律指出：电容两端的电压是不能发生跃变的，只能连续变化。　　　　　　（　　）

（3）一阶电路中所有的初始值，都要根据换路定律进行求解。　　　　　　　　　　　（　　）

（4）暂态过程是因为电路中的储能元件在换路时，其储能不能跃变而引起的一个短暂过渡过程。时间常数 τ 越大，暂态时间越长。　　　　　　　　　　　　　　　　　（　　）

（5）RL 一阶电路的零状态响应，u_L 按指数规律上升，i_L 按指数规律衰减。　　　（　　）

（6）RC 一阶电路的零状态响应，u_C 按指数规律上升，i_C 按指数规律衰减。　　（　　）

（7）RL 一阶电路的零输入响应，u_L 按指数规律衰减，i_L 按指数规律衰减。　　（　　）

（8）RC 一阶电路的零输入响应，u_C 按指数规律上升，i_C 按指数规律衰减。　　（　　）

（9）一阶电路的全响应，等于其稳态分量和暂态分量之和。　　　　　　　　　　　　（　　）

三、单选题

（1）在换路瞬间，下列说法中正确的是（　　　　）。

  A. 电感电流不能跃变　　　　　　　　　　B. 电感电压必然跃变

  C. 电容电流必然跃变　　　　　　　　　　D. 不确定

（2）图 7-21 所示电路换路前已达稳态，在 $t=0$ 时断开开关 S，则（　　　　）。

  A. 电路有储能元件 L，要产生过渡过程

  B. 电路有储能元件且发生换路，要产生过渡过程

  C. 因为换路时元件 L 的电流储能不发生变化，所以该电路不产生过渡过程

  D. 不确定

（3）图 7-22 所示电路已达稳态，现增大 R 值，则该电路（　　　　）。

  A. 因为发生换路，要产生过渡过程

  B. 因为电容 C 的储能值没有变，所以不产生过渡过程

  C. 因为有储能元件且发生换路，要产生过渡过程

  D. 不确定

（4）图 7-23 所示电路，在开关 S 断开之前电路已达稳态，若在 $t=0$ 时将开关 S 断开，则电路中 L 上通过的电流 $i_L(0_+)$ 为（　　　　）。

  A. 2 A　　　　　　　B. 0 A　　　　　　　C. -2 A　　　　　　　D. 1 A

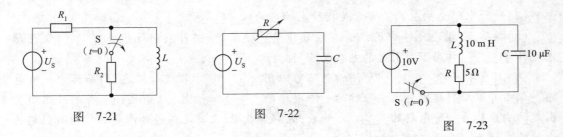

图 7-21　　　　　　　　图 7-22

图 7-23

(5)图 7-23 所示电路,在开关 S 断开时,电容 C 两端的电压为(　　)。

A. 10 V　　　　　　B. 0 V　　　　　　C. 5 V　　　　　　D. −10 V

(6)工程上,认为 $R = 25\ \Omega$、$L = 50\ \text{mH}$ 的串联电路中发生暂态过程时将持续(　　)。

A. 30 ~ 50 ms　　　B. 37.5 ~ 62.5 ms　　C. 6 ~ 10 ms　　D. 125 ~ 375 ms

(7)动态元件的初始储能在电路中产生的零输入响应中(　　)。

A. 仅有稳态分量　　　　　　　　　　B. 仅有暂态分量

C. 既有稳态分量,又有暂态分量　　　D. 既无稳态分量,又无暂态分量

四、分析计算题

(1)何谓电路的过渡过程? 包含哪些元件的电路存在过渡过程?

(2)什么叫换路? 在换路瞬间,电容器上的电压初始值应等于什么?

(3)RC 充电电路中,电容器两端的电压按照什么规律变化? 充电电流又按什么规律变化? RC 放电电路呢?

(4)RL 一阶电路与 RC 一阶电路的时间常数相同吗? 其中的 R 是指某一电阻吗?

(5)RL 一阶电路的零输入响应中,电感两端的电压按照什么规律变化? 电感中通过的电流又按什么规律变化? RL 一阶电路的零状态响应呢?

(6)通有电流的 RL 电路被短接,电流具有怎样的变化规律?

(7)图 7-24 所示电路中,已知 $U_S = 12\ \text{V}$,在 $t = 0$ 时开关 S 从"1"的位置换到"2"位置,则电感电流的初始值为多大?

(8)电路如图 7-25 所示,已知 $U_S = 10\ \text{V}$,$R_1 = 15\ \Omega$,$R_2 = 5\ \Omega$,开关 S 断开前电路处于稳态。求开关 S 断开后电路中各电压、电流的初始值。

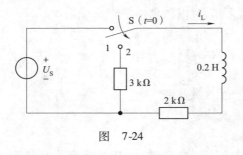

图 7-24

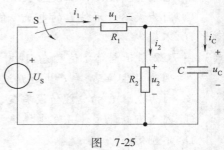

图 7-25

(9)图 7-26 所示电路,已知 $R_0 = 4\ \Omega$,$R_1 = R_2 = 8\ \Omega$,$U_S = 12\ \text{V}$。$u_C(0_-) = 0$,$i_L(0_-) = 0$。试求开关 S 闭合后各支路电流的初始值和电感上电压的初始值。

（10）电路如图 7-27 所示，$I_S = 3$ A，$R_1 = 36$ Ω，$R_2 = 12$ Ω，$R_3 = 24$ Ω，电路原来处于稳态。求换路后的 $i(0_+)$ 及 $u_L(0_+)$。

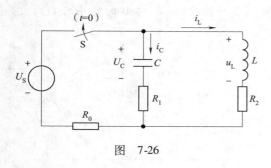
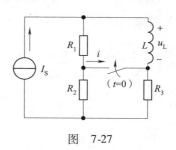

图　7-26　　　　　　　　　　　　图　7-27

（11）电路如图 7-28 所示，开关 S 接在 a 点，电容储能为零。在 $t = 0$ 时刻将开关 S 接向 b 点，求电路换路后的 $u_C(t)$。

（12）电路如图 7-29 所示，已知 $U_S = 12$ V，$R_1 = 4$ kΩ，$R_2 = 8$ kΩ，$C = 2$ μF。开关 S 闭合时电路已处于稳态。将开关 S 断开，求开关 S 断开后 48 ms 及 80 ms 时电容上的电压值。

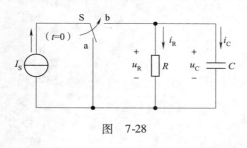
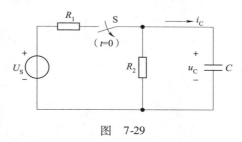

图　7-28　　　　　　　　　　　　图　7-29

（13）电路如图 7-30 所示，已知电阻 $R_1 = 230$ Ω，电源电压 $U_S = 24$ V，继电器线圈的电阻 $R = 250$ Ω，电感值 $L = 25$ H。在 $t = 0$ 时刻继电器吸合。若继电器的释放电流为 4 mA。求开关 S 闭合多长时间继电器能够释放？

（14）电路如图 7-31 所示，已知 $U_S = 100$ V，$R_1 = R_2 = 4$ Ω，$L = 4$ H，电路原已处于稳态。$t = 0$ 瞬间开关 S 断开。（1）求 S 断开后电路中的电流 $i_L(t)$；（2）求电感的电压 $u_L(t)$。

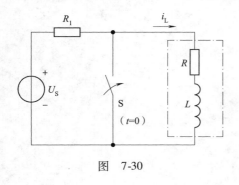
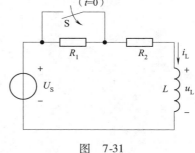

图　7-30　　　　　　　　　　　　图　7-31

(15) 图 7-32 所示电路, 电路换路前已稳定, 在 $t=0$ 时换路, 求换路后电路中的电流 $i_1(t)$、$i_C(t)$、$i_2(t)$ 和电容电压 $u_C(t)$。

(16) 如图 7-33 所示, 电路换路前已稳定, 在 $t=0$ 时换路, 试求 $t \geq 0$ 时的响应 $i(t)$, 并绘出 $i(t)$ 的波形图。

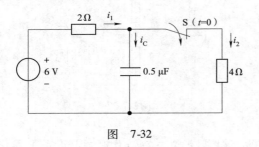

图 7-32

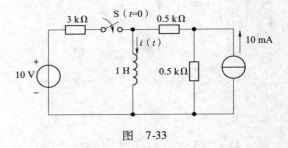

图 7-33

＊＊第八章　磁路与变压器

许多电工设备工作时,既要用电路加以研究,又要用磁路的概念加以分析。本章介绍铁磁材料,磁路及磁路定律,交流铁芯线圈的电磁关系,单相变压器的基本结构、工作原理、运行特性,同名端的判断,三相变压器的铭牌等。

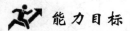 **能力目标**

(1)能正确判断同名端;
(2)能正确使用单相变压器。

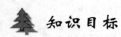 **知识目标**

(1)了解铁磁材料的特性及其磁路;
(2)熟悉磁路及磁路定律;
(3)了解交流铁芯线圈的电磁关系;
(4)熟悉单相变压器的基本结构和工作原理;
(5)掌握同名端的判断;
(6)理解单相变压器的运行特性;
(7)了解三相变压器、自耦变压器和仪用互感器。

第一节　磁路的基本知识

 知识点一　铁磁性物质的磁化曲线

自然界的物质按其导磁性能的不同可分为三类:顺磁性物质、逆磁性物质和强磁性物质。顺磁性物质如空气、铝、铂和锡等,其特点是磁导率稍大于真空磁导率;逆磁性物质又称反磁性物质,如氢、铜、银、金等,其特点是磁导率稍小于真空磁导率;强磁性物质又称铁磁性物质,如铁、钴、镍、硅钢、坡莫合金、铁氧体等,其特点是磁导率远大于真空磁导率,可以大到几百甚至几千倍。

1. 铁磁性物质的磁化

科学家认为铁磁性(ferromagnetism)是材料的磁性状态,在铁磁物质内部存在着由分子电流建立的许多自发磁化小区域，称为磁畴，每个磁畴的磁化均达到磁饱和。由于不同磁畴的磁性取向可能是随机排列的，所以材料整体可能并不体现出强磁性，如果给铁磁材料外加一个微小磁场，就会使本来随机排列的磁畴磁性取向一致，这时说材料被磁化。材料被磁化后，将得到很强的磁场，这就是电磁铁的物理原理。当外加磁场去掉后，材料仍会剩余一些磁场，或者说材料"记忆"了它们被磁化的历史，这种现象称为剩磁，所谓永磁体就是被磁化后，剩磁很大。

本来不具磁性的物质，由于受磁场的作用而具有磁性的现象称为该物质被磁化。只有铁磁性物质才能被磁化，而非铁磁性物质是不能被磁化的。铁磁性物质被磁化前后的磁畴取向如图 8-1 所示。

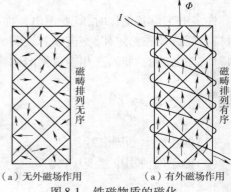

（a）无外磁场作用　　　（a）有外磁场作用

图 8-1　铁磁物质的磁化

2. 铁磁性物质的磁化曲线

把铁磁性物质放在交变磁场中磁化，磁感应强度 B 随磁场强度 H 变化的曲线称为磁化曲线，简称 $B-H$ 曲线。磁化曲线可以用实验方法得到。

1）起始磁化曲线

对原先未被磁化的材料（即 $B=0$、$H=0$），施加单调增加的外磁场，所测得的单调非线性递增的曲线，称为起始磁化曲线，如图 8-2 所示。

起始磁化曲线分为三段：

（1）$O\sim a$ 段：为起始段，当 H 从零值开始增大时，B 值增加较慢值。

（2）$a\sim b$ 段：为直线段，随着 H 的增大，B 值增加很快。

（3）$b\sim c$ 段：为曲线的膝部，随着 H 的增大，B 值增加越来越慢。

（4）c 点以后：为曲线的饱和部分，随着 H 的增加，B 值几乎不增加。磁性物质的这种特性称为磁饱和，B_s 称为磁饱和感应强度。

不同的铁磁性物质，其磁化曲线的形状不同。图 8-3 所示为几种不同铁磁性物质的起始磁化曲线。

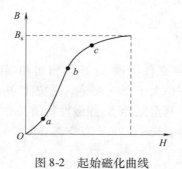

图 8-2　起始磁化曲线

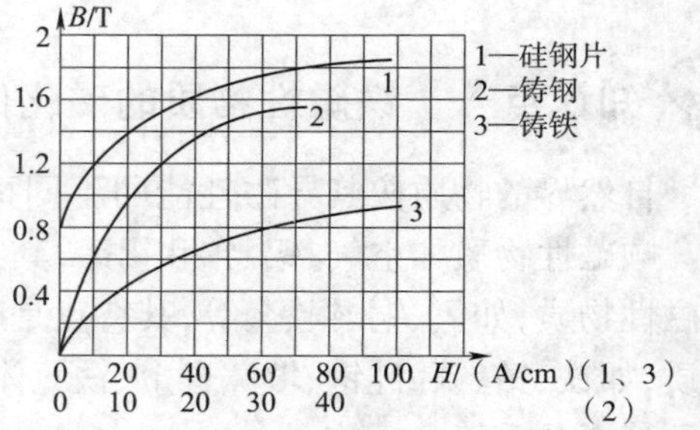

图 8-3　几种不同铁磁性物质的起始磁化曲线

2) 磁滞回线

把铁磁性物质放在交变磁场 H 中反复磁化,如图 8-4 所示。当铁磁材料开始磁化沿起始磁化曲线到达 a 点后,若 H 减小,则 B 值沿曲线 ab 下降,当 H 减小为零时,B 值并不为零,$B = B_r$,B_r 称为剩磁。当 H 反方向增加到 $-H_c$ 时,$B = 0$,剩磁被去掉,退磁所需要的反向磁场强度 H_c 称为铁磁材料的矫顽力。铁磁材料退磁后,若反方向 H 继续增大,B 值又从零开始并改变方向沿 cf 曲线变化,当 $H = -H_s$ 时,磁化达到反向饱和即曲线 f 点,$B = -B_s$。若再把 H 从 $-H_s$ 减小到零,则曲线将沿 fe 变化,同样出现反向剩磁 $B = -B_r$。再改变 H 的方向,即 H 由零起正向增加,当 $H = H_s$ 时,曲线沿 eda 到达 a 点。

从整个过程看,B 的变化总是落后于 H 的变化,这种现象称为磁滞现象。铁磁材料经过一个循环(即磁场强度由 $H_s \to -H_s \to H_s$)的反复磁化,而得到的对称闭合曲线 $abcfeda$,称为磁滞回线。

同一铁磁材料在工程中经常处于强弱不同的交变磁场反复磁化,H_s 不同,得到的一系列磁滞回线就不同,如图 8-5 所示。把这些磁滞回线的正顶点与原点 O 连成的曲线 Oa 称为基本磁化曲线。基本磁化曲线是稳定的,是一种实用的磁化曲线,是软磁材料确定工作点的重要依据。

铁磁性物质的磁性能有高导磁性、剩磁性、磁饱和性以及磁滞性。

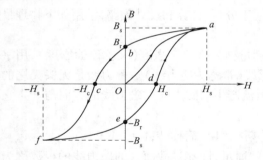

图 8-4　铁磁物质的磁滞回线

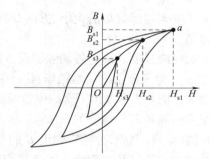

图 8-5　铁磁物质的基本磁滞回线

3. 铁磁性物质的种类与用途

根据磁滞回线的形状及其在工程中的用途,铁磁性物质基本上分为两大类:一类是软磁材料,另一类是硬磁材料(永磁材料)。

软磁材料的特点是磁滞回线狭窄,磁导率高,磁滞损耗小。软磁材料又分为用于低频和高频两种。用于高频的软磁材料要求具有较大的电阻率,以减少涡流损耗,常用的有软磁铁氧体,如半导体收音机的磁棒和中周变压器的铁芯就是用铁氧体制作的。用于低频的软磁材料有硅钢、铸钢、坡莫合金等,电动机与变压器中用的铁芯多为硅钢片。软磁材料的磁滞回线如图 8-6(a) 所示。

硬磁材料具有较大的剩磁 B_r、较高的矫顽力 H_c 和较宽的磁滞回线,属于这类的材料有铝镍钴合金、硬磁铁氧体、钴钢、钨钢等,主要用于磁电式仪表、永磁式电动机、电声器材等设备中。硬磁材料的磁滞回线如图 8-6(b) 所示。

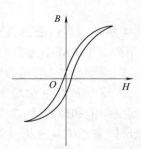 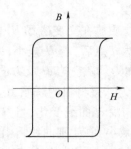

（a）软磁材料的磁滞回线　　　　　　　　（b）硬磁材料的磁滞回线

图 8-6　软磁和硬磁材料的磁滞回线。

 知识点二　磁路与磁路定律

1. 磁场与磁路

（1）磁场

磁场的物理概念是指传递实物间磁力作用的场。磁场是一种看不见、摸不着的特殊物质，是客观存在的。磁体周围存在磁场，磁体间的相互作用以磁场作为媒介不用在物理层面接触就能发生。

为了准确描述磁场的大小、方向及其性质，便于分析、计算和设计磁路，常用如下物理量描述磁场。

①磁感应强度。描述磁场强弱及方向的物理量称为磁感应强度（又称磁通密度），用字母 B 表示。为了形象地描绘磁场，往往采用磁感线（常称为磁力线）。磁力线是无头无尾的闭合曲线。图 8-7 中画出了直线电流及螺线管电流产生的磁力线。磁力线的方向与产生它的电流方向满足右手螺旋关系。

在国际单位制中，磁感应强度 B 的单位为特斯拉（T），简称特，1 T = 1 Wb/m^2。

②磁通。穿过某一截面 S 的磁感应强度 B 的通量，即穿过截面 S 的磁力线的根数称为磁感应通量，简称磁通，用 Φ 表示，即

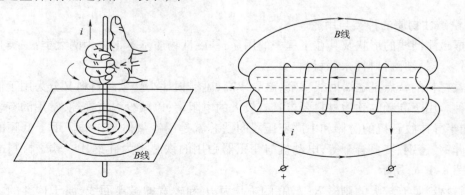

（a）直线电流　　　　　　　　　　（b）螺线管电流

图 8-7　电流磁场中的磁力线

$$\Phi = \int_s B \cdot \mathrm{d}S \qquad (8\text{-}1)$$

在均匀磁场中,如果截面 S 与 B 垂直,如图 8-8 所示,则式(8-1)变为

$$\Phi = BS \quad 或 B = \frac{\Phi}{S} \qquad (8\text{-}2)$$

在国际单位制中,Φ 的单位为韦伯(Wb),简称韦。

③磁场强度。磁场强度是描述磁场性质的一个辅助物理量,用字母 H 表示,它与磁感应强度 B 的关系为

$$B = \mu H \qquad (8\text{-}3)$$

式中,μ 是表征物质导磁能力的物理量,称为磁导率,又称导磁系数。真空的磁导率为 $\mu_0 = 4\pi \times 10^{-7} \ \mathrm{H/m}$,铁磁材料的

图 8-8　均匀磁场中的磁通

磁导率 $\mu \gg \mu_0$,例如,铸钢的 μ 约为 μ_0 的 1 000 倍,各种硅钢片的 μ 约为 μ_0 的 6 000 ~ 7 000 倍。

在国际单位制中,磁导率 μ 的单位为亨/米(H/m),磁场强度 H 的单位为安/米(A/m)。

(2)磁路

在磁路系统中,有一个磁动势 F(类似于电路中的电动势);在 F 的作用下产生磁通 Φ(类似于电路中的电流);磁通 Φ 从磁动势的 N 极通过一个通路(类似于电路中的导体)到 S 极,这个通路就是磁路。

由于铁磁材料的磁导率比空气大几千倍,即空气磁阻比铁磁材料大几千倍,所以构成磁路的材料均使用磁导率高的铁磁材料。非铁磁物质(如空气)也能通过磁通,这就造成铁磁材料构成磁路的周围空气中也必然会有磁通(用 Φ_σ 表示),由于空气磁阻比铁磁材料大几千倍,因而 Φ_σ 比 Φ 小得多。Φ_σ 称为漏磁通,Φ 称为主磁通。因此,磁路问题比电路问题要复杂得多。

如果把线圈绕在铁芯上,铁芯优良的导磁性能会使线圈中电流产生的磁力线,都局限在铁芯内。工程上把这种约束在铁芯及其气隙所限定的范围内的磁通路径称为磁路。全部在磁路中闭合的磁通称为主磁通,部分经过磁路周围的物质而闭合的磁通以及全部不经过磁路的磁通都称为漏磁通。图 8-9 所示分别为直流电动机和变压器的磁路。

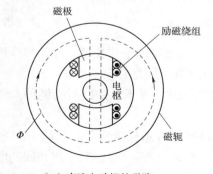

（a）直流电动机的磁路

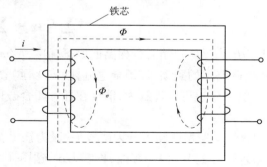

（b）变压器的磁路

图 8-9　直流电动机和变压器的磁路

2. 磁路的基尔霍夫第一定律

如果铁芯不是一个简单的回路,而是带有并联分支的磁路,从而形成磁的节点,则当忽略漏磁通时,在磁路任何一个节点处,磁通的代数和恒等于零,即

$$\sum \Phi = 0 \qquad\qquad (8\text{-}4)$$

式(8-4)与电路基尔霍夫第一定律形式上相似,因此称为磁路的基尔霍夫第一定律,即磁通连续性定律。若令流入节点的磁通为(+),则流出该节点的磁通为(−),如图 8-10 所示,封闭面处有

$$\Phi_1 + \Phi_2 - \Phi_3 = 0$$

磁路基尔霍夫第一定律表明,进入或穿出任一封闭面的总磁通量的代数和等于零,或穿入任一封闭面的磁通量恒等于穿出该封闭面的磁通量。

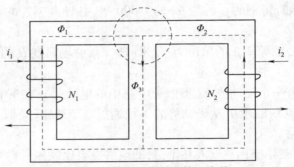

图 8-10　磁路基尔霍夫第一定律

3. 磁路的基尔霍夫第二定律

工程应用中的磁路,其几何形状往往是比较复杂的,直接利用安培环路定律的积分形式进行计算有一定的困难。为此,在计算磁路时,要进行简化。简化的方法是把磁路分段,几何形状相同的分为一段,找出它的平均磁场强度,再乘上这段磁路的平均长度,求得该段的磁位降(也可理解为一段磁路所消耗的磁动势)。然后把各段磁路的磁位降相加,结果就是总磁动势,即沿任意闭合磁路的总磁动势恒等于各段磁位降的总和,称为磁路基尔霍夫第二定律,即

$$\sum_{k=1}^{n} H_k l_k = \sum i = iN \qquad\qquad (8\text{-}5)$$

式中,H_k 为磁路里第 k 段磁路的磁场强度,A/m;l_k 为第 k 段磁路的平均长度,m;iN 为作用在整个磁路上的磁动势,即全电流数(安·匝);N 为励磁线圈的匝数。

式(8-5)也可以理解为,消耗在任一闭合磁回路上的磁动势,等于该磁路所交链的全部电流。

图 8-11 所示磁路可分为两段,一段为铁磁材料组成的铁芯,总长度为 $2l_1 + 2l_2 - \delta$,磁场强度为 H_1;另一段为气隙,长度为 δ,磁场强度为 H_δ。铁芯上有两组线圈,一组线圈的电流为 i_1,线圈匝数为 N_1;另一组线圈的电流为 i_2,线圈匝数为 N_2,由磁路基尔霍夫第二定律可得

$$H_1(2l_1 + 2l_2 - \delta) + H_\delta\delta = i_1N_1 + i_2N_2$$

4. 磁路的欧姆定律

对于一个单框铁芯磁路而言,如果铁芯上绕有 N 匝线圈,通以电流 i 产生了沿铁芯闭合的主磁通 Φ、沿空气闭合的漏磁通 Φ_σ。设铁芯截面积为 S,平均磁路长度为 l,铁磁材料的磁导率为 μ(μ 不是常数,随磁感应强度 B 变化),若漏磁通可以忽略不计(即令 $\Phi_\sigma = 0$,假设磁通全部通过铁芯),并且认为磁路 l 上的磁场强度 H 处处相等,于是,根据全电流定律有

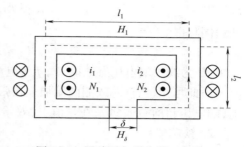

图 8-11　磁路基尔霍夫第二定律

$$\oint_l H\mathrm{d}l = Hl = Ni \qquad (8\text{-}6)$$

由 $H = B/\mu$,$B = \Phi/S$,可得

$$\Phi = \frac{F}{R_m} = \frac{Ni}{l/(\mu S)} = \Lambda_m F$$

或

$$F = Ni = Hl = \frac{Bl}{\mu} = \Phi\frac{1}{\mu S} = \Phi R_m = \frac{\Phi}{\Lambda_m} \qquad (8\text{-}7)$$

式中,$F = Ni$ 为磁动势;$R_m = \dfrac{l}{\mu S}$ 为磁阻;$\Lambda_m = \dfrac{1}{R_m} = \dfrac{\mu S}{l}$ 为磁导。

式(8-7)即磁路欧姆定律,与电路欧姆定律相似。它表明,当磁阻 R_m 一定(即确定磁路情况下)时,磁动势 F 越大,所激发的磁通量 Φ 也越大;而当磁动势 F 一定时,磁阻 R_m 越大,则产生的磁通量 Φ 越小。在磁路中,磁阻 R_m 与磁导率 μ 成反比,空气的磁导率 μ_0 远小于铁芯的磁导率 μ_{Fe},这表明漏磁路(空气隙)的 R_σ 远大于铁芯的 R_m,故分析中可忽略漏磁通 Φ_σ。

根据式(8-7)和 $L = \Psi/i$,有 $L = N\Phi/i = N^2\Lambda_m$。

 知识点三　交流铁芯线圈

1. 线圈端电压与磁通的关系

把线圈绕在铁芯上,就称为一个铁芯线圈,如图 8-12 所示。若给线圈两端外加正弦交流电压,在线圈中就会产生变化的电流,变化的电流在铁芯中产生变化的磁通 Φ,变化的磁通 Φ 又在线圈中产生感应电动势 e,不考虑线圈的电阻及漏磁通,由式(1-22)、式(1-23)可得

$$u \approx -e = N\frac{\mathrm{d}\Phi}{\mathrm{d}t}$$

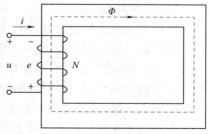

图 8-12　交流铁芯线圈

由上式可知,当 u 为正弦量时,磁通 Φ 也为正弦量,因此设 $\Phi = \Phi_m\sin\omega t$,则有

$$u \approx -e = N\frac{\mathrm{d}\Phi}{\mathrm{d}t} = N\Phi_m\cos\omega t = \omega N\Phi_m\sin\left(\omega t + \frac{\pi}{2}\right)$$

故
$$U_m \approx E_m \omega N \Phi_m = 2\pi f N \Phi_m$$

两边同除以 $\sqrt{2}$ 得

$$U \approx E = 4.44 f N \Phi_m \tag{8-8}$$

式中，U 为线圈端电压有效值，V；f 为电源频率，Hz；N 为线圈匝数；Φ_m 为磁通最大值，Wb。

由此可知，当铁芯线圈两端加上正弦电压时，铁芯中的磁通也按正弦规律变化，在相位上，端电压超前磁通 $90°$；在量值上，$U \approx E = 4.44 f N \Phi_m$。

2. 铁芯损耗

在交变磁通作用下，铁芯中存在着能量损耗，称为铁芯损耗，简称铁损。铁芯损耗主要由涡流损耗和磁滞损耗两部分组成。

1）涡流损耗

大块导体在磁场中运动或处在变化的磁场中，都要产生感应电动势，从而在导体内部形成一圈圈闭合的电流线，称为涡流。这些涡流使铁芯发热，消耗电能，即为涡流损耗。因此常将铁芯用许多铁磁导体薄片（例如硅钢片）叠成，这些薄片表面涂有薄层绝缘漆或绝缘的氧化物。磁通穿过薄片的狭窄截面时，涡流被限制在沿各片中的一些狭小回路流过，这些回路中的净电动势较小，回路的长度较大，再由于这种薄片材料的电阻率大，这样就可以显著地减小涡流损耗。所以，交流电动机与变压器中广泛采用叠片铁芯。

2）磁滞损耗

磁滞损耗是铁磁性物质在反复磁化过程中因磁滞现象而消耗的能量。这部分能量将转化为热能，使设备升温，效率降低。

第二节　常见的变压器

变压器是利用电磁感应原理制成的一种电气设备，它能将某一等级的电压或电流变换成同频率的另一等级的电压或电流，它还能变换阻抗，因而获得了广泛的应用。

 知识点一　单相变压器

单相变压器用来变换单相交流电，通常额定容量较小。广泛应用于电子电路、焊接、冶金、测量系统、控制系统以及实验等方面。

1. 基本结构及工作原理

（1）基本结构

单相变压器主要是由铁芯和绕组两大部分组成。

①铁芯。铁芯构成变压器的磁路系统，并作为变压器的机械骨架。铁芯由铁芯柱和铁轭两部分组成，铁芯柱上套装变压器绕组，铁轭起连接铁芯柱使磁路闭合的作用。对铁芯的要求是导磁性能要好，磁滞损耗及涡流损耗要尽量小，因此均采用 0.35～0.5 mm 厚的硅钢片叠制而成，且硅钢片之间相互绝缘。铁芯的基本形式有心式和壳式两种，如图 8-13 所示。心式变压器是在两侧的铁芯柱上放置绕组，形成绕组包围铁芯的形式；壳式变压器则是在中间的铁芯柱上放置绕组，形成铁芯包围绕组的形式。

②绕组(线圈)。变压器的线圈通常称为绕组,它是变压器的电路部分。小型变压器一般用具有绝缘的漆包圆铜线绕制而成,对容量稍大的变压器则用扁铜线或扁铝线绕制。在变压器中,工作电压高的绕组称为高压绕组,工作电压低的绕组称为低压绕组。按高压绕组和低压绕组的相互位置和形状不同,绕组可分为同心式和交叠式两种。

同心式绕组是将高、低压绕组同心地套装在铁芯柱上,如图8-14所示。为了便于与铁芯绝缘,把低压绕组套装在里面,高压绕组套装在外面。对低压大电流大容量的变压器,由于低压绕组引出线很粗,也可以把它放在外面。高、低压绕组之间留有空隙,可作为油浸式变压器的油道,既利于绕组散热,又作为两绕组之间的绝缘。同心式绕组的结构简单、制造容易,是最常见的绕组结构形式,常用于心式变压器中。国产电力变压器基本上均采用这种结构。

(2)工作原理

变压器中接电源 u_1 的绕组称为一次绕组,用于接负载的绕组称为二次绕组。

①空载运行及变压比。变压器一次绕组接电源电压 u_1 ,二次绕组不接负载(开路)的运行方式称为空载运行,如图8-15所示。此时一次绕组中的电流 i_{10} 称为励磁电流,u_1 是正弦交流电压,则在铁芯中产生与 u_1 同频率的交变磁通 Φ。根据电磁感应原理,在交变磁通 Φ 的作用下,将分别在一、二次绕组中感应出电动势 e_1 和 e_2。

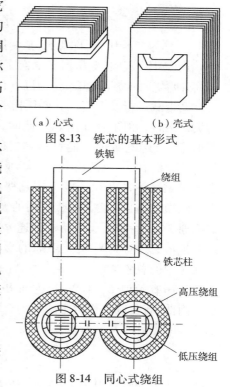

（a）心式　　　（b）壳式

图 8-13　铁芯的基本形式

图 8-14　同心式绕组

设 $\Phi = \Phi_m \sin\omega t$,由式(8-8)得

$$E_1 = 4.44 f N_1 \Phi_m$$
$$E_2 = 4.44 f N_2 \Phi_m$$

故

$$\frac{E_1}{E_2} = \frac{N_1}{N_2} \tag{8-9}$$

式中,N_1是一次绕组匝数;N_2是二次绕组匝数。

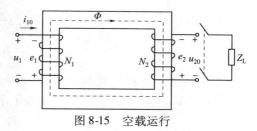

图 8-15　空载运行

因为一次绕组中的励磁电流 i_{10} 在空载时很小,约为一次绕组额定电流的 3% ~ 8%,所以一次绕组中的阻抗可忽略不计,则电源电压 U_1 与 E_1 近似相等,即

$$U_1 \approx E_1$$

二次绕组空载(开路),其空载电压 U_{20} 与 E_2 相等,即

$$U_{20} \approx E_2$$

故有
$$\frac{U_1}{U_{20}} \approx \frac{E_1}{E_2} = \frac{N_1}{N_2} = k \tag{8-10}$$

式中，k 称为变压比，简称变比，是变压器的一个重要参数。

式(8-10)表明，变压器能变换交流电压，且电压大小与其匝数成正比，匝数多的绕组电压高，匝数少的绕组电压低。当 $k > 1$ 时为降压变压器，当 $k < 1$ 时为升压变压器。

②带载运行及电流比。变压器一次绕组接电源电压 u_1，二次绕组接负载的运行方式称为负载运行，如图 8-16 所示。此时，二次绕组中有了电流 i_2，这就实现了能量传递，又由于要传递能量，一次绕组中的电流由 i_{10} 增大到 i_1，两个绕组分别产生磁通势 i_1N_1 和 i_2N_2。根据楞次定律，i_2N_2 产生的磁通势是与主磁通 Φ_m 反向的，所以，i_1 所建立的磁通势 i_1N_1 除了要维持主磁通 Φ_m 基本不变外，还要抵消磁通势 i_2N_2 对主磁通的影响。因此，作用

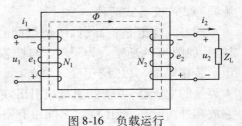

图 8-16　负载运行

在铁芯中的总磁通势为 $i_1N_1 + i_2N_2$。由于磁路具有恒磁通特性，因此无论有无负载，只要电源电压有效值 U_1 不变，主磁通 Φ_m 就基本不变，也就是说，产生主磁通的磁通势总和不变。因此，有负载时产生主磁通的合成磁通势 $i_1N_1 + i_2N_2$ 等于空载时产生主磁通的磁通势 $i_{10}N_1$，用相量可表示为

$$\dot{I}_1N_1 + \dot{I}_2N_2 = \dot{I}_{10}N_1 \tag{8-11}$$

由于变压器的空载电流 I_{10} 很小，约为一次侧额定电流 I_1 的 3% ~ 8%，故 $\dot{I}_{10}N_1$ 可视为零。那么式(8-11)可写成 $\dot{I}_1N_1 + \dot{I}_2N_2 \approx 0$，则有

$$\dot{I}_1 \approx -\frac{N_2}{N_1}\dot{I}_2 \tag{8-12}$$

式中，负号说明 i_1 和 i_2 的相位相反，即 i_1N_1 对 i_2N_2 有去磁作用。

由式(8-12)可得出一次绕组和二次绕组电流有效值之比为

$$\frac{I_1}{I_2} \approx \frac{N_2}{N_1} = \frac{1}{k} \tag{8-13}$$

由式(8-21)可知，一次电流与二次电流之比，与线圈绕组的匝数成反比。可见，变压器不仅有变换电压的作用，还有变换电流的作用。

③阻抗变换。如图 8-17(a)所示，当变压器处于负载运行时，从一次绕组看进去的阻抗 Z_1 为

$$|Z_1| = \frac{U_1}{I_1} = \frac{kU_2}{\frac{1}{n}I_2} = k^2\left(\frac{U_2}{I_2}\right) = k^2|Z_L| \tag{8-14}$$

式(8-14)表明，对交流电源来讲，通过变压器接入负载 $|Z_L|$，就相当于在交流电源上直接接入了负载 $k^2|Z_L|$，如图 8-17(b)所示。

负载能获得最大功率的条件是负载电阻等于信号源内阻。在实际电路中，负载阻抗与

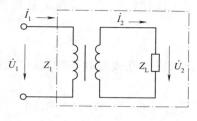 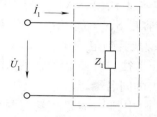

（a）接有负载阻抗的变压器　　　　　（b）变压器从一次侧看进来的等效电路

图 8-17　变压器阻抗变换的等效电路

信号源内阻往往是不相等的,若将负载直接接在信号源上就难以获得最大功率。因此,可由变压器进行阻抗变换,从而实现阻抗匹配。

【例 8-1】　收音机的扬声器为 8 Ω。(1)若将它接在内阻 R_s 为 800 Ω、输出信号源有效值 U_s 为 10 V 的交流放大器上,求放大器输送给扬声器的功率;(2)若通过 $k = 10$ 的理想变压器连接在放大器上,求放大器输送给扬声器的功率。

解：(1)若将扬声器直接接在放大器上,如图 8-18(a)所示,此时扬声器的功率为

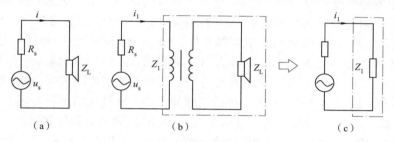

（a）　　　　　　　　（b）　　　　　　　　（c）

图 8-18　例 8-1 图

$$P = I^2 \,|Z_L| = |Z_L| \cdot \left(\frac{U_s}{R_s + |Z_L|}\right)^2 = 8 \times \left(\frac{10}{800 + 8}\right)^2 \text{W} = 0.001\,2\text{ W} = 1.2\text{ mW}$$

(2)若将扬声器通过理想变压器接在放大器上,如图 8-18(b)所示,则根据图 8-18(c)所示的等效电路,扬声器得到的功率为

$$P = I_1^2\,|Z_1| = |Z_1| \cdot \left(\frac{U_s}{R_s + |Z_1|}\right)^2 = k^2\,|Z_L| \cdot \left(\frac{U_s}{R_s + k^2\,|Z_1|}\right)^2$$

$$= 10^2 \times 8 \times \left(\frac{10}{800 + 10^2 \times 8}\right)^2 \text{W} = 31.25\text{ mW}$$

可见,通过变压器进行阻抗变换以后,扬声器可以得到大得多的功率。

(3)额定值

①额定电压 U_{1N} 和 U_{2N}。额定电压 U_{1N} 是指根据变压器的绝缘强度和允许发热而规定的一次绕组的正常工作电压;额定电压 U_{2N} 是指一次绕组加额定电压时,二次绕组的开路电压。

②额定电流 I_{1N} 和 I_{2N}。是指根据变压器的允许发热条件而规定的绕组长期允许通过的最大电流值。

（3）额定容量 $S_N(V \cdot A)$。是指变压器在额定工作状态下二次绕组的视在功率。忽略损耗时,额定容量 $S_N = U_{1N}I_{1N} = U_{2N}I_{2N}$。

2. 同名端及其判定

电源变压器往往有多个绕组,使用时根据需要可进串联或并联,然而在串联或并联时,必须注意绕组的同名端。

图 8-19(a)中,同一铁芯上绕有两个线圈,其绕向相同;图 8-19(b)中,同一铁芯上绕有两个线圈,其绕向相反。

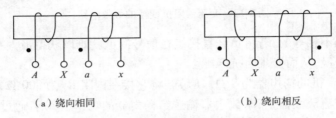

（a）绕向相同   （b）绕向相反

图 8-19 同一铁芯上的两个线圈

当铁芯中的磁通变化时,两个线圈中均产生感应电动势。由电流的方向和绕组的绕向,利用右手螺旋定则都可以判断出磁场的方向。如果两个绕组中的电流都从图 8-19(a)所示的 A 和 a 端流入,从 X 和 x 端流出,或者都相反,它们产生的磁场方向相同。两个线圈中的感应电动势的极性必然是 A 和 a 端相同,X 和 x 端相同,即 A 和 a 端是这两个绕组的一组对应端,X 和 x 端是另一组对应端。把这种对应端称为同极性端或同名端,而两个绕组中的非对应端,即 A 和 x 端、a 和 X 端,称为异极性端或异名端。在变压器的符号图上,同名端常用小圆点"·"或"＊"表示。同理,可以分析出图 8-19(b)的同名端和异名端。

然而,在电路图和一台现成的变压器或其他电器中,绕组的绕向常常是看不出来的。可根据如下实验方法判断同名端。

1）直流法

如图 8-20(a)所示,当开关 S 迅速闭合时,如电压表指针正向偏转,则 A、a 端或 X、x 端为同名端,否则 A、a 端或 X、x 端为异名端。

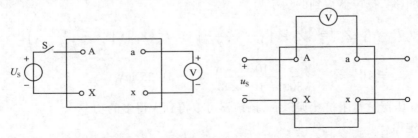

（a）直流法判定绕组同名端   （b）交流法判定绕组同名端

图 8-20 实验方法判定同名端

2）交流法

如图 8-20(b)所示,在 A、X 端加以交流电压,用电压表量取 U_{AX}、U_{ax}、U_{Aa},若 $U_{Aa} =$

$U_{AX} - U_{ax}$,则 A、a 为同名端;若 $U_{Aa} = U_{AX} + U_{ax}$,则 A、a 为异名端。

3. 运行特性

1)外特性

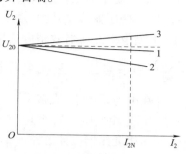

变压器的外特性是当一次绕组加上电压 U_{1N} 和二次绕组的负载功率因数 $\cos \varphi_2$ 不变时,二次电压 U_2 随负载电流 I_2 的变化规律,即 $U_2 = f(I_2)$ 。变压器相对于负载是一个电源,因此,当 I_2 增大时,在二次绕组中由于电阻 r_2 及漏电抗 x_2 上的电压降增大, U_2 随 I_2 的增大略有下降,电阻性负载时下降较少,电感性负载时下降较多,电容性负载时可能会上翘,如图 8-21 所示。

图 8-21 变压器的外特性

1—纯电阻负载;

2—感性负载;

3—容性负载

二次电压的变化情况,除了用外特性表示外,还可以用电压调整率 $\Delta U \%$ 表示。当 I_2 由 0 增大到 I_{2N} 时,若输出端从空载(开路)电压 U_{20} 降到负载电压 U_2 ,则电压调整率 $\Delta U \%$ 为

$$\Delta U\% = \frac{U_{20} - U_2}{U_{20}} \times 100\% = \frac{\Delta U_2}{U_{20}} \times 100\% \tag{8-15}$$

电压调整率 $\Delta U \%$ 反映了变压器带负载运行时性能的好坏,是变压器的一个重要性能指标,一般控制在 3% ~ 6% 。

2)损耗、效率及效率特性

(1)损耗。变压器从电源输入的有功功率 P_1 和向负载输出的有功功率 P_2 可分别用下式计算

$$P_1 = U_1 I_1 \cos \varphi_1$$
$$P_2 = U_2 I_2 \cos \varphi_2$$

两者之差为变压器的损耗 ΔP ,它包括铜损耗 P_{Cu} 和铁损耗 P_{Fe} 两部分,即

$$\Delta P = P_1 - P_2 = P_{Cu} + P_{Fe} \tag{8-16}$$

变压器的基本铜损耗是由电流在一、二次绕组电阻上产生的损耗;变压器的基本铁损耗包括铁芯中的磁滞损耗和涡流损耗,它决定于铁芯中的磁通密度的大小、磁通交变的频率和硅钢片的质量等。

(2)效率。变压器的输出功率 P_2 与输入功率 P_1 之比称为变压器的效率 η ,即

$$\eta = \frac{P_2}{P_1} \times 100\% = \frac{P_2}{P_2 + \Delta P} \times 100\% = \frac{P_2}{P_2 + P_{Cu} + P_{Fe}} \times 100\% \tag{8-17}$$

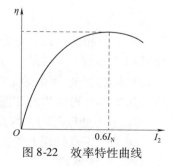

(3)效率特性。负载的功率因数一定时,变压器效率与负载电流之间的关系,即 $\eta = f(I_2)$,其变化规律通常用变压器的效率特性曲线来表示,如图 8-22 所示。它表明,当负载较小(P_2 较小)时,效率随负载的增大而迅速上升,但当负载达到一定值时,效率随负载的增大反而下降。由数学分析,当变压器铜损耗与铁损耗相等时,其效率最高。

图 8-22 效率特性曲线

由于变压器没有旋转的部件,不像电动机那样有机械损耗存在,变压器的效率一般都比较高,且变压器容量越大,效率越高。在额定工作状态下,中小型电力变压器效率在95%以上,大型电力变压器效率可达99%以上。

 知识点二　三相变压器

在电力系统中,大多采用三相制供电,因此电压的变换是通过三相变压器来实现的。

1. 三相变压器的种类

三相变压器按照磁路的不同可分为两种:一种是三相组式变压器,即由三台相同容量的单相变压器,按照一定的方式连接起来,如图8-23所示;另一种是三相心式变压器,它具有三个铁芯柱,把三相绕组分别套在三个铁芯柱上,如图8-24所示。现在广泛使用的是三相心式变压器。

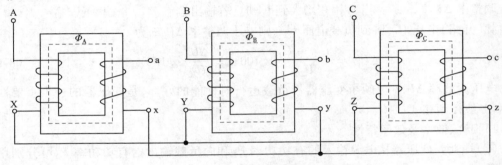

图 8-23　三相组式变压器

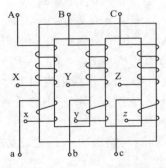

图 8-24　三相心式变压器

由于三相变压器在电力系统中的主要作用是传输电能,因而它的容量一般较大,为了改善散热条件,大、中容量电力变压器的铁芯和绕组浸入盛满变压器油的封闭油箱中。而且为了使变压器安全、可靠地运行,还设有储油柜、安全气道和气体继电器等附件。因此,三相电力变压器的外形结构有如图8-25所示的两种常见类型。

2. 电力变压器的铭牌及主要参数

电力变压器外壳上的铭牌,用于标注其型号和主要技术参数,作为正确使用变压器的依据,如图8-26所示。

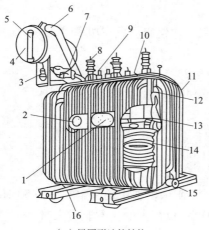

（a）椭圆形油箱结构

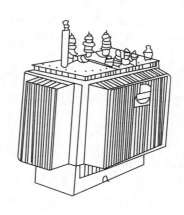

（b）长方形油箱结构

图 8-25　电力变压器外形

1—铭牌;2—信号式温度计;3—吸湿器;4—储油柜;5—油面指示器;6—安全气道;7—气体继电器;8—高压套管;9—低压套管;10—分接开关;11—散热器;12—油箱;13—铁芯;14—线圈;15—放油阀;16—小车

电力变压器				
产品型号 S7-500/10　标准代号 ×××× 额定容量 500 kV·A　产品代号 ×××× 额定频率 50 Hz　出厂序号 ××××				

相数 3相
联结组 Yyn0
阻抗电压 4%
冷却方式 油冷
使用条件 户外

开关 位置	额定电压		额定电流	
	高压	低压	高压	低压
I	10.5 kV		27.5 A	
II	10 kV	400 V	28.9 A	721.7 A
III	9 kV		30.4 A	

××变压器厂　××年××月

图 8-26　电力变压器的铭牌

（1）型号

图 8-26 中电力变压器的产品型号如图 8-27 所示。

（2）额定电压 U_{1N} 和 U_{2N}

高压侧额定电压 U_{1N} 是根据变压器的绝缘强度和允许发热而规定的一次绕组的正常工作电压值。高压侧标出三个电压值,可根据高压侧供电电压情况加以选择。

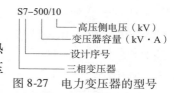

图 8-27　电力变压器的型号

低压侧额定电压 U_{2N} 是指变压器空载时,高压侧加额定电压后,低压侧的端电压。

在三相变压器中,额定电压均指线电压。

（3）额定电流 I_{1N} 和 I_{2N}

额定电流 I_{1N} 和 I_{2N} 是根据变压器的允许发热而规定的允许绕组长期通过的最大电流值。在三相变压器中额定电流均指线电流。

（4）额定容量 S_N

额定容量 S_N 是指变压器在额定工作状态下,二次绕组的视在功率,常以 kV·A 为单位。单相变压器的额定容量为

$$S_N = \frac{U_{2N}I_{2N}}{1\,000} \tag{8-18}$$

三相变压器的额定容量为

$$S_N = \frac{\sqrt{3}U_{2N}I_{2N}}{1\,000} \tag{8-19}$$

（5）额定频率和相数

我国电力系统的额定频率为 50 Hz。图 8-26 所示铭牌中的额定频率为 50 Hz,相数为三相。一般情况下选择三相变压器,除非负荷中单相负荷占的比例非常大时,为了减少三相不平衡,单独设置一个单相变压器给单相负荷供电。

（6）联结组别（见图 8-28）

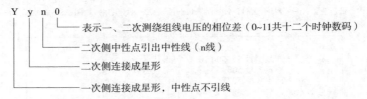

图 8-28　联结组别图

（7）冷却方式

图 8-26 中电力变压器的冷却方式为油冷,其表示为油冷方式。对于油浸式变压器的冷却方式还有油浸风冷（ONAF）、油浸水冷（ODWF）、强迫油循环冷却（ODAF）。

（8）使用条件

图 8-26 中为户外。一般情况下户外为油浸式变压器,户内为干式变压器。

（9）阻抗电压

图 8-26 中的阻抗电压为 4%。电力变压器的阻抗电压是指将变压器的二次侧短路,在一次侧逐渐施加电压,使二次侧流过额定电流时,此时一次侧施加的电压与其额定电压之比的百分数。阻抗电压代表了变压器内阻抗的大小,与变压器的制造价格和并列运行有密切的关系。

3. 用途

三相变压器主要用于输、配电系统中作为电力变压器,包括升压变压器、降压变压器和配电变压器。在输电功率 P 和负载的功率因数 $\cos\varphi$ 一定时,如果电压 U 越高,则输电线路的电流 I 越小,因而输电线的截面积可以减小,这就能够节约输电线材料,同时还可减少输电线路的损耗,达到减少投资和运行费用的目的。

电力网将许多发电厂和用户联在一起,因各系统所需电压不一样,就需要各种规格和容量的变压器来连接,所以说电力变压器是电力系统中不可缺少的一种电气设备。

知识点三　自耦变压器

前面所讲述的双绕组变压器,其一次绕组和二次绕组是分开的,只有磁耦合而没有直接的电联系。如果把一次绕组和二次绕组合二为一,如图 8-29 所示,就成为只有一个绕组的变压器,这种变压器称为自耦变压器。这种变压器的特点是铁芯上只绕有一个线圈,一、二次绕组共用部分绕组,因此一、二次绕组之间不仅有磁耦合,而且还有直接的电联系。

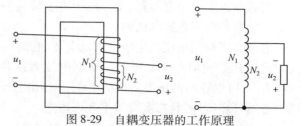

图 8-29　自耦变压器的工作原理

自耦变压器的原理与普通变压器一样,由于穿过一、二次绕组的磁通相同,仍然有

$$\frac{U_1}{U_{20}} \approx \frac{N_1}{N_2} = k \qquad\qquad \frac{I_1}{I_2} \approx \frac{N_2}{N_1} = \frac{1}{k}$$

自耦变压器既可做成单相的,也可做成三相的。单相自耦变压器如图 8-30 所示。三相自耦变压器的原理图如图 8-31 所示,常用作对三相异步电动机进行降压起动。

自耦变压器的优点是结构简单,节省用铜量,且效率较高。自耦变压器的变压比一般不超过 2,变压比越小,其优点越明显。

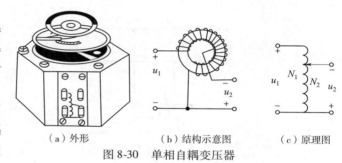

（a）外形　　　　　（b）结构示意图　　　（c）原理图

图 8-30　单相自耦变压器

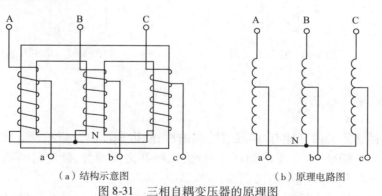

（a）结构示意图　　　　　　　　　　（b）原理电路图

图 8-31　三相自耦变压器的原理图

自耦变压器的缺点是一次侧电路与二次侧电路有直接电联系,高压侧的电气故障会波及低压侧,故高、低压侧应采用同一绝缘等级。

由于自耦变压器一、二次绕组有直接电联系,因此安全操作规程中规定,自耦变压器不能作为安全变压器使用,而且使用时要求自耦变压器一定要接线正确,外壳必须接地,自耦变压器接电源之前一定要把手柄转到零位。安全变压器必须采用一、二次绕组相互分开的双绕组变压器。

 知识点四　仪用互感器

　　互感器也是一种变压器,主要用于用小量程的仪表去测高电压和大电流。互感器分为电压互感器和电流互感器两种。

　　电压互感器用来把高电压变成低电压,它的一次线圈并联在高压电路中,二次线圈上接入交流电压表,如图 8-32 所示。根据电压表测得的电压 U_2 以及在铭牌上注明的变压比(U_1/U_2),可以算出高压电路中的电压。使用电压互感器时必须注意:它的二次绕组一端及铁芯必须可靠接地,且二次绕组不允许短路。

　　电流互感器用来把大电流变成小电流,它的一次线圈串联在被测电路中,二次线圈上接入交流电流表,如图 8-33 所示。根据电流表测得的电流 I_2 和在铭牌上注明的变流比(I_1/I_2),可以算出被测电路中的电流。使用电流互感器必须注意:它的二次绕组一端及铁芯必须可靠接地,且二次绕组不允许开路。

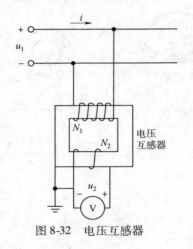

图 8-32　电压互感器

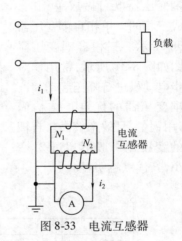

图 8-33　电流互感器

小　　结

　　(1)铁磁性物质的磁性能有高导磁性、剩磁性、磁饱和性以及磁滞性。软磁材料的特点是磁滞回线狭窄、磁导率高、磁滞损耗小,分为低频和高频两种;硬磁材料具有较大的剩磁 B_r、较高的矫顽力 H_c 和较宽的磁滞回线。

　　(2)工程上把约束在铁芯及其气隙所限定的范围内的磁通路径称为磁路。

　　磁路基尔霍夫第一定律表明:进入或穿出任一封闭面的总磁通量的代数和等于零,或穿入任一封闭面的磁通量恒等于穿出该封闭面的磁通量。

　　磁路基尔霍夫第二定律表明:沿任意闭合磁路的总磁动势恒等于各段磁位降的总和。

　　磁路欧姆定律表明:漏磁路(空气隙)的磁阻 R_σ 远大于铁芯的磁阻 R_m,故分析中可忽略漏磁通 Φ_σ。

（3）交流铁芯线圈是非线性元件,不考虑线圈的电阻及漏磁通时,其端电压、感应电动势与磁通的关系为

$$U \approx E = 4.44fN\Phi_{\mathrm{m}}$$

（4）变压器由铁芯和绕组（线圈）组成。利用电磁感应定律来实现电能传递,只"变"交流不"变"直流。

（5）单相变压器具有变换电压、电流及阻抗的作用。

（6）同名端是指电压瞬时极性始终相同的端子。其判断法有直流法和交流法两种。

（7）变压器的运行特性有外特性和效率特性两种。

（8）三相变压器中,额定电压均指线电压;额定电流均指线电流。

（9）自耦变压器不能作为安全变压器使用,使用时要求自耦变压器一定要接线正确。

（10）互感器分为电压互感器和电流互感器两种,主要用于用小量程的仪表去测高电压和大电流。

习　题

（1）基本磁化曲线与起始磁化曲线有何区别? 磁路计算时用的是哪一种磁化曲线?

（2）什么是软磁材料? 什么是硬磁材料?

（3）磁滞损耗和涡流损耗是什么原因引起的? 它们的大小与哪些因素有关?

（4）电动机和变压器的铁芯为什么不用整块的铁芯,而是要用硅钢片叠成?

（5）什么是磁路? 它和电路有什么区别? 电动机和变压器的磁路是怎样的?

（6）磁路的基本定律有哪些? 当铁芯磁路上有几个磁动势同时作用时,磁路计算能否用叠加定理,为什么?

（7）同名端是如何定义的? 如何用实验方法判定同名端?

（8）某晶体管收音机原配好 4 Ω 的扬声器,若改接 8 Ω 的扬声器,已知输出变压器的一次绕组匝数 $N_1 = 250$ 匝,二次绕组匝数 $N_2 = 60$ 匝,若一次绕组不变,试问二次绕组应如何变动,才能使阻抗匹配?

（9）某电力变压器的电压变化率 $\Delta U = 4\%$,要使该变压器在额定负载下输出的电压 $U_2 = 220$ V,试求二次绕组的额定电压 $U_{2\mathrm{N}}$。

（10）常见的变压器有哪些? 分别有什么主要用途?

（11）自耦变压器为什么不是安全变压器? 有什么优、缺点和使用注意事项?

（12）仪用互感器的使用注意事项是什么?

第九章　常用低压电器与三相异步电动机

本章介绍常用低压电器,三相异步电动机的基本结构、工作原理和机械特性,三相异步电动机的起动、调速、制动方法,三相异步电动机的基本控制电路。

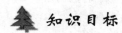 能力目标

(1)能正确选择并使用低压电器。
(2)能正确选择并使用三相异步电动机。
(3)能正确分析三相异步电动机控制电路的功能。

🌲 知识目标

(1)认识常用低压电器,了解常用低压电器的功能;
(2)能正确选择并使用低压电器;
(3)熟悉三相异步电动机的基本结构、工作原理、机械特性和起动、调速、制动方法;
(4)熟悉三相异步电动机的基本控制线路;
(5)能够正确分析三相异步电动机控制线路的功能。

第一节　常用低压电器简介

电器是所有电工器件的简称。凡是用来接通和断开电路,以达到控制、调节、转换和保护目的的电工器件都称为电器。尽管电力拖动自动控制系统已经向无触点、连续控制、微电子控制、计算机控制等方向发展,但由于继电器–接触器控制系统所用的控制电器结构简单、价格便宜、能够满足生产机械的一般要求,因此,目前仍然获得广泛的应用。

所谓低压电器就是根据外界指令,自动或手动接通和断开电路,连续或断续地改变电路参数,实现对被控对象的切换、控制、保护、检测和调节的电气设备。生产机械中所用的控制电器多属低压电器。低压电器是指工作在直流 1 200 V、交流 1 000 V 以下的各种电器。

低压电器的种类繁多,构造各异,用途广泛,分类方法也不尽相同,按动作方式可分为手动电器和自动电器。手动电器是通过人力操作而动作的电器,例如:开关、按钮等。自动电器是按照输入信号或本身参数的变化而自动动作的电器,例如:接触器、继电器、行程开关等。

低压电器是电力拖动控制系统的基本组成元件。控制系统性能的好坏与所用低压电器直接相关。电气技术人员必须熟悉常用低压电器的基本结构、工作原理、规格型号和主要用途，并能正确选择、使用与维护。

 知识点一　低压开关

低压开关是手动操作的低压电器，一般用于接通或分断低压配电电源和用电设备，也常用来直接起动小容量的异步电动机。常用的低压开关有刀开关、组合开关和自动空气开关等。

1. 刀开关

刀开关又称闸刀开关，是结构最简单且应用最广泛的一种手动电器。图 9-1 所示为刀开关的结构和符号，它由操作手柄、触刀、静夹座和绝缘底板组成。推动手柄使触刀插入静夹座中，电路就会被接通。为了保证刀开关合闸时触刀与静夹座有良好的接触，触刀与静夹座之间应有一定的接触压力。

刀开关在低压电器中用于不频繁地接通和切断电路，也可用于对小容量的电动机做不频繁的直接起动。刀开关的种类很多，按刀的极数可分为单极、双极和三极。

2. 组合开关（转换开关）

组合开关又称转换开关，实质上也是一种刀开关，不过它的刀片是转动的。它由装在同一根轴上的单个或多个单极旋转开关叠装在一起组成。有单极、双极、三极和多极结构，根据动触片和静触片的不同组合，有许多接线方式。图 9-2 所示为常用的 HZ10 系列组合开关的外形和符号。它有三对静触片，每个触片的一端固定在绝缘垫板上，另一端伸出盒外，连在接线上，三个动触片套在装有手柄的绝缘轴上，转动手柄就可将三个触点同时接通或断开。

组合开关常用作交流 50 Hz、380 V 和直流 220 V 以下的电源引入开关，5 kW 以下电动机的直接起动和正反转控制，以及机床照明电路中的控制开关。

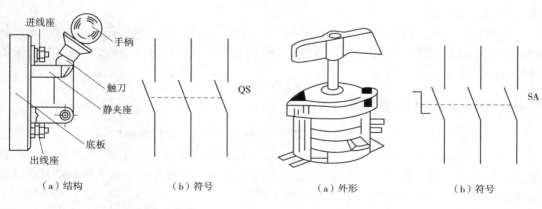

图 9-1　刀开关的结构和符号　　　　　图 9-2　组合开关的外形和符号

3. 自动空气开关

自动空气开关又称低压断路器。它是低压配电网络和电力拖动系统中非常重要的一种电器,除能完成接通和分断电路外,还能对电路或电气设备发生的短路、过载及失电压等进行保护,同时也可用于不频繁地起、停电动机。

DZ5-20 型自动空气开关的外形及结构如图 9-3 所示。

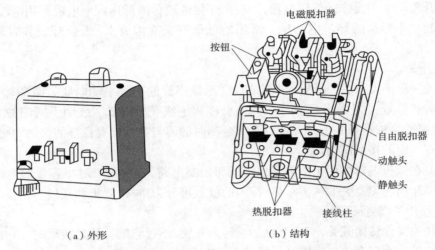

（a）外形　　　　　（b）结构

图 9-3　DZ5-20 型自动空气开关的外形及结构

DZ5-20 型自动空气开关其结构采用立体布置,操作机构在中间。外壳顶部突出的红色分断按钮和绿色合闸按钮,可通过储能弹簧连同杠杆机构实现开关的接通和分断;壳内底座上部为热脱扣器,它由热元件和电磁脱扣器构成,用作过载保护,还有一个电流调节盘,用以调节整定电流;下部为电磁脱扣器,由电流线圈和铁芯组成,用作短路保护;主触头系统在操作机构的下面,由动触头和静触头组成,用以接通和分断主电路的大电流并采用栅片灭弧;另外,还有常开和常闭辅助触头各一对,可作为信号指示或控制电路用;主、辅触头接线柱伸出壳外,便于接线。

自动空气开关具有以下优点:结构紧凑,安装方便,操作安全,而且在进行过载、短路保护时,用电磁脱扣器将三相电源同时切断,可避免电动机缺相运行。另外,自动空气开关的脱扣器可以重复使用,不必更换。

知识点二　低压熔断器

熔断器在配电系统和用电设备中主要起短路保护作用。使用时熔断器串联在被保护的电路中,在正常情况下,它相当于一根导线。当流过它的电流超过规定值时,熔体产生的热量使自身熔化而切断电路。熔体是用低熔点的金属丝或金属薄片做成的。熔断器具有结构简单、使用方便、价格低廉等优点,其应用极为广泛。

熔断器主要由熔体和绝缘底座组成。熔体材料基本上分为两类:一类由铅、锌、锡及锡铅合金等低熔点金属制成,主要用于小电流电路;另一类由银或铜等较高熔点金属制成,用于大电流电路。熔断器的符号如图9-4所示。

熔断器的主要技术参数有：

（1）额定电压。这是从灭弧的角度出发,规定保证熔断器能长期正常工作的电压。

（2）额定电流。额定电流是指保证熔断器能长期正常工作的电流。应该注意的是,熔断器的额定电流应大于或等于所装熔体的额定电流。

（3）极限分断电流。极限分断电流是指熔断器在额定电压下所能断开的最大短路电流。它取决于熔断器的灭弧能力,与熔体额定电流无关。

常用的熔断器有:无填料瓷插式熔断器、无填料封闭管式熔断器、有填料螺旋式熔断器和快速熔断器等。

1. 无填料瓷插式熔断器

瓷插式熔断器又称插入式熔断器,它由瓷盖、瓷底座、静触头、动触头和熔体组成。RC1A 系列瓷插式熔断器的外形与结构如图9-5所示。它是一种最常见的结构简单的熔断器,熔体更换方便、价格低廉。一般用于交流 50 Hz,额定电压 380 V,额定电流 200 A 以下的线路中,作为电气设备的短路保护及一定程度上的过载保护之用。

2. 有填料螺旋式熔断器

有填料螺旋式熔断器由瓷帽、熔管、瓷套以及瓷座等组成。熔管是一个瓷管,内装熔体和石英砂,熔体的两端焊在熔管两端的导电金属盖上,其上端盖中间有一熔断指示器,当熔体熔断时指示器弹出,通过瓷帽上的玻璃窗口可以看见。RL1 系列螺旋式熔断器的外形与结构如图9-6所示。

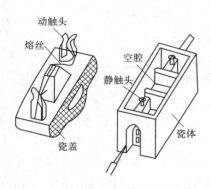

图 9-5　RC1A 系列瓷插式熔断器的外形与结构

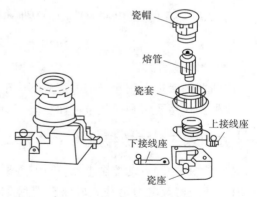

图 9-6　RL1 系列螺旋式熔断器的外形与结构

这种熔断器的特点是其熔管内充满了石英砂填料,以此增强熔断器的灭弧能力。石英砂填料之所以有助于灭弧,是因为石英砂具有很大的热惯性与较高绝缘性能,并且因它为颗粒状,与电弧的接触面较大,能大量吸收电弧的能量,使电弧很快冷却,从而加快了电弧熄灭过程。

螺旋式熔断器的优点是体积小、灭弧能力强、有熔断指示和防振等,在配电及机电设备中大量使用。此外,有填料的封闭管式熔断器,具有分断能力高、有醒目的熔断指示和使用安全等优点,被广泛用于短路电流很大的电力网络或配电装置中。

3. 快速熔断器

快速熔断器主要用于半导体功率元件和变流装置的短路保护。因为半导体功率元件的过载能力差,只能在极短的一段时间内承受过载电流,所以要求熔断器具有快速熔断的特性。

螺旋式快速熔断器的结构与螺旋式普通熔断器相同,不同的只是熔体。快速熔断器的熔体具有快速熔断的特性。常用的快速熔断器有 RS 和 RLS 系列。使用时应当注意,快速熔断器的熔体不能用普通的熔体代替,因为普通的熔体不具有快速熔断的特性。

4. 熔断器的选择和维护

根据被保护电路的要求,首先选择熔体的规格,再根据熔体去确定熔断器的规格。

(1)熔体额定电流的选择

①对于电炉和照明等电阻性负载,熔断器可用作过载保护和短路保护,熔体的额定电流应稍大于或等于负载的额定电流。

②由于电动机的起动电流很大,熔体的额定电流要考虑起动时熔体不能熔断而选得较大,因此对电动机而言,熔断器只宜作短路保护而不能作过载保护。

保护单台长期工作的电动机熔体电流 I_{fN} 可按最大起动电流选取,也可按下式选取:

$$I_{fN} \geqslant (1.5 \sim 2.5)I_N \tag{9-1}$$

轻载起动或起动时间较短时,系数可取近 1.5;带负载起动、起动时间较长或起动较频繁时,系数可取 2.5。

对于多台电动机的短路保护,熔体的额定电流 I_{fN} 应不小于最大一台电动机的额定电流 I_{Nmax} 的 1.5~2.5 倍,加上同时使用的其他电动机额定电流之和 $\sum I_N$,即

$$I_{fN} \geqslant (1.5 \sim 2.5)I_{Nmax} + \sum I_N \tag{9-2}$$

(2)熔断器的选择

熔断器的额定电压和额定电流应不小于线路的额定电压和所装熔体的额定电流。其结构形式根据线路要求和安装条件而定。

💡 知识点三　交流接触器

接触器是一种自动控制电器,可用来频繁地接通和断开主电路。它主要的控制对象是电动机、变压器等电力负载。可以实现远距离接通或分断电路,允许频繁操作。它工作可靠,还具有零电压保护、欠电压释放保护等作用。接触器是电力拖动自动控制系统中应用最广泛的电器。

接触器按其线圈通过电流种类不同,分为交流接触器和直流接触器。这里只介绍交流接触器。

1. 交流接触器结构

交流接触器主要由电磁系统、触点系统、灭弧装置等部分组成,其结构如图 9-7 所示。

（1）电磁系统

电磁系统由吸引线圈、铁芯、衔铁组成。铁芯用相互绝缘的硅钢片叠压铆成，以减少交变磁场在铁芯中产生的涡流及磁滞损耗，避免铁芯过热。铁芯上装有短路铜环，以减少衔铁吸合后的振动和噪声。铁芯大多采用衔铁直线运动的双 E 形结构。交流接触器线圈在其额定电压的 85%～105% 时，能可靠地工作。电压过高，则磁路严重饱和，线圈电流将显著增大，有被烧坏的危险；电压过低，则吸不牢衔铁，触点跳动，影响电路正常工作。

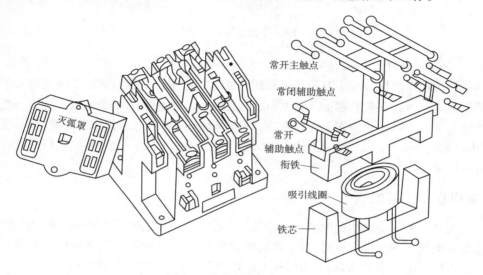

图 9-7　交流接触器的结构图

（2）触点系统

触点系统是接触器的执行元件，用以接通或分断所控制的电路，必须工作可靠，接触良好。主触点在接触器中央，触点较大。复合辅助触点，分别位于主触点的左右侧，上方为辅助常闭触点，下方为辅助常开触点。辅助触点用于控制电路，常起电气联锁作用，故又称联锁（自锁或互锁）触点。

（3）灭弧装置

交流接触器在分断大电流电路时，往往会在动、静触点之间产生很强的电弧。电弧是触点间气体在强电场作用下产生的放电现象。电弧一方面会烧伤触点，另一方面会使电路的切断时间延长，甚至引起其他事故。因此，灭弧是接触器的主要任务之一。电弧的熄灭方法一般采用双断口结构的电动力灭弧和半封闭式绝缘栅片陶土灭弧罩。前者适用于容量较小（10 A 以下）的接触器，而后者适用于容量较大（20 A 以上）的接触器。

2. 交流接触器的工作原理

当交流接触器的电磁线圈通电后，产生磁场，使静铁芯产生足够的吸力，克服反作用弹簧与动触点压力弹簧片的反作用力，将衔铁吸合，使动触点和静触点的状态发生改变，其中三对常开主触点闭合。常闭辅助触点首先断开，接着，常开辅助触点闭合。当电磁线圈断电后，由于铁芯电磁吸力消失，衔铁在反作用弹簧作用下释放，各触点也随之恢复原始状态。

交流接触器的符号如图 9-8 所示。

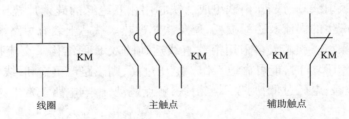

线圈　　　　　主触点　　　　辅助触点

图 9-8　交流接触器的符号

3. 交流接触器的选用

接触器的额定电压应大于或等于负载回路的额定电压。主触点的额定电流应大于或等于负载的额定电流。在频繁起动、制动和正反转的场合,主触点的额定电流要选大一些。

线圈电压从人身及设备安全角度考虑,可选择低一些。但从简化控制线路,节省变压器考虑,也可选用 380 V。线圈电压应与控制电路电压一致,接触器的触点数量和种类应满足控制电路要求。

 知识点四　继电器

继电器是一种自动动作的电器。当给继电器输入电压、电流和频率等电量或温度、压力和转速等非电量并达到规定值时,继电器的触点便接通或分断所控制或保护的电路。继电器被广泛应用于电力拖动系统、电力保护系统以及各类遥控和通信系统中。

继电器一般由输入感测机构和输出执行机构两部分组成,前者用于反映输入量的高低;后者用于接通或分断电路。

继电器的种类很多,下面仅对几种常用继电器的结构、动作原理和用途进行简单介绍。

1. 中间继电器

中间继电器是电气控制系统中用得最多的一种继电器。其动作原理与接触器基本相同。它主要由电磁机构和触点系统组成,因为继电器无须分断大电流电路,故均采用无灭弧装置的触点。

中间继电器本质上是电压继电器,它是用来远距离传输或转换控制信号的中间元件。它输入的是线圈的通电或断电信号,输出的是多对触点的通断动作。因此,它可用于增加控制信号的数目。因为触点的额定电流大于线圈的额定电流,故它又可用来放大信号。

常用的中间继电器有 JZ7、JZ8 等系列。JZ 系列中间继电器的外形与结构如图 9-9 所示。该继电器的结构与交流接触器相似,其触

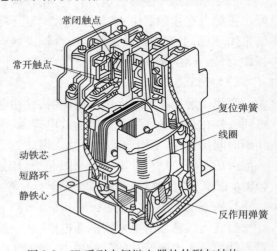

图 9-9　JZ 系列中间继电器的外形与结构

点对数较多,没有主、辅触点之分,各对触点允许通过的额定电流是一样的,都为5A。吸引线圈的额定电压有 12 V、24 V、36 V、110 V、127 V、220 V、380 V 等多种,可供选择。

2. 热继电器

热继电器是根据电流通过发热元件所产生的热量,使双金属片受热弯曲而推动执行机构动作的一种电器。双金属片式热继电器结构简单,体积小,成本低,应用广泛。它主要用于电动机的过载、缺相以及电流不平衡的保护。图 9-10 所示为热继电器的结构和符号。

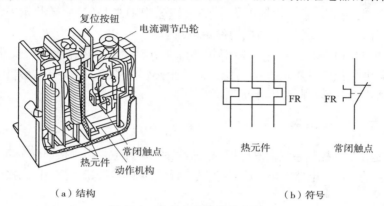

（a）结构　　　　　　　　　　　　　　　　（b）符号

图 9-10　热继电器的结构和符号

热继电器主要由双金属片、加热元件、动作机构、触点系统、整定调整装置及温度补偿元件等组成。双金属片与发热元件串联在接触器的负载端,即主电路中,流过负载电流。动触点与静触点串联于控制电路的接触器线圈回路中。当负载电流超过整定电流值并经过一定时间后,发热元件所产生的热量足以使双金属片受热弯曲,使动触点与静触点分断,从而使接触器线圈断电释放,切断电路,保护电动机。电源切断后,电流消失,双金属片逐渐冷却,经过一段时间后恢复原状,于是动触点在失去作用力的情况下,靠自身弹簧的弹性复位。热继电器的原理图如图 9-11 所示。

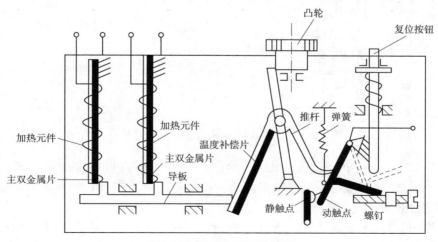

图 9-11　热继电器的原理图

这种热继电器也可采用手动复位,将螺钉向外调节到一定位置,使动触点弹簧的转动超过一定角度失去反弹性,在此情况下,即使双金属片冷却复原,动触点也不能自动复位,必须按下复位按钮才能使动触点弹簧恢复到具有弹性的角度,使之与静触点恢复闭合。这在某些要求故障未被消除时防止带故障再投入运行的场合是必要的。

热继电器的主要技术数据是整定电流。所谓整定电流是指长期通过发热元件而不动作的最大电流。电流超过整定电流20%时,热继电器应当在20 min内动作,超过的数值越大,则发生动作的时间越短。整定电流的大小在一定范围内可以通过旋转凸轮来调节。选用热继电器时应取其整定电流等于电动机的额定电流。

使用热继电器时必须注意,它不能起短路保护作用。在发生短路时,要求立即断开电路,而热继电器由于热惯性不能立即动作。但这个热惯性也有好处,在电动机起动或短时过载时,热继电器不会动作,避免电动机不必要的停车。

知识点五　主令电器

主令电器是在自动控制系统中发出指令或信号的电器,主要用来接通和分断控制电路以达到发号施令的目的。主令电器应用广泛,种类繁多,最常见的有按钮、行程开关、接近开关等。

1. 按钮

按钮是一种短时接通或断开小电流电路的手动电器,通常用于控制电路中发出起动或停止等指令,以控制接触器、继电器等电器的线圈电流的接通或断开,再由它们去接通或断开主电路。另外,按钮之间还可实现电气联锁。

按钮的结构一般是由按钮帽、复位弹簧、动触点、静触点和外壳等组成。图9-12所示为LA19系列按钮的结构和符号。

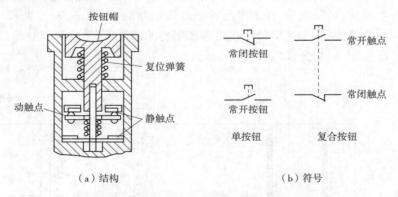

（a）结构　　　　　（b）符号

图9-12　LA19系列按钮的结构和符号

常开按钮:手指未按下时,触点是断开的;当手指按下按钮帽时,触点被接通;而手指松开后,触点在复位弹簧作用下返回原位而断开。常开按钮在控制电路中常用作起动按钮。其触点称为常开触点或动合触点。

常闭按钮:手指未按下时,触点是闭合的;当手指按下时,触点被断开;而手指松开后,触点在复位弹簧作用下恢复闭合。常闭按钮在控制电路中常用作停止按钮。其触点称为常闭触点或动断触点。

复合按钮：当手指未按下时，常闭触点是闭合的，常开触点是断开的；当手指按下时，先断开常闭触点，后接通常开触点，而手指松开后，触点在复位弹簧作用下全部复位。复合按钮在控制电路中常用于电气联锁。

按钮的主要技术参数有：规格、结构型式、触点对数和按钮的颜色。通常所选用的规格为交流额定电压 500 V，允许持续电流 5 A。按钮的颜色有红、绿、黑、黄以及白、蓝等多种，供不同场合选用。

为了便于识别各个按钮的作用，避免误操作，通常在按钮帽上做出不同标记或涂上不同的颜色。例如：蘑菇形表示急停按钮；红色表示停止按钮；绿色表示起动按钮。按钮必须有金属的防护挡圈，且挡圈必须高于按钮帽，这样可以防止意外触动按钮帽时产生误动作。

2. 行程开关

行程开关又称位置开关或限位开关。是一种很重要的小电流主令电器。行程开关是利用生产设备中某些运动部件的机械位移而碰撞位置开关，使其触点动作，将机械信号变为电信号，接通、断开或变换某些控制电路的指令，借以实现对机械的电气控制要求，这类开关常被用来限制机械运动的位置或行程，使运动机械按一定位置或行程自动停止、反向运动或自动往返运动等。行程开关的结构形式很多，但基本上是以某种位置开关元件为基础，装置不同的操作头而得到各种不同的形式。

行程开关按结构可分为直动式、滚动式和微动式；按触点性质可分为有触点式和无触点式。行程开关的结构和符号如图 9-13 所示。

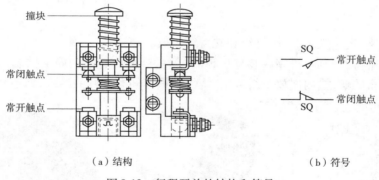

图 9-13　行程开关的结构和符号

行程开关的动作与控制按钮类似，只是它用运动部件上的撞块来碰撞行程开关的推杆。其优点是结构简单，成本较低，缺点是触点的分合速度取决于撞块的移动速度。若撞块移动太慢，则触点就不能瞬时切断电路，使电弧在触点上停留时间过长，易于烧蚀触点。

第二节　三相异步电动机

现代各种机械都广泛应用电动机来拖动。电动机按电源的种类可分为交流电动机和直流电动机。交流电动机又分为异步电动机和同步电动机两种，其中异步电动机具有结构简单、工作可靠、价格低廉、维护方便、效率较高等优点,所以异步电动机是所有电动机中应用最广泛的一种。一般的机床、起重机、传送带、鼓风机、水泵以及各种农副产品的加工等都普遍使用三相异步电动机,铁道机车和动车组的牵引电动机也都是三相异步电动机;各种家用电器、医疗器械和许多小型机械则使用单相异步电动机;而在一些有特殊要求的场合则使用特种异步电动机。本节主要讨论三相异步电动机。

 知识点一　三相异步电动机的结构

三相异步电动机由两个基本部分组成:一是固定不动的部分,称为定子;二是旋转部分,称为转子。图 9-14 所示为三相异步电机的外形和结构。

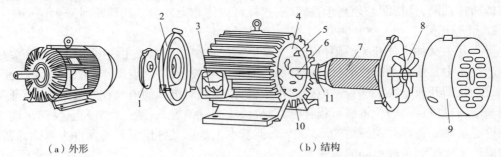

（a）外形　　　　　　　　　　　　　　　　　（b）结构

图 9-14　三相异步电动机的外形和结构

1—轴承盖；2—端盖；3—接线盒；4—定子铁芯；5—定子绕组；
6—转轴；7—转子；8—风扇；9—罩壳；10—机座；11—轴承

1. 定子

定子由机座、定子铁芯、定子绕组和端盖等组成。

机座通常用铸铁制成,机座内装有 0.5 mm 厚的硅钢片叠成的筒形铁芯,铁芯内圆周上有许多均匀分布的槽,槽内嵌放三组绕组,绕组与铁芯间有良好的绝缘,如图 9-15 所示。

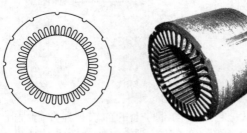

（a）定子的硅钢片　　　　　（b）未装绕组的定子　　　　　（c）装有绕组的定子

图 9-15　定子的结构

定子绕组是定子的电路部分,中小型电动机一般采用漆包线绕制,共分三组,分布在定子铁芯槽内,它们在定子内圆周空间的排列彼此相隔 120°,构成对称的三相绕组,三相绕组共有六个出线端,通常接在置于电动机外壳上的接线盒中,三个绕组的首端接头分别用 U_1、V_1、W_1 表示,其对应的末端接头分别用 U_2、V_2、W_2 表示。三相定子绕组可以联结成星形或三角形,如图 9-16 所示。

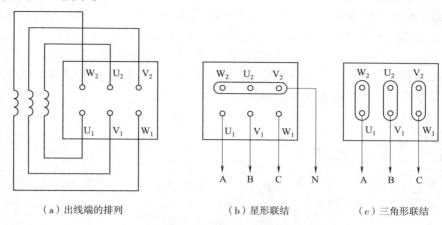

（a）出线端的排列　　　　　（b）星形联结　　　　　（c）三角形联结

图 9-16　三相定子绕组的接法

　　定子三相绕组连接方式(丫或△)的选择,和普通三相负载一样,须视电源的线电压而定。如果电动机所接入电源的线电压等于电动机的额定相电压(即每相绕组的额定电压),那么它的绕组应该接成三角形;如果电源的线电压是电动机额定相电压的$\sqrt{3}$倍,那么它的绕组就应该接成星形。通常电动机的铭牌上标有符号丫/△和数字 380/220,前者表示定子绕组的接法,后者表示对应于不同接法应加的线电压值。

　　2. 转子

　　转子由转子铁芯、转子绕组、转轴、风扇等组成。

　　转子铁芯为圆柱形,通常由定子铁芯冲片剩下的内圆硅钢片叠成,压装在转轴上,如图 9-17(a)所示。转子铁芯与定子铁芯之间有微小的空气隙,它们共同组成电动机的磁路。转子铁芯外圆周上有许多均匀分布的槽,槽内安放转子绕组。

　　转子绕组有笼形和绕线形两种结构。笼形转子绕组是由嵌在转子铁芯槽内的若干铜条组成的,两端分别焊接在两个短接的端环上,如图 9-17(b)所示。如果去掉铁芯,转子绕组的外形就像一个笼,故称笼形转子。目前中小型笼形电动机大都在转子铁芯槽中浇注铝液,铸成笼形绕组,并在端环上铸出许多叶片,作为冷却的风扇,如图 9-17(c)所示。

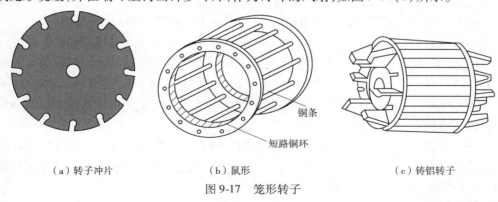

（a）转子冲片　　　　　　（b）鼠形　　　　　　　（c）铸铝转子

图 9-17　笼形转子

绕线型转子的绕组与定子绕组相似,在转子铁芯槽内嵌放对称的三相绕组,作星形联结。三相绕组的三个尾端联结在一起,三个首端分别接到装在转轴上的三个铜制滑环上,通过电刷与外电路的可调电阻器相连,用于起动或调速,如图9-18所示。

笼形异步电动机由于结构简单、价格低廉、工作可靠、维修方便,在生产上得到了广泛的应用。绕线型异步电动机结构比较复杂,价格较高,但它具有较好的起动和调试性能,一般只用于对起动和调速有较高要求的场合,如立式车床、起重机等。

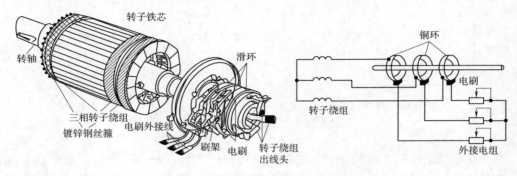

图 9-18　绕线型转子

 知识点二　三相异步电动机的工作原理

1. 旋转磁场

三相异步电动机的磁场是由对称三相电源产生的。当对称三相电源通入定子的三相对称绕组时,就在定子内建立起一个在空间连续旋转的磁场,称为旋转磁场。

1)旋转磁场的产生

三相异步电动机定子绕组如图9-19所示,当通以对称三相交流电时,各相绕组中的电流都将产生自己的磁场。由于电流随时间变化,它们产生的磁场也将随时间变化,而三相电流产生的总磁场(合成磁场)是在空间旋转的,故称为旋转磁场。

定子铁芯有六个槽,它的每相绕组由一个线圈组成,分别嵌放在定子内圆周的六个凹槽之中,如图9-19所示,图中 A、B、C 和 X、Y、Z 分别代表各相绕组的首端与末端。

定子绕组中,电流的正方向规定为自各相绕组的首端到它的末端,并取流过 A 相绕组的电流 i_A 作为参考正弦量,即 i_A 的初相位为零,则各相电流的瞬时值可表示为

$$i_A = I_m \sin \omega t$$

$$i_B = I_m \sin (\omega t - 120°)$$

$$i_C = I_m \sin (\omega t + 120°)$$

三相绕组通入三相交流电后,将产生各自的交变磁场。现通过几个特定时刻来分析三相交变电流产生的合成磁场的情况。

在 $t = 0$ 时,$i_A = 0$;i_B 为负,电流实际方向与正方向相反,即电流从 Y 端流到 B 端;i_C 为正,电流实际方向与正方向一致,即电流从 C 端流到 Z 端。按右手螺旋定则确定三相电流产生的合成磁场,如图9-20(a)箭头所示。

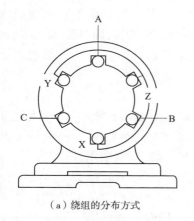
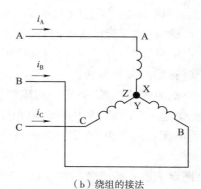

（a）绕组的分布方式　　　　　　　　　　（b）绕组的接法

图 9-19　三相异步电动机定子绕组示意图

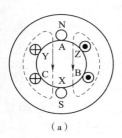 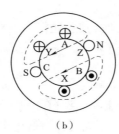 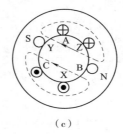 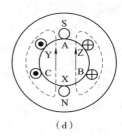

（a）　　　　　　（b）　　　　　　（c）　　　　　　（d）

图 9-20　两极旋转磁场

在 $t = \dfrac{T}{6}$ 时，$\omega t = 60°$，i_A 为正（电流从 A 端流到 X 端）；i_B 为负（电流从 Y 端流到 B 端）；$i_C = 0$。此时的合成磁场如图 9-20（b）所示，合成磁场已从 $t = 0$ 瞬间所在位置顺时针方向旋转了 60°。

在 $t = \dfrac{T}{3}$ 时，$\omega t = 120°$，i_A 为正；$i_B = 0$；i_C 为负。此时的合成磁场如图 9-20（c）所示，合成磁场已从 $t = 0$ 瞬间所在位置顺时针方向旋转了 120°。

在 $t = \dfrac{T}{2}$ 时，$\omega t = 180°$，$i_A = 0$；i_B 为正；i_C 为负。此时的合成磁场如图 9-20（d）所示。合成磁场已从 $t = 0$ 瞬间所在位置顺时针方向旋转了 180°。

按以上分析可得：当三相电流随时间不断变化时，合成磁场在空间也不断旋转，这样就产生了旋转磁场。

（2）旋转磁场的转向

由于 A 相绕组内的电流超前于 B 相绕组内的电流 120°，而 B 相绕组内的电流又超前于 C 相绕组内的电流 120°，同时图 9-20 中所示旋转磁场的转向也是 A—B—C，即顺时针方向旋转。所以，旋转磁场的转向与三相电流的相序一致。

如果将定子绕组接至电源的三根导线中的任意两根线对调，例如，将 B、C 两根线对调，使 B 相与 C 相绕组中电流的相位对调,此时 A 相绕组内的电流超前于 C 相绕组内的电流120°,因此,旋转磁场的转向也将变为 A—C—B,即逆时针方向旋转,即与对调前的转向相反。

由此可见,要改变旋转磁场的转向(亦即改变电动机的旋转方向),只要把定子绕组接到电源的三根导线中的任意两根对调即可。

3)旋转磁场的极数与转速

以上讨论的旋转磁场,只有一对磁极,即 $p=1$(磁极对数用 p 表示)。从上述分析可以看出,电流变化一个周期(变化360°电角度),旋转磁场在空间也旋转了一圈(转了360°机械角度)。若电流的频率为 f_1,旋转磁场每分钟将旋转 $60f_1$ 圈,以 n_1 表示,即

$$n_1 = 60f_1 \qquad\qquad (9\text{-}3)$$

如果把定子铁芯的槽数增加 1 倍(变为 12 个槽,$p=2$),再将这三相绕组接到对称三相电源,使通过对称三相电流,便产生具有两对磁极的旋转磁场。此情况下电流变化半个周期(180°电角度),旋转磁场在空间只转过了 90°机械角度,即 1/4 圈。电流变化一个周期,旋转磁场在空间只转了 1/2 圈。

由此可知,当旋转磁场具有两对磁极($p=2$)时,其转速仅为一对磁极时的一半,即每分钟 $60f_1/2$ 转。依次类推,当有 p 对磁极时,其转速为

$$n_1 = \frac{60f_1}{p} \qquad\qquad (9\text{-}4)$$

所以,旋转磁场的转速又称同步转速(n_1),与电流的频率(f_1)成正比,与磁极对数(p)成反比。我国的标准工业频率为 50 Hz,表 9-1 列出了不同磁极对数电动机的同步转速。

表 9-1　不同磁极对数电动机的同步转速

p	1	2	3	4	5	6
$n_1/(\text{r/min})$	3 000	1 500	1 000	750	600	500

2. 三相异步电动机的转动原理

三相异步电动机的工作原理示意图如图 9-21 所示。当定子的三相对称绕组接到三相电源上时,绕组内将通过三相对称电流,并在空间产生旋转磁场,该磁场沿定子内圆周方向旋转。

当磁场旋转时,转子绕组的导体切割磁通将产生感应电动势,假设磁场向顺时针方向旋转,则相当于转子导体逆时针方向切割磁通,根据右手定则,转子上半部分导体中感应电动势的方向是垂直纸面向外,转子下半部分导体中感应电动势的方向是垂直纸面向里,如图 9-21 所示。

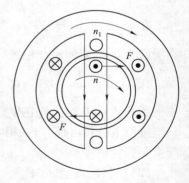

图 9-21　三相异步电动机的工作原理示意图

由于电动势的存在,转子绕组中将产生转子电流。根据左手定则,转子电流与旋转磁场相互作用将产生电磁力 F,该力在转子的轴上形成电磁转矩,且转矩的方向与旋转磁场的方向相同,转子受此转矩作用,便按旋转磁场的方向旋转起来。电动机的转速 n 是指转子的转速,转子的转速 n 比旋转磁

场的转速 n_1 要小,如果两者相等,转子与旋转磁场之间就没有相对运动,转子导体不切割磁通,便不能产生感应电动势和电流,也就没有电磁转矩,转子将不会继续旋转。因此,转子与旋转磁场之间的转速差是保证转子旋转的主要因素。由于这种电动机的定子和转子之间只有磁耦合而没有电联系,转子绕组中的电流是感应电流,所以称为感应电动机。又因为转子转速总是小于同步转速,所以把这种感应电动机称为异步电动机,而把转速差 $n_1 - n$ 与同步转速 n_1 的比值称为异步电动机的转差率,用 s 表示,即

$$s = \frac{n_1 - n}{n_1}　　　　　　　　(9-5)$$

转差率 s 是分析异步电动机运行情况的重要参数。在电动机起动瞬间, $n = 0$, $s = 1$;当转子旋转时,随着 n 的上升, s 不断减小;当电动机在额定负载下运行时,电动机的额定转速 n_N 接近于 n_1 ,转差率 s 很小,为 $0.015 \sim 0.060$ 。

根据式(9-5),可得电动机的转速表达式为

$$n = (1 - s)n_1　　　　　　　　(9-6)$$

从上面的分析还可以看出,异步电动机转动的方向是由旋转磁场的方向决定的。而旋转磁场的方向又由三相电源的相序决定。因此,要改变电动机的转动方向,只需改变三相电源的相序,即把接到定子三相绕组首端上的任意两根电源线对调即可。

【例9-1】　一台型号为 Y112M-4 的三相异步电动机,已知它的旋转磁场有四个磁极,额定频率为 50 Hz,额定转速 $n_N = 1\,440$ r/min,计算额定转差率 s_N 。

解　　　　$$n_1 = \frac{60f_1}{p} = \frac{60 \times 50}{2} = 1\,500 \text{ r/min}$$

$$S_N = \frac{n_1 - n_N}{n_1} = \frac{1\,500 - 1\,440}{1\,500} = 0.04$$

 知识点三　三相异步电动机的机械特性

三相异步电动机的电磁转矩 T 与定子绕组上的电压和频率、转差率、转子电路参数等有着密切联系,其关系式为

$$T \approx \frac{sC_T R_2 U_1^2}{f_1 [R_2^2 + (sX_{20})^2]}　　　　(9-7)$$

式中, U_1 是定子绕组电压; f_1 是交流电源的频率; R_2 是转子绕组每相的电阻; X_{20} 是电动机静止不动时转子绕组每相的感抗; C_T 是电动机结构常数; s 是转差率。

对于某台电动机而言,转子电路等参数均为常数,当定子绕组上的电压及频率一定时,电动机的电磁转矩 T 仅与转差率 s 有关。在实际应用中,更习惯于关心电磁转矩 T 与转速 n 之间的关系,并把 T 与 n 的关系曲线称为三相异步电动机的机械特性曲线。

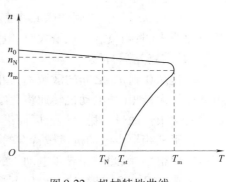

图9-22　机械特性曲线

$n = f(T)$ 的关系曲线如图 9-22 所示。

从机械特性曲线可以看出：

1. 起动转矩 T_{st}

电动机刚接通电源，但尚未开始转动（$s = 1$）的一瞬间，转轴上所产生的转矩称为起动转矩 T_{st}。起动转矩必须大于电动机所拖带机械负载的阻力矩，否则不能起动。因此，T_{st} 是电动机的一项重要指标。通常用起动能力 K_{st} 表示，它定义为起动转矩 T_{st} 与额定转矩 T_N 之比，即

$$K_{st} = \frac{T_{st}}{T_N} \tag{9-8}$$

2. 最大转矩 T_m

T_m 是指电动机能够提供的极限转矩。电动机所拖带机械负载的阻力矩必须小于最大转矩，否则，电动机将因拖不动负载而被迫停转。另外，若把额定转矩规定为靠近最大转矩，当电动机略一过载，就会很快停转。停转时，电动机的电流很大，时间长了会烧坏电动机。因此，电动机必须有一定的过载能力。

电动机的最大转矩与额定转矩之比称为电动机的过载能力，又称过载系数，用 λ_m 表示，即

$$\lambda_m = \frac{T_m}{T_N} \tag{9-9}$$

一般三相异步电动机的过载系数 $\lambda_m = 1.8 \sim 2.2$。

最大转矩所对应的转速和转差率分别称为临界转速 n_m 和临界转差率 s_m，s_m 的值在 $0.04 \sim 0.4$ 之间，s_m 可用下式计算

$$s_m = \frac{R_2}{X_{20}} \tag{9-10}$$

由式（9-10）可知，出现最大转矩时的临界转差率 s_m 和 R_2 成正比。当 $R_2 = X_{20}$ 时，$s_m = 1 = s$（起动时），则可使最大转矩 T_m 出现在起动瞬间。起重设备中广泛采用的绕线转子式异步电动机就是利用了这一特点，保证电动机有足够大的起动转矩来提升重物。

3. 机械特性曲线的两个区域

（1）稳定运行区

转速从 n_0 到 n_m 之间的区域称为稳定运行区。电动机正常运行时，工作在稳定运行区。该段曲线表明：当负载转矩增大时，电磁转矩增大，电动机转速略有下降。

（2）非稳定运行区

转速从 0 到 n_m 之间的区域称为非稳定运行区。该段曲线表明：当负载转矩增大到超过电动机最大转矩时，电动机转速将急剧下降，直至停转。通常，电动机都有一定的过载能力，起动后会很快通过不稳定运行区而进入稳定运行区工作。

由于三相异步电动机机械特性的稳定运行区比较平坦，即随着负载转矩的变化，电动机转速变化很小，因此三相异步电动机的机械特性为硬特性。

由式（9-7）和式（9-10）可得如下结论：

①电动机所产生的电磁转矩 T 与电源电压 U_1 的二次方成正比,因此电源电压的波动对电动机的转矩影响很大。

②最大转矩 T_{m} 与转子电阻 R_2 无关,因此适当调整 R_2 可改变机械特性,而最大转矩 T_{m} 保持不变。

 知识点四　三相异步电动机的起动、调速及制动

1. 三相异步电动机的起动

电动机的起动就是把电动机的定子绕组与电源接通,使电动机的转子由静止加速到以一定转速稳定运行的过程。

异步电动机在起动的最初瞬间,其转速 $n=0$,转差率 $s=1$,转子电流达到最大值,这时定子电流也达到最大值,为额定电流的 $4\sim7$ 倍。电动机起动电流大,在输电线路上造成的电压降也大,可能会影响同一电网中其他负载的正常工作,例如使其他电动机的转矩减小、转速降低,甚至造成堵转,或使荧光灯熄灭等。电动机起动转矩小,则起动时间较长,或不能在满载情况下起动。由于异步电动机的起动电流大而起动转矩较小,故常采取一些措施来减小起动电流,增大起动转矩。

三相异步电动机的起动方法通常有以下几种:

(1)直接起动。用开关将额定电压直接加到定子绕组上使电动机起动,就是直接起动,又称全压起动。如图 9-23 所示是用电源开关 QS 直接起动的电路。

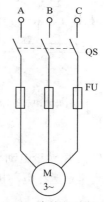

直接起动的优点是设备简单、操作方便、起动时间短。只要电网的容量允许,应尽量采用直接起动。容量在 10 kW 以下的三相异步电动机一般都采用直接起动。

一台电动机是否允许直接起动,可用经验公式来确定,若满足下列公式,则电动机可以直接起动。

$$\frac{\text{直接起动电流(A)}}{\text{额定电流(A)}}\leqslant\frac{3}{4}+\frac{\text{变压器总容量(kV}\cdot\text{A)}}{4\times\text{电动机功率(kW)}} \quad (9\text{-}11)$$

(2)笼形异步电动机降压起动。如果笼形异步电动机的额定

图 9-23　直接起动的电路

功率超出了允许直接起动的范围,则应采用降压起动。所谓降压起动,是借助起动设备将电源电压适当降低后加到定子绕组上进行起动,待电动机转速升高到接近稳定时,再使电压恢复到额定值,正常运行。目前常用的降压起动方法有定子串电阻起动、Y/△降压起动、自耦变压器降压起动。

①定子串电阻起动。如图 9-24(a)所示,起动时电阻串联于定子电路中,这样可以降低定子电压,限制起动电流。在转速接近额定值时,将电阻短接,此时电动机就在额定电压下开始正常运行。

定子串电阻起动,也属于降压起动,但由于外接的电阻上有较大的有功功率损耗,所以对中、大型异步电动机是不经济的。

②Y/△降压起动。如果电动机正常工作时其定子绕组是三角形联结的,那么起动时为

了减小起动电流,可将其接成星形联结,等电动机转速上升后,再恢复三角形联结。

Y/△降压起动电路如图9-24(b)所示,起动时定子绕组接成Y形,各相绕组承受的电压为额定电压的$1/\sqrt{3}$。待电动机转速接近稳定时,定子绕组改为△接法,于是每相绕组加上额定电压,电动机进入正常运行。Y/△降压起动时的起动电流是△联结直接起动时起动电流的1/3。Y/△降压起动设备简单,工作可靠,只适用于正常工作时作△联结的电动机。

③自耦变压器降压起动。自耦变压器降压起动电路如图9-24(c)所示,起动时,自耦变压器一次绕组接电源,二次绕组接电动机定子绕组,从而降低加在定子绕组上的电压,待起动结束后,再将电动机直接接到电源上,使其工作在额定电压下。优点是起动转矩较大,而且可灵活选择自耦变压器的抽头以得到合适的起动电流和起动转矩。缺点是设备成本较高,不能频繁起动。

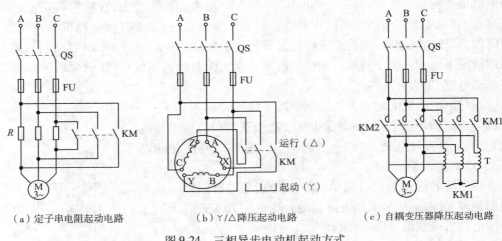

（a）定子串电阻起动电路　　　（b）Y/△降压起动电路　　　（c）自耦变压器降压起动电路

图9-24　三相异步电动机起动方式

2. 三相异步电动机的调速

调速是指在电动机负载不变的情况下,人为地改变电动机的转速。由前面公式可得

$$n = n_1(1 - s) = \frac{60f_1}{p}(1 - s) \tag{9-12}$$

可见异步电动机可以通过改变磁极对数p、电源频率f_1和转差率s三种方法来实现调速。

（1）变极调速

由式(9-4)可知,若磁极对数p减少一半,则转子的转速n上升一倍,这就是变极调速的原理。改变异步电动机定子绕组的接线,可以改变磁极对数p,从而得到不同的转速n,笼形异步电动机常采用这种方法调试。这种调试方法比较经济、简便,但由于磁极对数p只能成倍地变化,所以这种调速方法不能实现无级调速。

（2）变频调速

由于三相异步电动机的同步转速n_1与电源频率f_1成正比,因此,改变三相异步电动机的电源频率,可以实现平滑的调速。

进行变频调速,要一套专用的变频设备。变频设备由整流器和逆变器组成。整流器先将 50 Hz 的交流电变换为直流电,再由逆变器变换为频率可调的三相交流电,供给笼形异步电动机。连续改变电源频率可以实现大范围的无级调速,而且电动机机械特性的硬度基本不变,这是一种比较理想的调速方法,近年来发展很快,正得到越来越多的应用。

(3)变转差率调速

变转差率调速是在不改变同步转速 n_1 的条件下进行调速,变转差率调速的方法主要有绕线转子式异步电动机转子串电阻调速和降低电源电压调速。

绕线转子式异步电动机工作时,如果在转子回路中串入电阻,改变电阻的大小,即可调速。转子串电阻调速的优点是设备简单,成本低;缺点是低速时机械特性软,转速不稳定,电能浪费多,电动机的效率低,轻载时调速效果差。

当负载转矩一定时,电压越低,转速也越低,所以降低电压也能调节转速。降压调速的优点是电压调节方便,对于通风机型负载,调速范围较大;缺点是对于常见的恒转矩负载,调速范围很小,实用价值不大。

3. 三相异步电动机的制动

当电动机断电后,由于电动机及生产机械存在惯性,要经过一段时间才能停转。为了提高生产效率及安全性,必须对电动机进行制动。

制动的方法有机械制动和电气制动两类。

机械制动通常利用电磁抱闸制动器来实现。电动机起动时,电磁抱闸线圈同时通电,电磁铁吸合,使抱闸松开;电动机断电时,抱闸线圈同时断电,电磁铁释放,在弹簧作用下,抱闸把电动机转子紧紧抱住,实现制动。起重机常用这种方法制动。

电气制动是在电动机转子中产生一个与转动方向相反的电磁转矩,使电动机迅速停止转动。常用的电气制动方法有以下几种:

(1)反接制动

反接制动的方法是在电动机脱离电源后,把电动机与电源连接的三根导线中的任意两根对调一下,再接入电动机,此时旋转磁场反转,而转子由于惯性仍沿原方向转动,因而产生的电磁转矩方向与电动机转动方向相反,电动机因制动转矩的作用而迅速停转。当转速接近于零时,利用控制电器将三相电源及时切断,否则电动机将反转。

反接制动的优点是制动电路比较简单,制动转矩较大,停车迅速,但制动瞬间电流较大,消耗也较大,机械冲击强烈,易损坏传动部件。为了减小制动电流,常在三相制动电路中串入电阻或电抗器。这种制动一般用于要求迅速反转的场合。

(2)能耗制动

能耗制动是在切断三相电源的同时给定子绕组通入直流电,在定子与转子之间形成一个固定的磁场。由于转子在惯性作用下按原方向转动,而切割固定磁场,产生一个与转子旋转方向相反的电磁转矩,使电动机迅速停转。停转后,转子与磁场相对静止,制动转矩随之消失。

这种制动方法是把转子的动能转换为电能,在转子电路中以热能形式迅速消耗掉,故称为能耗制动。其优点是制动能量消耗小,制动平稳,虽然需要直流电源,但随着电子技术的迅速发展,很容易从交流电整流获得直流电。这种制动一般用于要求迅速平稳停车的场合。

（3）回馈制动

回馈制动又称再生制动或发电制动,主要用在起重设备中。例如,当起重机放下重物时,因重力的作用,电动机的转速 n 超过旋转磁场的转速 n_1,电动机转入发电运行状态,将重物的势能转换为电能,再回送到电网,所以称为回馈制动或发电制动。

 知识点五　三相异步电动机的铭牌

三相异步电动机的机座上都有一块铭牌,上面标有电动机的型号、规格和有关技术数据,要正确使用电动机,就必须看懂铭牌。现以 Y180M-4 型电动机为例,如表 9-2 所示,来说明铭牌上各个数据的含义。

表 9-2　异步电动机的铭牌

三相异步电动机					
型号	Y180M-4	功率	18.5 kW	电压	380 V
电流	35.9 A	频率	50 Hz	转速	1 470 r/min
接法	△	工作方式	连续	外壳防护等级	IP44
产品编号	××××××	质量	180 kg	绝缘等级	B 级
××电机厂	×年×月				

（1）型号

型号是电动机类型、规格的代号。国产异步电动机的型号由汉语拼音字母以及国际通用符号和阿拉伯数字组成。如 Y180M-4 中,Y 为三相笼形异步电动机,180 为机座中心高 180 mm,M 为机座长度代号（S 表示短机座,M 表示中机座,L 表示长机座）,4 为磁极对数（磁极对数 $p=2$）。

（2）接法

接法是指电动机在额定电压下,三相定子绕组的连接方式,Y或△。一般功率在 3 kW 及以下的电动机为Y接法,4 kW 及以上的电动机为△接法。

（3）额定频率 f_N（Hz）

额定频率是指电动机定子绕组所加交流电源的频率。我国工业用交流电源的标准频率为 50 Hz。

（4）额定电压 U_N（V）

额定电压是指电动机在额定运行时加到定子绕组上的线电压。

（5）额定电流 I_N（A）

额定电流是指电动机在额定运行时,定子绕组线电流的有效值。

（6）额定功率 P_N（kW）和额定效率 η_N

额定功率又称额定容量,是指在额定电压、额定频率、额定负载运行时,电动机轴上输出的机械功率。

额定效率是指输出机械功率与输入电功率的比值。

额定功率与额定电压、额定电流之间存在以下关系：

$$P_N = \sqrt{3} U_N I_N \cos \varphi_N \eta_N = P_1 \eta_N \tag{9-13}$$

式中　$\cos \varphi_N$——额定功率因数；

　　　η_N——额定效率；

　　　P_1——三相异步电动机稳定运行时，电源输入的功率。

（7）额定转速 n_N（r/min）

额定转速是指在额定频率、额定电压和额定输出功率时，电动机每分钟的转数。

（8）额定转矩 T_N（N/m）

电动机在额定状态下运行时的转矩称为额定转矩 T_N，它可由电动机铭牌上的 P_N（kW）和 n_N（r/min）求得，即

$$T_N = 9\,550 \frac{P_N}{n_N} \tag{9-14}$$

（9）绝缘等级

绝缘等级是指电动机定子绕组所用绝缘材料允许的最高温度等级，有 A（105 ℃）、E（120 ℃）、B（130 ℃）、F（155 ℃）、H（180 ℃）、C（>180 ℃）六级。Y 系列电动机多采用 E 级和 B 级绝缘。

（10）功率因数 $\cos \varphi$

三相异步电动机的功率因数较低，在额定运行时为 0.7～0.9，空载时只有 0.2～0.3，因此，必须正确选择电动机的容量，防止"大马拉小车"，并力求缩短空载运行时间。

（11）工作方式

异步电动机常用的工作方式有三种：

①连续工作方式。可按铭牌上规定的额定功率长期连续使用，而温升不会超过容许值，可用代号 S1 表示。

②短时工作方式。每次只允许在规定时间以内按额定功率运行，如果运行时间超过规定时间，则会使电动机过热而损坏，可用代号 S2 表示。

③断续工作方式。电动机以间歇方式运行。起重机械的拖动多为此种方式，用代号 S3 表示。

【例 9-2】　一台三相异步电动机 $P_N = 10$ kW，$U_N = 380$ V，$\cos \varphi_N = 0.85$，$\eta_N = 0.87$，试计算电动机的额定电流 I_N。

解　由式（9-13）可得

$$I_N = \frac{P_N}{\sqrt{3} U_N \cos \varphi_N \eta_N} = \frac{10\,000}{\sqrt{3} \times 380 \times 0.85 \times 0.87} \text{ A} = 20.55 \text{ A}$$

【例 9-3】　一台三相异步电动机的 $U_N = 380$ V，$I_N = 20$ A，$P_N = 10$ kW，$\cos \varphi_N = 0.84$，$n_N = 1\,460$ r/min，$K_{st} = 1.8$，$\lambda_m = 2.2$，试求额定转矩 T_N、起动转矩 T_{st}、最大转矩 T_m、额定效率 η_N。

解　由式（9-14）可得

$$T_N = 9\,550\,\frac{P_N}{n_N} = 9\,550 \times \frac{10}{1\,460}\ \text{N} \cdot \text{m} = 65.41\ \text{N} \cdot \text{m}$$

由式(9-8)可得

$$T_{st} = K_{st}T_N = 1.8 \times 65.41\ \text{N} \cdot \text{m} = 117.74\ \text{N} \cdot \text{m}$$

由式(9-9)可得

$$T_m = \lambda_m T_N = 2.2 \times 65.41\ \text{N} \cdot \text{m} = 143.90\ \text{N} \cdot \text{m}$$

电源输入功率为

$$P_1 = \sqrt{3}U_N I_N \cos\varphi_N = \sqrt{3} \times 380 \times 20 \times 0.84\ \text{W} = 11.06\ \text{kW}$$

故

$$\eta_N = \frac{P_N}{P_1} \times 100\% = \frac{10}{11.06} \times 100\% = 90.44\%$$

知识点六　三相异步电动机的控制线路

电气控制线路由各种低压电器组成,最基本的是由按钮、接触器、继电器等有触点电器组成的继电器－接触器控制线路,这种控制线路比较简单、易于掌握、使用方便,对操作、维护人员技术要求低,因此目前交流异步电动机的控制线路绝大部分仍由继电器、接触器等有触点电器所组成。

本节主要讨论三相异步电动机的直接起动控制和正反转控制。

1. 直接起动控制线路

除了用刀开关或组合开关直接起动和停止电动机以外,一般电动机的控制线路都由多种电器连接而成。其原理电路图分为主电路和辅助电路两部分。电动机等元件通过大电流的电路称为主电路,接触器或继电器线圈等元件通过小电流的电路称为辅助电路或控制电路。

(1)点动控制线路

所谓点动,即按下按钮时电动机转动工作,松开按钮时电动机停止工作。生产机械在调整状态时,需要进行点动控制。点动控制线路如图 9-25 所示,它由起动按钮 SB1、热继电器 FR 和接触器 KM 组成,其控制过程如下:合上电源开关 QS,按下按钮 SB1,接触器 KM 的吸引线圈通电,动铁芯吸合,其常开主触点 KM 闭合,电动机接通电源开始运转;松开 SB1 后,接触器吸引线圈断电,动铁芯在弹簧力作用下与静铁芯分离,常开主触点断开,电动机断电停转。

点动控制线路主要用在电动机短时运行的控制,例如调整机床的主轴,快速进给,镗床和铣床的对刀、试车等。

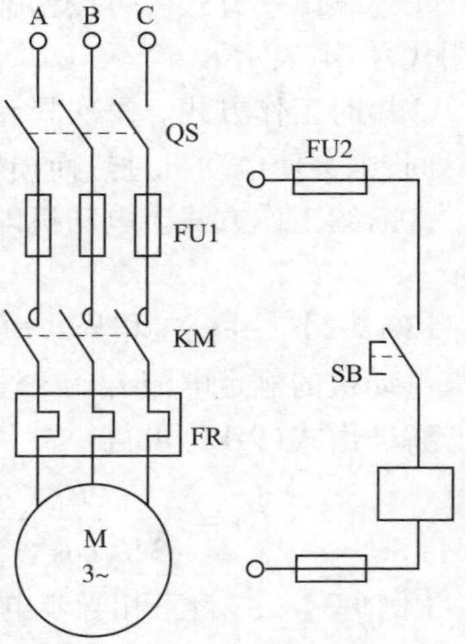

图 9-25　点动控制线路

(2)自锁控制线路

电动机在起动以后,如果没有发出停止信号,电动机将连续工作下去,这种控制称为连续工作控制或自锁控制,图 9-26 就是这种控制的典型线路。

在图 9-26 中,主电路由电源开关 QS、熔断器 FU1、接触器主触点 KM、热继电器发热元件 FR 和电动机 M 组成;辅助电路由停止按钮 SB1、起动按钮 SB2、接触器线圈 KM 和热继电器的常闭触点 FR 组成。注意这里有一个接触器的辅助常开触点 KM 与 SB2 并联,这种并联电路只要有一条支路接通,整个电路就被接通;只有所有支路都断开时,电路才被切断。而停止按钮 SB1 和热继电器的常闭触点串联接在电路中,显然,对于串联电路,只要有一处被切断,整个电路就被断开。

电动机起动时,合上电源开关 QS,接通三相电源,按下起动按钮 SB2,接触器 KM 的吸引线圈通电,动铁芯被吸合带动其三个主触点闭合,电动机接通三相电源就直接起动。同时,在控制电路与

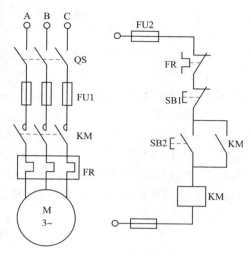

图 9-26　自锁控制线路

起动按钮 SB2 并联的接触器辅助常开触点 KM 闭合。当松开按钮 SB2 时,虽然按钮的常开触点在弹簧作用下断开,但接触器 KM 的吸引线圈仍保持通电状态,接触器通过自己的辅助常开触点使其继续保持通电动作的状态,称为接触器的自锁或自保。这个辅助常开触点称为自锁(或自保)触点。

要使电动机停止运转,只要按下停止按钮 SB1,接触器线圈 KM 断电,它的主触点全部复位断开,电动机便断电停转。而自锁触点 KM 也复位断开,失去自锁作用。

电源开关 QS 在这里作为隔离开关使用,当电动机或控制线路进行检查或维修时,用它来隔离电源,以确保操作安全。

（3）电动机安全保护环节

为使电动机在运行时安全可靠,往往需要采取保护措施。图 9-26 所示的控制线路除了能实现电动机的直接起动与停止控制以外,还可实现短路保护,失压保护和过载保护。

①短路保护。起短路保护作用的元件是熔断器 FU1 和 FU2,当电路中发生短路事故时,熔断器的熔体立即熔断,电动机迅速停止。

②失电压保护。当电动机不用接触器控制,而直接用闸刀开关或组合开关进行起停控制,在电源突然停电时未及时拉开开关,当电源恢复供电时,电动机自行起动,可能造成事故。用了接触器自锁控制以后,即使电源恢复供电,此时接触器线圈仍然断电,所有常开触点和自锁触点都复位断开,控制电路不会接通,电动机就不会自行起动,从而得到了保护。因此,接触器自锁控制线路不仅具有自锁作用,而且还具有失电压保护作用。

③过载保护。电动机输出的功率超过额定值就称为过载。过载时电动机的电流超过额定电流,过载会引起绕组发热,温度升高。若电动机温升超过允许温升就会影响电动机的寿命,甚至会烧坏电动机。因此必须对电动机进行过载保护。由热继电器 FR 实现电动机的过载保护。当电动机出现过载时,串联在电动机定子电路中的发热元件使双金属片受热

弯曲,经联动机构使串联在控制电路中的常闭触点断开,切断 KM 线圈电路,KM 复位,KM 主触点断开电动机电源,实现过载保护。

2. 正反转控制线路

在生产上许多生产机械的运动部件都需要正反转工作,这就要求电动机能够正反转运行。由异步电动机的工作原理可知,只要改变三相电源的相序即可改变电动机旋转方向,因此,电动机可逆旋转控制电路常用的有以下几种。

(1)接触器互锁正反转控制线路

图 9-27 为接触器互锁正反转控制线路,KM1 为正转接触器,KM2 为反转接触器。在主电路中,KM1 的主触点和 KM2 的主触点可分别接通电动机的正转和反转电路。显然 KM1 和 KM2 两组主触点不能同时闭合,否则会引起电源短路。QS 为电源开关,FU 熔断器起短路保护作用,FR 热继电器起过载保护作用。

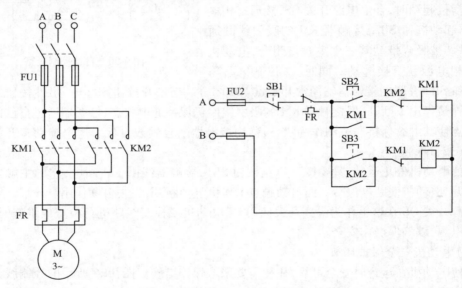

图 9-27　接触器互锁正反转控制线路

控制电路中,正、反转接触器 KM1 和 KM2 线圈支路分别串联了对方的常闭触点,在这种线路中,任何一个接触器接通的条件是另一个接触器必须处于断电释放状态。例如正转接触器 KM1 线圈被接通得电,它的辅助常闭触点被断开,将反转接触器 KM2 线圈支路切断,KM2 线圈在 KM1 接触器得电的情况下是无法接通得电的;反之,KM2 线圈得电后,KM1 线圈也就无法得电了。两个接触器之间的这种相互关系称为"互锁"或"联锁"。在图 9-27 所示电路中,互锁是依靠电气元件电气的方法来实现的,所以也称为电气互锁。实现电气互锁的触点称为互锁触点。图 9-27 所示接触器互锁正反转控制电路工作原理为:按下正转起动按钮 SB2,正转接触器 KM1 线圈得电,一方面 KM1 主电路中的主触点和自锁触点闭合,使电动机正转;另一方面,常闭触点 KM1 断开,切断反转接触器 KM2 线圈支路,使得它无法得电,实现互锁。此时,即使按下反转起动按钮 SB3,反转接触器 KM2 线圈因 KM1 互锁触点断开也不会得电。

要实现反转控制,必须先按下停止按钮 SB1,切断正转控制电路,然后才能起动反转控制电路。同理可知,反转起动按钮 SB3 按下(正转停止)时,反转接触器 KM2 线圈得电。一方面接通主电路反转主触点和控制电路反转自锁触点,另一方面正转互锁触点断开,使正转接触器 KM1 线圈支路无法接通,进行互锁。接触器互锁正反转控制线路存在的主要问题是,从一个转向过渡到另一个转向时,要先按停止按钮 SB1,不能直接过渡,显然这是十分不方便的。

(2)复合联锁正反转控制线路

如图 9-28 所示控制线路中,由于采用了接触器常闭辅助触点的电气联锁和复式按钮的机械联锁,故称为复合(双重)联锁。当电动机从正转直接改为反转,只需要按下反转起动按钮 SB3,SB3 的常闭触点断开,使正转接触器 KM1 的线圈断电,KM1 的主触点断开,电动机停止正转。与此同时,串联在反转接触器 KM2 线圈电路中的 KM1 常闭辅助触点恢复闭合,使反转接触器 KM2 的吸引线圈得电,KM2 的主触点闭合,电动机反转。同时,串联在正转接触器 KM1 线圈中的 KM2 常闭辅助触点断开,起着联锁保护作用。电动机从反转直接改为正转,原理同上。

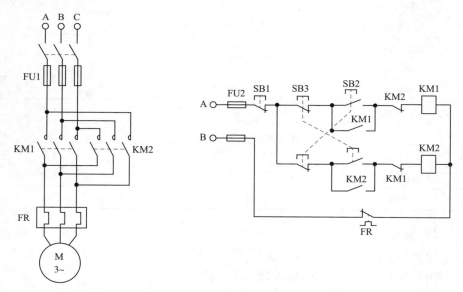

图 9-28　复合联锁正反转控制线路

应该指出,若只用复合按钮进行联锁,而不用接触器常闭辅助触点联锁,控制是不可靠的。在实际工作中可能出现这种情况是由于负载短路或大电流的长期作用,主触点被强烈的电弧"熔焊"在一起,或接触器的机构失灵,使动铁芯卡住,总是在吸合状态,这都可能使主触点不能断开,这时如另一只接触器动作,就会造成电源短路事故。

如果用接触器常闭触点联锁,不论是什么原因,只要有一个接触器是通电状态,它的常闭辅助触点就必然将另一个接触器吸引线圈电路切断,可避免事故的发生。

实 作

实作一 三相异步电动机的点动控制和自锁控制电路调试分析

（一）实作目的

（1）加深理解三相异步电动机的点动控制和自锁控制原理方法。

（2）能够把电气原理图变换成安装接线图。

（3）能够安装和调试控制线路。

（4）会排除电路中的常见故障。

（5）培养良好的操作习惯，提高职业素质。

（二）实作器材

实作器材见表9-3。

表9-3 实 作 器 材

器材名称	规格型号	数量
三相异步电动机	Y接法，380 V，0.18 kW	1台
交流接触器	CJ10-10 A 380 V	1个
按钮盒	绿，红	各1个
熔断器	RFI-20-2A	5个
热继电器	JR35-20/3	1个
刀开关	HD11-1/31	1个
数字万用表	VC890C +	1块
接线端子	自制	1组
导线		若干

（三）实作前预习

（1）三相异步电动机的点动控制线路及工作原理。

（2）三相异步电动机的自锁控制线路及工作原理。

（四）实作内容与步骤

（1）按图9-29所示线路进行安装接线。

（2）经指导教师检查无误后，通电调试，并将调试结果记入表9-4中。

①合上电源开关 QS。

②按下起动按钮 SB1，观察电动机动作情况。

③按下停止按钮 SB2，观察电器及电动机动作情况。

④打开电源开关 QS，在与 SB1 并联的辅助触点（自锁触点）上插入小纸片，重新按下 SB1，观察电动机运行情况。

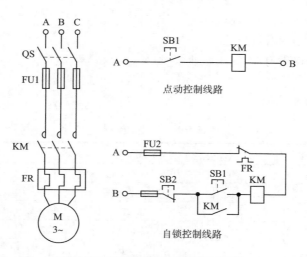

图 9-29　点动控制和自锁控制线路

（五）测试与观察结果记录

表 9-4　调试结果

控制电路	按钮情况	KM 常开触点	电动机是否转动
点动控制	按下按钮 SB1		
	松开按钮 SB1		
自锁控制	按下按钮 SB1		
	松开按钮 SB1		
	按下按钮 SB2		

（六）注意事项

（1）切忌将电源短路。操作过程中切忌身体碰触任何带电处。

（2）接线和拆线时，一定要断开电源进行操作，切忌带电作业。

（3）安装接线后，请教师检查无误后方可通电操作。

（4）不宜频繁起动电动机，因为大的起动电流容易损坏电器和电动机。

（七）回答问题

（1）试比较点动与自锁控制线路在结构和功能上的主要区别。

（2）实验中可能产生哪些故障？如何排除？

实作二　三相异步电动机的丫/△降压起动控制电路调试分析

（一）实作目的

（1）加深理解三相异步电动机的丫/△降压起动控制原理方法。

（2）能够把电气原理图变换成安装接线图。

（3）能够安装和调试控制线路。

（4）会排除电路中的常见故障。

（5）培养良好的操作习惯，提高职业素质。

（二）实作器材

实作器材见表9-5。

表9-5 实作器材

器材名称	规格型号	数量
三相异步电动机	Ｙ接法，380 V，0.18 kW	1台
交流接触器	CI10-10 A 380 V	2个
按钮盒	绿，红	各1个
熔断器	RFI-20-2A	5个
热继电器	JR35-20/3	1个
时间继电器	ST3PY	1个
刀开关	HD11-10/31	1个
数字万用表	VC890C +	1块
接线端子	自制	1组
导线		若干

（三）实作前预习

三相异步电动机的Ｙ/△降压起动控制线路及工作原理。

（四）实作内容与步骤

（1）按图9-30所示线路进行安装接线。

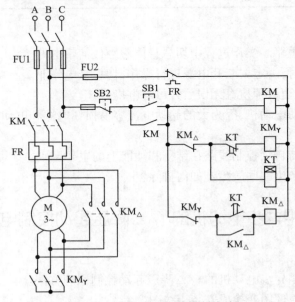

图9-30　Ｙ/△降压起动控制线路

（2）经指导教师检查无误后，通电调试，并将调试结果记入表9-6中。

①合上电源开关 QS。

②按下按钮 SB1，观察电器及电动机动作情况。

③按下按钮 SB2，观察电器及电动机动作情况。

④调节 KT 的延时值，观察线路的工作情况。

（五）调试与观察结果记录

表9-6　调试结果

项目	M 运行情况	KM 常开触点	KMᵧ常闭触点	KM△常闭触点	KT 常闭触点	KT 常开触点
按下 SB1						
按下 SB2						

（六）注意事项

（1）切忌将电源短路。操作过程中切忌身体碰触任何带电处。

（2）接线和拆线时，一定要断开电源进行操作，切忌带电作业。

（3）安装接线后，请教师检查无误后方可通电操作。

（4）不宜频繁起动电动机，因为大的起动电流容易损坏电器和电动机。

（七）回答问题

（1）异步电动机丫/△起动的目的是什么？

（2）如果时间继电器通电后不能延时动作将会有何现象？如何处理？

（3）实验中可能产生哪些故障？如何排除？

实作三　三相异步电动机的正反转控制电路调试分析

（一）实作目的

（1）加深理解三相异步电动机的正反转控制原理。

（2）能够把电气原理图变换成安装接线图。

（3）能够安装和调试三相异步电动机的控制线路。

（4）会排除电路中的常见故障。

（5）培养良好的操作习惯，提高职业素质。

（二）实作器材

实作器材见表9-7。

表9-7　实 作 器 材

器材名称	规格型号	数量
三相异步电动机	丫接法，380 V，0.18 kW	1 台
交流接触器	CJ10-10 A 380 V	2 个

器材名称	规格型号	数量
按钮盒	绿,红	各1个
熔断器	RFI-20-2A	5个
热继电器	JR35-20/3	1个
刀开关	HD11-10/31	1个
数字万用表	VC890C +	1块
接线端子	自制	1组
导线		若干

（三）实作前预习

三相异步电动机的正反转控制线路及工作原理。

（四）实作内容与步骤

（1）按图9-31所示线路进行安装接线。

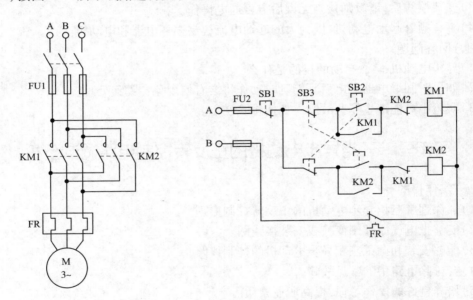

图9-31 复合联锁正反转控制线路

（2）经指导教师检查无误后,通电调试,并将调试结果记入表9-8中。

①合上电源开关QS。

②按下正转按钮SB1,观察电器及电动机动作情况。

③按下反转按钮SB2,观察电器及电动机动作情况。

④按下停止按钮SB3,观察电器及电动机动作情况。

（五）测试与观察结果记录

表9-8　调试结果

项目	电动机转向	KM1 自锁触点	KM1 互锁触点	KM2 自锁触点	KM2 互锁触点
按下 SB1					
按下 SB2					
按下 SB3					

（六）注意事项

（1）切忌将电源短路。操作过程中切忌身体碰触任何带电处。

（2）接线和拆线时，一定要断开电源进行操作，切忌带电作业。

（3）安装接线后，请教师检查无误后方可通电操作。

（4）不宜频繁起动电动机，因为大的起动电流容易损坏电器和电动机。

（5）注意按钮盒内接线，防止线间短路。

（6）电动机的正反转操作的变换不宜过快，次数也不宜过多

（七）回答问题

（1）自锁触点和互锁触点的功能分别是什么？

（2）实验中可能产生哪些故障？如何排除？

 实作考核评价

实作考核评价见表9-9。

表9-9　实作考核评价

项目	步骤	分数	序号	考核内容及评分标准	配分	扣分	得分	备注
第九章　实作考核（题目自定）例如：三相异步电动机的控制电路调试分析	电路安装与调试	70	1	正确选择器材。选择错误一个扣2分，扣完为止	10			
			2	导线测试。导线不通引起的故障不能自己查找排除，一处扣1分，扣完为止	5			
			3	元件测试。接线前先测试电路中的关键元件，如果在电路测试时出现元件故障不能自己查找排除，一处扣2分，扣完为止	10			
			4	正确接线。每连接错误一根导线扣5分，扣完为止	25			
			5	调试安装好的线路，每错一处扣5分；测量操作不规范扣2分，扣完为止	20			
	问答	10	6	共两题，回答问题不正确，每题扣5分；思维正确但描述不清楚，每题扣1～3分	10			
	整理	10	7	规范操作，不可带电插拔元器件，错误一次扣3分，扣完为止	5			
			8	正确穿戴，文明作业，违反规定，每处扣2分，扣完为止	2			
			9	操作台整理，测试合格应正确复位仪器仪表，保持工作台整洁有序，如果不符合要求，每处扣2分，扣完为止	3			
	时限	10		时限为45 min，每超1 min扣1分，扣完为止	10			
合　　计					100			

注意：操作中出现各种人为损坏设备的情况，考核成绩不合格且按照学校相关规定处理。

小　　结

（1）低压电器是指工作在直流1 200 V、交流1 000 V以下的各种电器。低压电器按动作方式可分为手动电器和自动电器。开关、按钮等属于手动电器，接触器、继电器、行程开关属于自动电器。

（2）三相异步电动机的基本组成部分是定子和转子。转子绕组有笼形和绕线型两种结构。由于转子绕组中的电流是感应产生的，所以三相异步电动机又称感应电动机。又因为转子转速总是小于同步转速，所以称为异步电动机。

（3）调换三相异步电动机定子绕组任意两相电源线，可改变其旋转方向。

（4）三相异步电动机的机械特性曲线 $n = f(T)$ 表明：三相异步电动机一般工作在机械特性曲线的稳定运行区。

（5）最大转矩 T_m 和起动转矩 T_{st} 是反映电动机过载能力和起动性能的两个重要指标。T_m 和 T_{st} 越大，表示过载能力越强，起动能力越好。

（6）三相笼形异步电动机可采用全压起动（直接起动，10 kW 以下）、降压起动（定子绕组串电阻起动、丫/△降压起动、自耦变压器降压起动）。线绕转子式异步电动机可采用转子串电阻起动，起动电流小，起动转矩大。

（7）三相异步电动机的调速方法有变极调速、变频调速及改变转差率调速。笼形异步电动机一般采用变极调速、变频调速，线绕转子式异步电动机一般采用改变转差率调速。

（8）三相异步电动机的电气制动方法有反接制动、能耗制动及回馈制动。

（9）三相异步电动机的控制有电动、自锁、正反转控制等。

习　　题

一、填空题

（1）低压电器是指工作在直流_____ V、交流_____ V以下的各种电器。

（2）低压电器按动作方式分为_____和_____。

（3）常用的低压开关有_____、_____和_____。

（4）组合开关常用作交流50 Hz、380 V和直流220 V以下的_____开关。

（5）低压断路器具有_____、_____、_____和_____保护作用。

（6）熔断器主要由_____和_____组成。

（7）交流接触器主要由_____、_____、_____及其他辅助部件组成。

（8）热继电器是利用电流的热效应原理实现电动机_____保护的电器。

（9）主令电器发出_____或_____，用作_____或_____控制电路。

（10）按钮触点允许通过的电流一般不超过_____。

（11）电动机分为交流电动机和直流电动机，交流电动机分为_____电动机和_____电动机。

（12）电动机主要有_____和_____两大部分组成。

（13）三相定子绕组可以联结成_____形或_____形。

（14）三相异步电动机的转子绕组有_____和_____两种结构。

（15）三相电流产生的合成磁场是一个_____磁场。

（16）电动机铭牌上标注的Y/△、380 V/220 V，是指线电压为 380 V 时，定子绕组采用_____形联结；线电压为 220 V 时，定子绕组采用_____形联结。

（17）电动机铭牌上标注的Y/△、6.73 A/11.64 A，是指定子绕组星形联结时，线电流是_____A，定子绕组三角形联结时，线电流是_____A。

（18）10 kW 以下的电动机一般都采用_____起动。

（19）型号 Y180M-4 中的"Y"是指_____，"4"是指_____。

（20）常用的降压起动有_____降压起动和_____降压起动。

（21）三相异步电动机的调速方法有_____调速、_____调速及_____调速。

二、判断题

（1）断路器又称自动空气开关。　　　　　　　　　　　　　　　　　　　（　　）

（2）中间继电器触点有主、辅触点。　　　　　　　　　　　　　　　　　（　　）

（3）熔断器在配电系统和用电设备中主要起过载保护作用。　　　　　　　（　　）

（4）熔断器的额定电流与熔体的额定电流是一回事。　　　　　　　　　　（　　）

（5）组合开关通断能力强。　　　　　　　　　　　　　　　　　　　　　（　　）

（6）按下复合按钮时，常闭触点先断开，然后常开触点再闭合。　　　　　（　　）

（7）按钮帽一般用红色表示停止，用绿色表示起动。　　　　　　　　　　（　　）

（8）热继电器的热元件串联在控制电路中，常闭触点串联在主电路中。　　（　　）

（9）交流接触器是常用的主令电器。　　　　　　　　　　　　　　　　　（　　）

（10）电动机是根据电磁感应原理，将机械能转化为电能输出的原动机。　（　　）

（11）三相异步电动机定子的作用是产生旋转磁场。　　　　　　　　　　（　　）

（12）三相异步电动机铭牌上所标的功率值是指电动机在额定运行时转轴上输入的机械功率大小。　　　　　　　　　　　　　　　　　　　　　　　　　　　　（　　）

（13）电动机的额定电压是指电动机在额定运行时加到定子绕组上的相电压。（　　）

（14）电动机的额定电流是指电动机在额定运行时定子绕组的线电流有效值。（　　）

（15）三相异步电动机铭牌上所标的转速是指同步转速。　　　　　　　　（　　）

（16）异步电动机转子的转速总是小于同步转速。　　　　　　　　　　　（　　）

（17）异步电动机的转子电流是由旋转磁场感应产生的。　　　　　　　　（　　）

（18）异步电动机的转子转向与旋转磁场的转向相反。　　　　　　　　　（　　）

（19）若要改变三相异步电动机的转向，只需调换三相绕组的任意两条电源进线即可。　　　　　　　　　　　　　　　　　　　　　　　　　　　　　　　　（　　）

（20）四极旋转磁场是指磁极对数 $p=4$。　　　　　　　　　　　　　　（　　）

（21）最大转矩 T_m 和起动转矩 T_{st} 是反映电动机过载能力和起动性能的两个重要指标。　　　　　　　　　　　　　　　　　　　　　　　　　　　　　　　（　　）

(22) 三相异步电动机的机械特性为硬特性。 （　　　）

三、单选题

(1) 下面电器中,(　　)不是自动电器。

　　A. 交流接触器　　　B. 中间继电器　　　C. 热继电器　　　D. 组合开关

(2) 交流接触器的常态是指(　　)。

　　A. 线圈未通电情况　B. 线圈带电情况　C. 常开触点闭合　D. 常闭触点断开

(3) 中间继电器的结构及原理与(　　)相类似。

　　A. 电流继电器　　　B. 电压继电器　　　C. 交流接触器　　　D. 热继电器

(4) 由于电弧的存在,将导致(　　)。

　　A. 电路的分断时间缩短　　　　　　B. 电路的分断时间加长

　　C. 不影响电路的分断时间　　　　　D. 分断能力增强

(5) 下列电器中,(　　)不能用来通断主电路。

　　A. 自动空气开关　　B. 按钮　　　　C. 交流接触器　　　D. 热继电器

(6) 电动机的定子和转子之间的气隙过大,将使磁阻(　　)。

　　A. 减小　　　　　　B. 不变　　　　C. 增大　　　　　　D. 为零

(7) 三相异步电动机采用丫/△降压起动时,其起动电流是全压起动电流的(　　)。

　　A. 1/3　　　　　　B. 1/4　　　　　C. $1/\sqrt{3}$　　　　D. 1/2

(8) 采用接触器常开触点自锁的控制线路具有(　　)。

　　A. 欠电压保护功能　　　　　　　　B. 过载保护功能

　　C. 失电压保护功能　　　　　　　　D. 过电压保护功能

(9) 由接触器、按钮等构成的笼形异步电动机直接起动控制电路,如果漏接自锁环节,其后果是(　　)。

　　A. 电动机无法起动　　　　　　　　B. 电动机只能点动

　　C. 电动机无法停机　　　　　　　　D. 电动机转向反了

(10) 由接触器、按钮等构成的笼形异步电动机直接起动控制电路,通电后,起动、停止都正常,但是转向反了,原因是(　　)。

　　A. 控制回路自锁触点有问题　　　　B. 接触器线圈接反了

　　C. 电动机接法不符合铭牌要求　　　D. 引入电动机的电源相序错误

四、分析问答题

(1) 什么是低压电器? 按动作方式可以分为哪两类?

(2) 自动开关一般具有哪几种保护功能?

(3) 常见的主令电器有哪几种?

(4) 熔断器的作用是什么? 熔体的额定电流是如何选择的?

(5) 在电动机控制电路中,熔断器与热继电器能否互换? 为什么?

(6) 简述三相异步电动机的旋转原理,说明"异步"的含义。

(7) 三相异步电动机为什么要降压起动? 有哪几种常用的降压起动方法?

(8) 三相异步电动机有哪些调速方法?

（9）三相异步电动机有哪些电气制动方法？分别用于什么场合？

（10）什么叫"自锁"、"互锁"？

（11）在电动机正反转控制电路中，已经采用了复合按钮机械互锁，为什么还要采用电气互锁？

五、分析计算题

（1）有一台三相四极异步电动机，电源频率为 50 Hz，带额定负载运行时的转差率 $s_N = 0.03$，求电动机的同步转速 n_1 和额定转速 n_N。

（2）一台三相异步电动机 $P_N = 15$ kW，$U_N = 380$ V，$\cos \varphi_N = 0.86$，$\eta_N = 91\%$，试计算电动机的额定电流 I_N。

（3）一台三相异步电动机 $P_N = 40$ kW，$U_N = 380$ V，$n_N = 1\ 470$ r/min，$\cos \varphi_N = 0.9$，$\eta_N = 90\%$，$\dfrac{I_{st}}{I_N} = 6.5$，$K_{st} = 1.6$，$\lambda_m = 2.2$。试计算：（1）电动机的起动电流 I_{st}；（2）额定转差率 s_N；（3）额定转矩 T_N、最大转矩 T_m、起动转矩 T_{st}。

（4）一台三相四极异步电动机 $P_N = 5.5$ kW，$n_N = 1\ 440$ r/min，$\cos \varphi_N = 0.9$，$\eta_N = 90\%$，$\dfrac{T_{st}}{T_N} = 1.8$，起动时拖动的负载转矩 $T_L = 50$ N·m。问：（1）在额定电压下该电动机能否正常起动？（2）当电网电压降为额定电压的 80% 时，该电动机能否正常起动？

＊＊第十章　电力系统与安全用电

电能是国民经济和人们生活中不可缺少的重要能源,我们不仅要学习和掌握电的基本知识,还要合理用电、安全用电。本章介绍电力系统的基本组成、安全用电和触电急救常识、预防触电的措施。

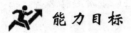 能力目标

(1)能安全用电;
(2)会触电急救。

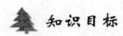 知识目标

(1)了解电力系统的基本组成;
(2)熟悉电流对人体的作用;
(3)熟悉电气安全和触电急救的有关知识。

第一节　电力系统

电能是现代社会中最重要也是最方便的能源。电能的输送和分配既经济又易于实现,电能还具有无噪声、无污染等许多优点,因此,电能被广泛地应用于工农业、交通运输业、商业贸易、通信以及人们的日常生活中。

从发电厂到 220 V/380 V 用户的电力系统示意图如图 10-1 所示。发电厂的发电机发出的电经过升压变压器变成高压,再经过高压输电线输送到各个区域的变电所,经区域变电所降压变压器降压后最终提供给用户,这就是发电、输电、变电、配电和用电的一个全过程。其中各级电压的电力线路及其相联系的变配电所,称为电力网或电网。由发电厂、电网和用户组成的整体称为电力系统。

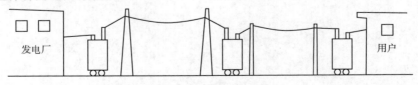

图 10-1　电力系统示意图

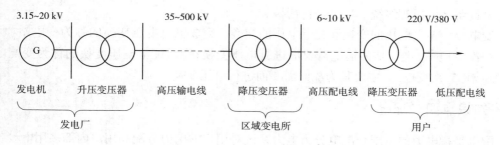

图 10-1　电力系统示意图(续)

知识点一　发电

电能主要是在发电厂产生的。发电厂又称发电站,是将自然界蕴藏的各种一次能源转换为电能(二次能源)的工厂,是电力系统的核心组成。根据所利用的一次能源的形式不同,发电厂可分为火力发电厂、水力发电厂、太阳能发电厂、风力发电厂、地热发电厂、核电厂等。当前我国和世界各国建造最多的是火力发电厂和水力发电厂,以核燃料为能源的核电厂也在世界许多国家发挥着越来越重要的作用。

知识点二　输电

输电是指输送电能。一般大、中型发电机的输出电压为 $3.5 \sim 20$ kV,为提高输出效率和减少输电线路上的损耗,通常将电压升高后再向远距离输送。输电容量越大、输电距离越远,输电电压就升得越高。目前我国远距离输电电压有十个等级:3 kV、6 kV、10 kV、35 kV、63 kV、110 kV、220 kV、330 kV、500 kV 和 750 kV。一般来说,输电距离低于 50 km 的,采用 35 kV;在 100 km 左右的,采用 110 kV;超过 200 km 的,采用 220 kV 或更高的电压。

随着电力电子技术的发展,高压远距离输电也开始采用直流输电方式。高压直流输电是将三相交流电通过换流站整流成直流电,再通过直流输电线路或换流站送往另一个换流站,并逆变成三相交流电的输电方式。直流输电比交流输电具有更高的输电质量和效率,特别适合远距离大功率输电、海底输电等。

图 10-2　架空输电线路

如图 10-2 所示,输电线路一般都采用架空线路。超高压输电线路通常避免进入市区。电缆线路投资较大,但在跨越江河和通过闹市区以及采用架空线路的区域,则需采用电缆线路。

知识点三　变电

变电的目的是变换电网的电压等级。要使不同电压等级的线路连成整个网络,需要通过变电设备将电压等级统一后再进行衔接。

变电分为输电电压的变换和配电电压的变换。完成输电电压变换的称为变电站(所),或称一次变电站,主要是为输电需要而进行电压变换;完成配电电压变换的称为变配电站(所),或称二次变电站,主要是为配电需要而进行电压变换。

 ## 知识点四　配电

配电是指电力的分配。配电分为电力系统对用户的电力分配和用户内部多用电设备的电力分配两种。为配电服务的设备和线路分别称为配电设备和配电线路,配电线路上的电压等级简称配电电压。对电力系统而言,可把配电称为供电,因此也可分别称为供电设备、供电线路和供电电压。

电力系统对用户分配电力时,配电电压的高低通常决定于用户的分布、用电性质、负荷密度和特殊要求等。常用的高压配电电压有 6 kV 和 10 kV 两种、低压配电电压为 380 V 和 220 V 两种。用电量大的用户,也有需要 35 kV 高压直接供电的。

 ## 知识点五　电力用户

电力用户就是指用电负荷(负载)。根据用户用电的性质和要求的不同,供电部门把用户的负荷(负载)分为以下三个等级:

1. 一级负荷

一级负荷用户在突然停电时,会造成人员伤亡或给国民经济带来巨大损失。如大型炼钢厂、大型医院、各地电信局的核心机房等。

对一级负荷用户提供的电力应来自两个一次变电站,至少是来自一个一次变电站的两台变压器,两个电源独立供电互不影响;同时要求电力的馈送必须采用双端(双回路)专线线路供电。对特别重要的负荷还必须备有应急电源,如蓄电池、快速起动的柴油发电机、不间断电源装置等。

2. 二级负荷

二级负荷用户在突然停电时,会使企业的复杂生产过程被打乱后较长时间才能恢复,或造成大量废品或大量减产,造成较大经济损失等。如大型化纤厂、大型水泥厂、抗生素制造厂等。

对二级负荷用户提供的电力应来自两个二次变电站,至少是来自一个二次变电站的两台变压器;同时要求电力的馈送必须采用双端(双回路)专线线路供电。当负荷较小或地区供电困难时,也可由一路专线供电。

3. 三级负荷

一级、二级负荷以外的其他负荷称为三级负荷。对二级负荷用户提供的电力允许因输配电系统出现故障而暂时停电。三级负荷对供电无特殊要求,采用单电源供电即可。

第二节　安全用电

 知识点一　电流对人体的影响

人体因触及高电压的带电体而承受过大的电流,以致引起死亡或局部受伤的现象称为触电。

1. 电流对人体的伤害

(1)电流的热效应能使触电者烧伤,甚至造成局部机体碳化。

(2)电流的化学效应能引起人体内部组织发生电解作用,严重的会造成人体机体失常。

(3)电流对人体生理性质的伤害。由于电流的强烈刺激,使人体的内部组织机能受到破坏,引起心室颤动或呼吸停止,使触电者因大脑缺氧而迅速死亡。

2. 电流对人体危害程度的几个因素

(1)电流大小对人体的危害

通过人体的电流越大,人体生理反应越明显。工频 50 mA 电流通过人体 1 s,就可能造成生命危险;当工频 100 mA 的电流通过人体时,可很快使人致死。在有防止触电保护装置的情况下,人体允许通过的工频电流约为 30 mA。

(2)触电持续时间对人体的危害

电流通过人体的持续时间越长,对人体的伤害越严重,人体获救的可能性就越小。

(3)电流频率对人体的危害

一般认为频率在 40 ~ 60 Hz 的电流对人体触电的伤害程度最为严重。低于或高于此频率段的电流对人体触电的伤害程度降低,直流电流对人体的伤害程度远比工频电流轻。

(4)人体电阻的影响

人体电阻由皮肤电阻以及脂肪、肌肉、骨骼、血液等内部组织电阻组成。人体电阻因人而异,一般情况下为 1 000 Ω 左右。影响人体电阻的因素很多,若皮肤较厚、较粗糙,则电阻相对较大;若皮肤较潮湿、接触面积大,则电阻相对较小。另外,皮肤损伤、皮肤粘有导电性粉尘、通电时间长等因素也会使人体电阻变小。

(5)电压大小对人体的危害

触电导致人体伤害的主要原因是电流。电流的大小又取决于电压的大小与人体电阻,而人体电阻的变化相对较小,所以人们通常把 36 V 电压定为接触安全电压,大于 36 V 则为危险电压。当电压大于 100 V 时,危险性急剧增加;大于 200 V 时,会危及生命。

(6)电流通过人体的途径对人体的危害

电流通过心脏、中枢神经和呼吸系统时危害最大。电流从左手到脚,直接通过心脏,是最危险的途径。从手到手危险性大,从脚到脚危险性较小。

 知识点二　触电方式和触电原因

1. 触电方式

人体触电方式可分为单相触电、两相触电和跨步电压触电三种。

（1）单相触电

人体触及一根相线或触及与相线相接的带电体,如绝缘体损坏或漏电的电器外壳,这就是单相触电。

在电力系统电网中,有中性点接地和中性点不接地两种情况。中性点接地电网的单相触电,如图 10-3 所示,当人体触及一根相线时,电流经人体、大地和中性点接地装置形成闭合回路,由于接地装置电阻很小,人体承受的电压接近相电压,很危险。

中性点不接地电网中的单相触电,如图 10-4 所示,由于分布电容和阻抗的存在,就有两个回路的电流通过人体:一个是从 C 线出发,经过人体、大地、线路对地阻抗 Z 到 A 线;另一个同样是从 C 线出发,经过人体、大地、线路对地阻抗 Z 到 B 线。通过人体的电流值取决于线电压、人体电阻和线路对地阻抗,也可达到危害生命的程度。

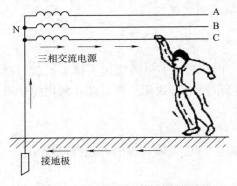

图 10-3　中性点接地的单相触电

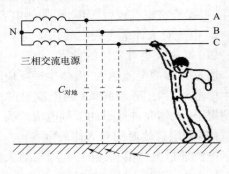

图 10-4　中性点不接地的单相触电

（2）两相触电

当人体的不同部位同时触及三相供电系统中的两根相线时,人体承受的是电源线电压,这是最严重的触电事故,如图 10-5 所示。此时电流不经过大地,直接从 B 相经人体到 C 相形成闭合回路。所以,两相触电不论中性点接地与否、人体对地是否绝缘,都最危险。

（3）跨步电压触电

当高压输电线相线落地时,大量的扩散电流通过接地点向大地流散,以接地点为圆心,在地面上形成若干个同心圆的分布电位,离接地点越近,地面电位越高。此时,若人在接地点周围行走,其两脚间的电位差,就是跨步电压。由跨步电压引起的人体触电,称为跨步电压触电,如图 10-6 所示。

2. 触电原因

对实践中发生触电事故的原因进行归纳分析,主要有:

（1）缺乏电气安全知识

高压方面有:架空线附近放风筝;攀爬高压线杆及高压设备等。低压方面有:不明导线用手误抓误碰;夜间缺少应有的照明就带电作业;生活中性线作地线使用;带电体任意裸露;随意摆弄电器等。

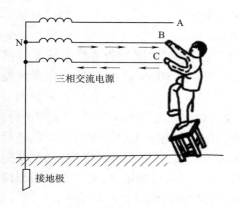

图 10-5　两相触电

图 10-6　跨步电压触电

（2）违反操作规程

高压方面有：带电拉隔离开关或跌落式熔断器；在高低压同杆架设的线路上检修时带电作业；在高压线路下违章建筑等。低压方面有：带电维修电动工具；相线与地线反接；湿手带电作业等。

（3）线路架设与设备不合格

高压方面有：与高压线间的安全距离不够；高低压线交叉处，高压线架在低压线的下方；电力线与广播线同杆近距离架设等。低压方面有：用电设备进出线绝缘破损或没有进行绝缘处理，导致设备金属外壳带电；设备超期使用，因老化导致泄漏电流增大等。

（4）维修管理不善

架空线断线不能及时处理；设备破损不能及时更换；临时线路不按规定装设漏电保护器等。

 知识点三　触电急救

触电者的现场急救，是抢救过程中关键的一步。对于触电者的急救应分秒必争。发生呼吸、心跳停止的病人，病情都非常严重，这时应一面进行抢救，一面紧急联系附近医院，就近送病人去医院进一步治疗；在转送病人去医院途中，抢救工作不能中断。

触电急救，首先要使触电者迅速脱离电源，然后施救。无法切断电源时，可以用木棒、竹竿将电线挑离触电者身体。如挑不开电线或其他致触电的带电电器，应用干的绳子套住触电者拖离，使其脱离电流。救援者最好带上橡皮手套，穿橡胶运动鞋等。切忌用手直接去拉触电者，不能因救人心切而忘了自身安全。

若触电者处于高处，解脱电源后人可能会从高处坠落，因此要采取相应的安全措施，以防触电者摔伤或致死。

如果触电者神志清醒，呼吸心跳均自主，应让伤者就地平卧，严密观察，暂时不要站立或走动，防止继发休克或心衰。

如果触电者丧失意识时要立即叫救护车，并尝试唤醒伤者（呼叫伤者或轻拍其肩部，禁止摇动伤者头部)。呼吸停止,心搏存在者,就地平卧解松衣扣,通畅气道,立即口对口人工呼吸。心搏停止、呼吸存在者,应立即做胸外心脏按压。

如果发现触电者心跳、呼吸停止,应立即进行口对口人工呼吸和胸外按摩等复苏措施(少数已证实被电死者除外)。一般抢救时间不得少于 60～90 min。直到使触电者恢复呼吸、心跳,或确诊已无生还希望时为止。

现场抢救最好能两人分别施行口对口人工呼吸及胸外心脏按压,以 1∶5 的比例进行,即一人做人工呼吸 1 次,一人做心脏按压 5 次。如现场抢救仅有一人,用 15∶2 的比例进行胸外心脏按压和人工呼吸,即先作胸外心脏按压 15 次,再口对口人工呼吸 2 次,如此交替进行,抢救一定要彻底。在医务人员未来接替救治前,不应放弃现场抢救,更不能只根据没有呼吸或脉搏擅自判定伤员死亡,放弃抢救。只有医生有权做出伤员死亡的诊断。

对电灼伤的伤口或创面,送医院前不要用油膏或不干净的敷料包敷,而要用盐水、棉球洗净,再用干净的敷料包扎好。

 知识点四　防止触电的保护措施

为确保用电安全,必须有完善的安全措施,防止触电事故的发生。

1. 加强用电管理和安全教育

要保证电气系统正确设计、合理安装、及时维护和保证检修质量;加强技术培训,普及安全用电知识,制定安全操作规程。

2. 设安全标志和电气隔离措施

在有触电危险之处,必须设有明显的安全标志,悬挂警示牌已示警惕。对高压系统要设围栏,防止触电事故发生。

对有些电力设备要使用屏护装置将带电体与外界隔离开。屏护是指采用遮栏、围栏、护罩、护盖或隔离板等把带电体同外界隔绝开来,以防止人体触及或接近带电体所采取的一种安全技术措施。配电线路和电气设备的带电部分,如果不便加包绝缘或绝缘强度不足时,就可以采用屏护措施。例如,对电力变压器要采用隔离,使电气线路和设备的带电部分处于悬浮状态,这样,即使人站在地面上接触线路,也不易触电。

3. 自动断电措施

使用漏电开关、漏电保护器等电器设备进行自动保护。漏电保护器是一种在规定条件下,电路中漏(触)电流值(毫安级)达到或超过其规定值时能自动断开电路或发出报警的装置。在发生触电事故时,这些开关和设备能在规定时间内自动切除电源,起到保护作用。

4. 安全电压措施

加在人身上并使通过人体的电流不超过允许值的电压值称为安全电压。但应注意,任何情况下都不能把安全电压理解为绝对没有危险的电压。

我国确定的安全电压标准是 42 V、36 V、24 V、12 V、6 V。特别危险环境中使用的手持电动工具应采用 42 V 安全电压;有电击危险环境中,使用的手持式照明灯和局部照明灯应采用 36 V 或 24 V 安全电压;金属容器内、特别潮湿处等特别危险环境中使用的手持式照明灯应采用 12 V 安全电压;在水下等场所工作应使用 6 V 安全电压。

当电气设备采用超过 24 V 的安全电压时,必须采取防止直接接触带电体的保护措施。

5. 保护接零与保护接地

正常情况下,电气设备的外壳都是不带电的。当设备一相绝缘损坏碰壳时,外壳就带电了,这时人体触及漏电设备外壳,就会发生意外的触电事故。解决这个问题采取的主要措施,就是对电气设备的外壳进行保护接地或保护接零。

(1)保护接地

在中性点不接地的三相三线制供电系统中,将电气设备在正常情况下不带电的金属外壳可靠地用金属导体与埋入地下的接地体连接起来,称为保护接地,如图 10-7 所示。

我国供电部门规定,在电压低于 1 000 V 而中性点不接地的低压系统或电压高于 1 000 V 的电力网中,均需采用保护接地措施。

保护接地适用于中性点不接地的低压电网。在不接地的电网中,单相对地电流较小。利用保护接地,可使人体避免发生触电事故。

(2)保护接零

在中性点接地的低压电网中,由于单相接地电流较大,保护接地不能完全避免人体触电的危险,而要采用保护接零。在 380/220 V 三相四线制供电系统中,将电气设备在正常情况下不带电的金属外壳与中性线相连接,称为保护接零,如图 10-8 所示。

当某相带电部分碰触电气设备的金属外壳时,通过设备外壳形成该相线对中性线的单相短路回路,该短路电流较大,足以保证在最短的时间内使熔丝熔断、保护装置或自动开关跳闸,从而切断电流,保障了人身安全。

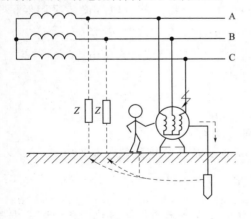

图 10-7　保护接地

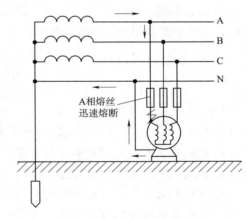

图 10-8　保护接零

在中性点直接接地的低压配电系统中,为确保保护接零方式的安全可靠,防止中性线断线所造成的危害,系统中除了工作接地外,还必须在整个中性线的其他部位再进行必要的接地。这种接地称为重复接地,如图 10-9 所示。

在同一低压配电网中,不得将一部分电气设备采用保护接地而另一部分电气设备采用保护接零。

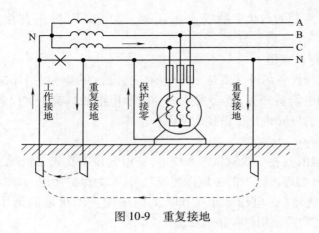

图 10-9　重复接地

小　　结

（1）各级电压的电力线路及其相联系的变配电所,称为电力网或电网。由发电厂、电网和用户组成的整体称为电力系统。

（2）电流对人体的伤害:电伤、电击。电流对人体危害程度的几个因素:电流大小、触电持续时间、电流频率、人体电阻、电压大小、电流通过人体的途径。

（3）触电方式:单相触电、两相触电、跨步电压触电。

（4）触电原因、触电急救。

（5）防止触电的保护措施。在同一低压配电网中,不得将一部分电气设备采用保护接地而另一部分电气设备采用保护接零。

习　　题

（1）什么是电力系统?

（2）水电厂、火电厂和核电站的一次能源分别是什么?

（3）电流对人体的危害与哪些因素有关? 36 V 电压是绝对的安全电压吗?

（4）如发现有人触电,如何急救处理?

（5）防止触电的安全措施有哪些?

（6）为什么在同一低压配电网中不得将一部分电气设备采用保护接地而另一部分电气设备采用保护接零?

＊＊第十一章　非线性电阻电路

本章介绍非线性电阻元件、非线性电阻电路的图解分析法、非线性电阻电路的小信号分析法。

能力目标

(1)能用图解分析法分析简单非线性电阻电路；
(2)能用小信号分析法分析简单非线性电阻电路。

知识目标

(1)熟悉非线性电阻元件的概念；
(2)熟悉非线性电阻的伏安特性；
(3)了解非线性电阻元件的静态电阻与动态电阻的概念；
(4)理解非线性电阻电路的两种分析方法:图解法、小信号分析法。

第一节　非线性电阻元件

知识点一　非线性电阻元件及其伏安特性曲线

1. 非线性电阻元件简介

线性电阻两端的电压与流过电阻的电流成正比,其电阻值是一个常数。线性电阻的伏安特性曲线是 u-i 平面上过坐标原点的一条直线,线性电阻的 VCR 为欧姆定律。非线性电阻的阻值不是一个常数,而是随电压或电流波动的,它的 VCR 不再是正比关系,欧姆定律不适用,叠加定理也不适用。非线性电阻的 VCR 一般用伏安关系曲线来描述,关系曲线通常通过实验数据得出。

2. 非线性电阻的伏安特性曲线

非线性电阻的图形符号如图 11-1 所示。根据非线性电阻的电压、电流关系的不同,可将其分为电流控制型非线性电阻、电压控制型非线性电阻和单调型非线性电阻。

（1）电流控制型非线性电阻

若电阻两端的电压是电流的单值函数,则这种电阻称为电流控制型非线性电阻。它的伏安特性关系用函数表示为

$$u = f(i) \tag{11-1}$$

它的伏安特性曲线如图 11-2 所示,从特性曲线上可以看出,每一个电流值只有唯一的电压值与之相对应,而相同的电压值可能有多个电流值与之相对应。某些充气二极管就属于这类电流控制型非线性电阻。

图 11-1 非线性电阻的图形符号

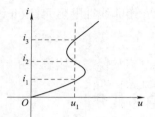

图 11-2 电流控制型非线性
电阻的伏安特性曲线

（2）电压控制型非线性电阻

若电阻两端的电流是电压的单值函数,则这种电阻称为电压控制型非线性电阻。它的伏安特性关系用函数表示为

$$i = g(u) \tag{11-2}$$

它的伏安特性曲线如图 11-3 所示,从特性曲线上可以看出,每一个电压值只有唯一的电流值与之相对应,而相同的电压值可能有多个电压值与之相对应。某些隧道二极管就属于这类电压控制型非线性电阻。

（3）单调型非线性电阻

单调型非线性电阻的伏安特性曲线是单调增长或单调下降的,它既是电流控制型非线性电阻又是电压控制型非线性电阻。半导体二极管就具有这种特性,它的特性曲线如图 11-4 所示。从特性曲线上可以看出,每一个电压值都有唯一的电流值与之相对应,而每一个电流值也只有唯一的电压值与之对应。当二极管加正向电压时,曲线在第一象限;当二极管加反向电压时,曲线在第三象限。

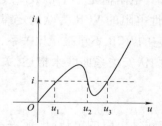

图 11-3 电压控制型非线性电阻的伏安特性

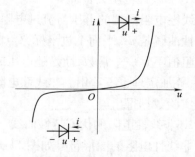

图 11-4 单调型非线性电阻的伏安特性

知识点二 非线性电阻的静态电阻和动态电阻

因为非线性电阻不再是一个常数,所以,对于非线性电阻的分析,一般引入静态电阻和动态电阻的概念。

1. 静态电阻

特性曲线上任一点所对应的电压与电流之比,就称为非线性电阻在该点的静态电阻,或称直流电阻。如图 11-5 所示,Q 点的静态电阻为

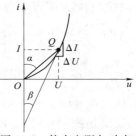

$$R = \frac{U}{I} \qquad (11-3)$$

可见,Q 点的静态电阻正比于 $\tan \alpha$,α 为 Q 点与原点的连线与纵轴(i 轴)的夹角。

图 11-5 静态电阻与动态
电阻示意图

2. 动态电阻

工作在 Q 点的线性电阻,当 Q 点附近电压发生微量变化 ΔU 时,电流也相应发生微量变化 ΔI,ΔU 与 ΔI 的比值的极限,就称为非线性电阻在 Q 点的动态电阻 r_d,即

$$r_d = \lim_{\Delta I \to 0} \frac{\Delta U}{\Delta I} = \frac{du}{di} = \frac{df(i)}{di} \qquad (11-4)$$

可见,Q 点的动态电阻正比于 $\tan \beta$,β 为 Q 点切线与纵轴(i 轴)的夹角。

第二节 非线性电阻电路的图解分析法

含有非线性电阻元件的电路称为非线性电阻电路。图解法是根据基尔霍夫定律以及元件的电流、电压关系,通过作图来求解电路的方法。

电路中含有电源、线性电阻,还有一个非线性电阻,这时可以先把非线性电阻以外的线性有源二端网络变成戴维南等效电路,再用图解法求解该电路。

如图 11-6 所示电路,线性电阻 R_0 与非线性电阻 R 串联,电源电压为 U_S,非线性电阻的伏安特性曲线如图 11-7 所示,求解电流 I 和非线性电阻两端的电压 U。

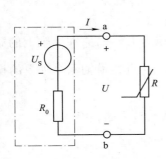

图 11-6 非线性电阻电路

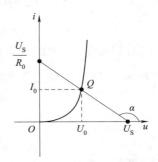

图 11-7 非线性电阻的伏安特性曲线

在图 11-6 电路中,根据 KVL,得

$$U = U_S - R_0 I \tag{11-5}$$

或

$$I = \frac{U_S}{R_0} - \frac{U}{R_0} = -\frac{1}{R_0}U + \frac{U_S}{R_0} \tag{11-6}$$

式(11-5)可以看作是图 11-6 点画线框表示的有源二端网络的端口外特性方程;式(11-6)显然是一个直线方程,其斜率为 $\tan\alpha = -\dfrac{1}{R_0}$,在 u 轴上的截距为 U_S,在 i 轴上的截距为 $\dfrac{U_S}{R_0}$,在图 11-7 中很容易画出这条直线。直线与非线性电阻的伏安特性曲线相交于 Q 点,Q 点在 u 轴上的投影为 U_0、在 i 轴上的投影为 I_0。交点 Q 既满足非线性电阻的伏安特性,又满足式(11-5),因此必然是 $U = U_0$、$I = I_0$。

【例 11-1】 如图 11-8(a)所示电路,VD 是半导体二极管,其伏安特性曲线如图 11-8(b)所示。试用图解法求解半导体二极管的电压 U 和电流 I。

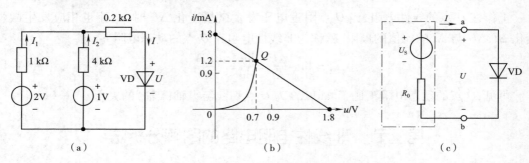

图 11-8 例 11-1 图

解 应用戴维南定理将图 11-8(a)所示电路等效成图 11-8(c)所示电路,有

$$U_S = 1\text{ V} + 4\text{ k}\Omega \times \frac{2\text{ V} - 1\text{ V}}{1\text{ k}\Omega + 4\text{ k}\Omega} = 1.8\text{ V}$$

或

$$U_S = 2\text{ V} - 1\text{ k}\Omega \times \frac{2\text{ V} - 1\text{ V}}{1\text{ k}\Omega + 4\text{ k}\Omega} = 1.8\text{ V}$$

$$R_0 = 0.2\text{ k}\Omega + \frac{1\text{ k}\Omega \times 4\text{ k}\Omega}{1\text{ k}\Omega + 4\text{ k}\Omega} = 1\text{ k}\Omega$$

则

$$U = U_S - R_0 I = 1.8\text{ V} - 1\text{ k}\Omega \cdot I$$

于是在图 11-8(b)中画出这条直线,它在横轴上的截距为 1.8 V,它在纵轴上的截距为 $\dfrac{1.8\text{ V}}{1\text{ k}\Omega} = 1.8\text{ mA}$。该直线与二极管的特性曲线相交于 Q 点,Q 点在横轴和纵轴上的投影分别为

$$U_0 = 0.7\text{ V}, \quad I_0 = 1.2\text{ mA}$$

所以

$$U = U_0 = 0.7\text{ V}, \quad I = I_0 = 1.2\text{ mA}$$

本例还可以求得支路电流

$$I_1 = \frac{2\text{ V} - (0.2\text{ k}\Omega \times 1.2\text{ mA} + 0.7\text{ V})}{1\text{ k}\Omega} = 1.04\text{ mA}$$

$$I_2 = \frac{1 \text{ V} - (0.2 \text{ k}\Omega \times 1.2 \text{ mA} + 0.7 \text{ V})}{4 \text{ k}\Omega} = 0.015 \text{ mA}$$

第三节　非线性电阻电路的小信号分析法

电子电路中的放大电路是非线性电阻电路,放大电路中不仅有直流电源,还有随时间变化的微小的交流信号源,常用小信号分析法进行求解。

如图 11-9(a)所示电路,线性电阻 R_0 与非线性电阻 R 串联,直流电源电压为 U_S,小信号电压为 $u_s(t)$,$u_s(t)$ 的幅值远小于直流电源电压 U_S,非线性电阻的伏安特性曲线如图 11-9(b)所示,求解电流 $i(t)$ 和非线性电阻两端的电压 $u(t)$。

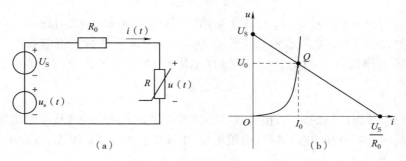

(a)　　　　　　　　　　(b)

图 11-9　非线性电阻电路的小信号分析法

由图 11-9(a)所示电路,根据 KVL,有

$$u(t) = U_S + u_s(t) - R_0 i(t) \tag{11-7}$$

当只有直流激励作用时,即令 $u_s(t) = 0$,则

$$u(t) = U_S - R_0 i(t)$$

这是一个直线方程,画出直线如图 11-9(b)所示,交点 $Q(I_0, U_0)$ 即为直流电压 U_S 单独作用时电路的静态工作点。

当 $u_s(t) \neq 0$ 时,即直流电源 U_S 和交流信号源 $u_s(t)$ 共同作用于电路,因为 $u_s(t)$ 的幅值远小于直流电源电压 U_S,所以电流 $i(t)$ 和非线性电阻两端的电压 $u(t)$ 必然在静态工作点 Q 附近变化,则

$$\begin{cases} u(t) = U_0 + \Delta u \\ i(t) = I_0 + \Delta i \end{cases} \tag{11-8}$$

式中,Δu 和 Δi 分别为小信号电压 $u_s(t)$ 作用于电路时引起的 $u(t)$ 和 $i(t)$ 的微小增量。将 $i(t) = I_0 + \Delta i$ 代入非线性电阻的伏安特性方程 $u = f(i)$,得

$$u(t) = f(I_0 + \Delta i)$$

由于 Δi 为 $i(t)$ 的微小增量,将 $u(t) = f(I_0 + \Delta i)$ 在 Q 点处展开为泰勒级数,得

$$u = f(I_0) + f'(I_0)\Delta i + \frac{1}{2}f''(I_0)\Delta i^2 + \cdots$$

Δi 很小,则可略去二次及二次以上的高次项,得

$$u = f(I_0) + f'(I_0)\Delta i = f(I_0) + \left.\frac{\mathrm{d}f(i)}{\mathrm{d}i}\right|_{I_0} \times \Delta i \qquad (11\text{-}9)$$

因为 $u(t) = U_0 + \Delta u$，$U_0 = f(I_0)$，代入式(11-9)得

$$\Delta u = \left.\frac{\mathrm{d}f(i)}{\mathrm{d}i}\right|_{I_0} \times \Delta i \qquad (11\text{-}10)$$

由前面动态电阻 r_d 的定义 $r_\mathrm{d} = \lim\limits_{\Delta I \to 0}\dfrac{\Delta U}{\Delta I} = \dfrac{\mathrm{d}u}{\mathrm{d}i} = \dfrac{\mathrm{d}f(i)}{\mathrm{d}i}$ 可知，非线性电阻在静态工作点 $Q(U_0,$ $I_0)$ 处的动态电阻即为

$$r_\mathrm{d} = \left.\frac{\mathrm{d}f(i)}{\mathrm{d}i}\right|_{I_0} = 常数$$

故 $$\Delta u = r_\mathrm{d} \cdot \Delta i \qquad (11\text{-}11)$$

式(11-11)表明：小信号 $u_\mathrm{s}(t)$ 作用于电路时引起的 Δu 和 Δi 之间的关系是线性的，此时非线性电阻的伏安特性曲线在静态工作点 $Q(U_0, I_0)$ 附近区域可近似看作一段直线，则非线性电阻可当作线性电阻 r_d，r_d 是非线性电阻在静态工作点 $Q(U_0, I_0)$ 处的交流电阻，$r_\mathrm{d} = \dfrac{\Delta u}{\Delta i}$。

在用小信号分析法得到 r_d 后，便可以将小信号作用时电路中的非线性电阻等效成 r_d，再根据线性网络的分析方法求解非线性电阻电压、电流的微变量 Δu 和 Δi，从而得到非线性电阻的电压 $u(t)$ 和电流 $i(t)$。

图 11-9(a) 所示电路的小信号等效电路如图 11-10 所示。

$$\Delta i = \frac{u_\mathrm{s}(t)}{R_0 + r_\mathrm{d}}$$

$$\Delta u = \frac{r_\mathrm{d}}{R_0 + r_\mathrm{d}} u_\mathrm{s}(t)$$

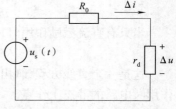

图 11-10　小信号等效电路

故电路中的电流 $i(t)$ 为

$$i(t) = I_0 + \Delta i = I_0 + \frac{u_\mathrm{s}(t)}{R_0 + r_\mathrm{d}}$$

非线性电阻两端的电压 $u(t)$ 为

$$u(t) = U_0 + \Delta u = U_0 + \frac{r_\mathrm{d}}{R_0 + r_\mathrm{d}} u_\mathrm{s}(t)$$

小　结

（1）非线性电阻及其图形符号。

（2）伏安特性曲线：电流控制型非线性电阻、电压控制型非线性电阻、单调型非线性电阻。

（3）静态工作点 Q、静态电阻、动态电阻。

（4）曲线相交的图解分析法。

（5）小信号微变等效法：微变条件下，非线性电阻可等效成一个线性电阻（交流电阻）。

习 题

（1）什么是非线性电阻？什么是非线性电阻电路？

（2）非线性电阻的图形符号是什么？非线性电阻有哪几种？

（3）什么是静态工作点 Q？

（4）什么是非线性电阻的静态电阻和动态电阻？

（5）用曲线相交的图解分析法分析非线性电阻电路的步骤有哪些？

（6）什么是非线性电阻电路的小信号分析法？

参 考 答 案

第 一 章

一、填空题

(1) 电路;电源,负载;中间环节

(2) 传输,分配,转换;传递,变换,存储,处理;测量;存储

(3) 理想电路;电路模型

(4) 定向;正电荷定向

(5) 电阻,电感,电容

(6) 短路;开路

(7) 电压;电流;电流;电压

(8) 提供;吸收

(9) 三条;三条以上

(10) 支路;回路

(11) 基尔霍夫电流;电流;$\sum I = 0$;基尔霍夫电压;电压降;$\sum U = 0$

二、判断题

(1)～(11) √ × × √ √ √ √ √ × √ ×

三、单选题

(1)～(14) B D A A B A A C B D A D B A

四、分析计算题

(1)(a) A 高 B 低;(b) B 高 A 低;(c) 无法确定(电压值没有意义)

(2)(a) −12 W;(b)15 W;(c) −8 W;(d)30 W

(3) 22.5 V;0.225 A

(4) $V_a = 10$ V;$V_b = 12$ V;$V_c = −3$ V;$I = −0.5$ A

(5) $U_1 = 20$ V;$U_2 = 15$ V;$P_1 = −60$ W;$P_2 = 45$ W;$P_3 = 15$ W

(6)(a) $U_1 = −5$ V;$U_2 = 0$;(b) $U_1 = 0$,$U_2 = −5$ V

(7)(a) $U_{ab} = IR + U_S$;(b) $U_{ab} = −IR + U_S$;(c) $U_{ab} = IR − U_S$;(d) $U_{ab} = −IR − U_S$

(8) 6 V;5 A

(9) 略

(10) 5 A

(11) 从左往右的三条支路电流分别命名为 I_1、I_2、I_3,且都设参考方向向下时,$I_1 =$

$-0.8\ A, I_2 = -0.2\ A; I_3 = 1\ A$。各元件功率:$P_{R_1} = 6.4\ W; P_{R_2} = 0.2\ W; P_{R_3} = 5\ W; P_{U_{S1}} = -10.4\ W; P_{U_{S2}} = -1.2\ W$

第 二 章

一、填空题

(1) 电流;正

(2) 电压;反

(3) 1:1;1:2;1:2

(4) 1:1;2:1;2:1

(5) 14 V;7 Ω

(6) 3 Ω;(4/3) Ω

(7) 8 A;4 V

(8) 2

(9) 电压和电流

(10) 理想电压源;内阻;理想值;理想电压源

(11) 理想电流源;内阻;理想值;理想电流源

(12) 理想电压源;理想电流源

(13) 5;2

(14) VCVS,VCCS,CCVS,CCCS

(15) 线性;电压;电流;电功率

二、判断题

(1) ~ (12) √ × × × × × √ √ × √ × ×

三、单选题

(1) ~ (10) C D A B A D B B C B

四、分析计算题

(1) 1 998 kΩ

(2) 2.002 Ω

(3) 150 Ω

(4) (a)6 V 的理想电压源;(b)1 V 的理想电压源;(c)2 A 的理想电流源

(5) (a)12 V,4 Ω;(b)8 V,4 Ω;(c)35 V,5 Ω;(d)10 V,5 Ω

(6) (a)3 A,4 Ω;(b)2 A,4 Ω;(c)7 A,5 Ω;(d)2 A,5 Ω

(7) (a)4 A,4 Ω 的电流源模型;(b)2 V,4 Ω 的电压源模型;(c)1.5 A,6 Ω 的电流源模型

(8) 12.5 V

(9) (a) -1 Ω;(b)10 Ω;(c)16 V,1.6 kΩ 的电压源模型

(10) 发出 5 W

(11) 6 V;2 A

(12)（a）0.7 A；（b）1 A

(13) $I_1 = -73.6$ mA；$I_2 = 114$ mA；$I_3 = 198$ mA；$U = -2.37$ V

(14) -3 A

(15) 2.44 A

(16) 2.44 A

(17) -0.2 A

(18) -0.18 A

(19) -0.18 A

(20) -5 V

(21) 6.25 V

(22) 取 6 Ω 电阻的电压 U 参考方向为上正下负时，$U = 30$ V

(23) 2 A

(24) 6 V；2 A

(25)（a）12 V，4 Ω；（b）8 V，4 Ω；（c）35 V，5 Ω；（d）10 V，5 Ω

(26)（a）3 A，4 Ω；（b）2 A，4 Ω；（c）7 A，5 Ω；（d）2 A，5 Ω

(27) 6 V、8.8 Ω 的电压源模型

(28) 3 A

(29) $R_L = R_S$；$P_R = \dfrac{U_S^2}{4R_L}$；50%

(30) $\dfrac{2}{3}$ A

第 三 章

一、填空题

(1) 直流；交流；正弦交流

(2) 最大值；角频率；初相

(3) 最大值；频率；初相

(4) 不同；同频率；初相

(5) 7.07；5；314；50；0.02；$314t - 30°$；$-30°$

(6) 同相；正交；超前；正交；滞后

(7) R；jX_L；$-jX_C$；$R + jX_L$；$R - jX_C$；$R + j(X_L - X_C)$

(8) 感；容；阻；同相

(9) 容；感；阻；同相

(10) 50；感

(11) $\dfrac{1}{|Z|}$；$-\varphi_Z$

(12) $\arccos \dfrac{P}{UI}$

二、判断题

(1) ~ (14) × √ × √ √ × × × √ √ × × × ×

三、单选题

(1) ~ (15) A D B D C B A B B C C A D B C

(16) ~ (27) B C B A C D C C A C B B

四、分析计算题

(1) 311 V;0.02 s;314 rad/s

(2) 不能。因为 380×1.414 V = 537 V > 450 V,不能把耐压为 450 V 的电容器接在交流 380 V 的电源上使用,因为电源最大值为 537 V,超过了电容器的耐压值。

(3) π/3; - π/3;电压超前电流2π/3

(4) 4.33 V;2.5 V

(5) 220 V;314 rad/s;311 sin(314t + π/6)

(6)(1)1 000 Hz;2 000π rad/s;14.14 A;

(2) $i(t) = 20 \sin(2\,000\pi t + 30°)$ A

(7)(1)220∠45°V;(2)10∠ - 30°A;

(3)380∠0°V;(4)$5\sqrt{2}$∠ - 20°V

(8)(1)$i(t) = 5\sqrt{2}\sin(\omega t - 36.9°)$ A;   (2)$u(t) = 220\sqrt{2}\sin(\omega t + 60°)$ V;

(3)$i(t) = 2\sqrt{2}\sin(\omega t + 90°)$ A;   (4)$u(t) = 380\sqrt{2}\sin \omega t$ V

(9)(1)484 Ω;

(2)$i(t) = 0.45\sqrt{2}\sin(\omega t + 30°)$ A; $\dot{I} = 0.45∠30°$ A

   $u(t) = 220\sqrt{2}\sin(\omega t + 30°)$ V, $\dot{U} = 220∠30°$ V

(10)$i(t) = 2.2\sqrt{2}\sin(\omega t + 120°)$ A; $\dot{I} = 2.2∠120°$ A

(11) 频率变化时,感抗增大,因为电源电压不变,所示电感元件的电流将减小。

(12)$i(t) = 1.75\sqrt{2}\sin(\omega t - 30°)$ A; $\dot{I} = 1.75∠ - 30°$A

(13) 39.8 V

(14) 53 Ω;4.14 A;4.14∠120° A;5.3 Ω;41.4 A;41.4∠120° A

(15)$I = \dfrac{U}{\sqrt{200^2 + (314 \times 7.3)^2}} \approx 0.1$ A

   $I = \dfrac{U}{R} \approx 1.1$ A ≫ 0.2 A,所以线圈会因过热而烧损。

(16)$Z = Z_1 + Z_2 = 10∠53.13°$ Ω;$\dot{U}_1 = 158.1∠108.44°$ V;$\dot{U}_2 = 70.7∠ - 45°$ V

(17)(1)$Z = (15 + j20)$ Ω $= 25∠53.1°$ Ω;感性电路

(2)$\dot{I} = 8∠ - 53.1°$A;$\dot{U}_R = 120∠ - 53.1°$V;$\dot{U}_L = 480∠36.9°$V;$\dot{U}_C = 320∠ - 143.1°$V;

相量图：

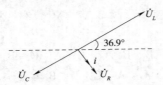

(3) $\cos \varphi = \cos 53.1° = 0.6; P = 960 \text{ W}; Q = 1\ 280 \text{ var}; S = 1\ 600 \text{ V} \cdot \text{A}$

(18) $|Z| = 22\ \Omega; \varphi_Z = \psi_u - \psi_i = 90°; \varphi_Y = -\varphi_z = -90°$

(19)(1) $Y = Y_1 + Y_2 + Y_3 = 0.103 \angle 14° \text{ S}$

(2) $\dot{I}_R = \dot{U} Y_1 = 22 \angle 30° \text{ A}$

$\dot{I}_L = \dot{U} Y_2 = 5.5 \angle -60° \text{ A}$

$\dot{I}_C = \dot{U} Y_3 = 11 \angle 120° \text{ A}$

$\dot{I} = \dot{U} Y = 22.7 \angle 44° \text{ A}$

(3)

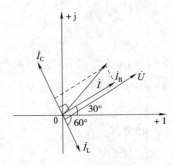

(20) $Z_1 = R + jX_L = 10 \angle 36.9°\ \Omega; Z_2 = jX_C = 10 \angle -90°\ \Omega$

$\dot{I}_1 = 22 \angle 23.1° \text{ A}$

$\dot{I}_2 = 22 \angle 150° \text{ A}$

$\dot{I} = \dot{I}_1 + \dot{I}_2 = 9.7 \angle 86.8° \text{ A}$

相量图：

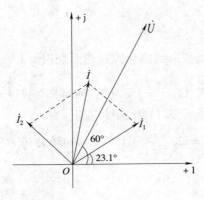

（21）电路图及相量图如下图所示,感性负载未并联电容器前,电路中的电流是 I_1 ,并联电容器后,电路中的电流是 I ,电路的功率因数角变小,功率因数得到提高。

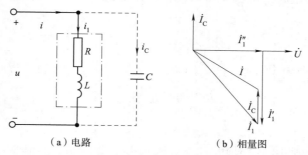

　　　　　　　（a）电路　　　　　　　　　　　（b）相量图

（22）556.45 μF;并联电容器前,电路总电流约 75.76 A;并联电容器后,电路总电流约 50.51 A

第 四 章

一、填空题

（1）谐振;最小;最大;过电压;最大;最小;过电流

（2）$X_L = X_C$（或者 $f_s = f_0$）;$\dfrac{1}{2\pi\sqrt{LC}}$;5;500

（3）$\sqrt{\dfrac{L}{C}}$;$\dfrac{\omega_0 L}{R}$

（4）电阻;电感;电容

（5）$X_L = X_C$（或者 $f_s = f_0$）;$\dfrac{1}{2\pi\sqrt{LC}}$;5;1

（6）大;选择;通频带

（7）信号的选择;元器件的测量;提高功率的传输效率

二、判断题

（1）~（9）√　×　√　√　√　√　×　√　√

三、单选题

（1）~（5）A　B　D　D　C

四、分析计算题

（1）$R = 50\ \Omega$;$L = 0.318\ \mathrm{H}$;$C = 31.8\ \mu\mathrm{F}$;容性

（2）电流与谐振电流的比值随着频率的变化而变化的关系曲线称为谐振曲线。由谐振曲线可看出,品质因数 Q 值的大小对谐振曲线影响较大,Q 值越大时,谐振曲线的顶部越尖锐,电路选择性越好;Q 值越小时,谐振曲线的顶部越圆钝,电路选择性越差。

（3）2 822 Hz;2.13;500 Ω

（4）$I = 1\ \mathrm{mA}$;$Q = \dfrac{\sqrt{L/C}}{R} = 228$;$U_L = U_C = QU \approx 2.28\ \mathrm{V}$

（5）串联谐振在感抗等于容抗之处（$X_L = X_C$）发生。

$$C = \frac{1}{\omega_0^2 L} = 80 \ \mu F; I_0 = \frac{U}{R} = 10 \ A; U_C = QU = 50 \ V; U_{RL} = \sqrt{10^2 + 50^2} \ V \approx 51 \ V; Q =$$

$$\frac{\sqrt{L/C}}{R} = 5$$

（6）20 Ω;0.4 mH;0.01 ρF

第 五 章

一、填空题

（1） 最大值;角频率;120;对称

（2）星形;三角形;星形

（3） 三角形;过热

（4） 线;相;1.732;1

（5） 星形;三角形

（6） 相;线

（7） 星;三角

（8） 线;相;1;1.732

（9） 中性线电流;电流、电压;一相

（10） 互不影响的独立;相电压

（11） $3U_p I_p \cos \varphi$;$3U_p I_p \sin \varphi$;$3U_p I_p$

（12） 220;22;22

（13） 380 V;0.861

二、判断题

（1）-（10） √ × × √ × √ × √ × ×

三、单选题

（1）-（11） C B C C B A A D C D A

四、分析计算题

（1）$u_{BC} = 380\sqrt{2}\sin(314t - 90°)$ V $u_A = 220\sqrt{2}\sin(314t)$ V

$u_{CA} = 380\sqrt{2}\sin(314t + 150°)$ V $u_B = 220\sqrt{2}\sin(314t - 120°)$ V

$u_C = 220\sqrt{2}\sin(314t + 120°)$ V

（2）$i_A = 12.7\sqrt{2}\sin(\omega t - 23°)$ A

$i_B = 12.7\sqrt{2}\sin(\omega t - 143°)$ A

$i_C = 12.7\sqrt{2}\sin(\omega t + 97°)$ A

（3）在对称的三相四线制电路中,中性线电流为0,故计算时中性线可去掉,与中性线阻抗无关。

$Z_p = Z + Z_1 = 14.14\angle 45° \ \Omega$

电源相电压 $\begin{cases} \dot{U}_{\mathrm{A}} = 220\angle 0° \text{ V} \\ \dot{U}_{\mathrm{B}} = 220\angle -120° \text{ V} \\ \dot{U}_{\mathrm{C}} = 220\angle 120° \text{ V} \end{cases}$

负载相电流、线电流 $\begin{cases} \dot{I}_{\mathrm{A}} = 11\sqrt{2}\angle -45° \text{ A} \\ \dot{I}_{\mathrm{B}} = 11\sqrt{2}\angle -165° \text{ A} \\ \dot{I}_{\mathrm{C}} = 11\sqrt{2}\angle 75° \text{ A} \end{cases}$

(4) $I_{\mathrm{p}} = 34.1$ A;$I_{\mathrm{l}} = 59.06$ A

(5) $Z = (8 + \mathrm{j}6)$ Ω $= 10\angle 36.9°$ A;$\dot{U}_{\mathrm{AB}} = 380\angle 60°$ V;$\dot{U}_{\mathrm{A}} = 220\angle 30°$ A;

(丫接) $\dot{I}_{\mathrm{A}} = \dfrac{220\angle 30°}{10\angle 36.9°}$ V $= 22\angle -6.9°$ A （△接） $\dot{I}_{\mathrm{AB}} = \dfrac{380\angle 60°}{10\angle 36.9°}$ V $= 38\angle 23.1°$ A

$\quad i_{\mathrm{A}} = 22\sqrt{2}\sin(314t - 6.9°)$ A $\qquad i_{\mathrm{AB}} = 38\sqrt{2}\sin(314t + 23.1°)$ A

$\quad i_{\mathrm{B}} = 22\sqrt{2}\sin(314t - 126.9°)$ A $\qquad i_{\mathrm{BC}} = 38\sqrt{2}\sin(314t - 96.9°)$ A

$\quad i_{\mathrm{C}} = 22\sqrt{2}\sin(314t + 113.1°)$ A $\qquad i_{\mathrm{CA}} = 38\sqrt{2}\sin(314t + 143.1°)$ A

$\quad P_{\curlyvee} = \sqrt{3}\times 380\times 22\times\cos36.9°$ W $\approx 11\,579$ W

$\quad P_{\triangle} = \sqrt{3}\times 380\times(\sqrt{3}\times 38)\times\cos36.9°$ W $\approx 34\,737$ W

(6) $P_{\curlyvee} = 14.5$ kW;$P_{\triangle} = 43.3$ kW

(7)(1) $I_{\mathrm{A}} = 10$ A;$I_{\mathrm{B}} = I_{\mathrm{C}} = 2$ A;(2) $P = 2\,200$ W;(3) $I_{\mathrm{N}} = 6.5$ A

(8)(1) $\dot{I}_{\mathrm{A}} = 44\angle 0°$ A;$\dot{I}_{\mathrm{B}} = 44\angle -120°$ A;$\dot{I}_{\mathrm{C}} = 44\sqrt{2}\angle 120°$ A;$\dot{I}_{\mathrm{N}} = 22\angle -60°$ A;

(2)各相电压均为 220 V;

$\quad \dot{I}_{\mathrm{A}} = 44\angle 0°$ A;$\dot{I}_{\mathrm{B}} = 44\angle 120°$ A;$\dot{I}_{\mathrm{C}} = 0$ A;$\dot{I}_{\mathrm{N}} = 44\angle -60°$ A

(3) $U_{\mathrm{A}} = U_{\mathrm{B}} = 190$ V;$I_{\mathrm{A}} = I_{\mathrm{B}} = 22\sqrt{3}$ A

(9) $I_{\mathrm{l}} = 11.32$ kA;$Q = 1.86\times 10^{8}$ var;$S = 3.53\times 10^{8}$ V·A

(10) 负载作星形联结时,$P = 2\,896$ W $Q = 2\,171$ var $S = 3\,620$ V·A

$\qquad$ 负载作三角形联结时,$P = 8\,688$ W $Q = 3\,762$ var $S = 10\,860$ V·A

(11)(1)输电线上的电压降:$\Delta U = IR_1 = 700\times 10$ V $= 7\,000$ V

$\quad \Delta p = 3I^2 R_1 = 147\times 10^2$ kW

电能损耗:$\Delta W = \Delta pt \approx 1.288\times 10^8$ kW·h

(2)输电线上的电压降:$\Delta U = I'R_1 = 1\,050\times 10$ V $= 10\,500$ V

$\quad \Delta p = 3I^2 R_1 \approx 330.6\times 10^2$ kW

电能损耗:$\Delta W = \Delta pt \approx 2.90\times 10^8$ kW·h

第 六 章

(1) $f(t) = A_0 + A_{1\mathrm{m}}\sin(\omega t + \psi_1) + A_{2\mathrm{m}}\sin(2\omega t + \psi_2) + \cdots + A_{k\mathrm{m}}\sin(k\omega t + \psi_k) + \cdots$

$$= A_0 + \sum_{k=1}^{\infty} A_{km}\sin(k\omega t + \psi_k)$$

式中,A_0、A_{km} 称为傅里叶系数,A_0 称为 $f(t)$ 的恒定分量,也称为直流分量或者零次谐波;$k=1$ 时的分量 $A_{1m}\sin(\omega t + \varphi_1)$ 的频率与 $f(t)$ 的频率相同,称为基波分量或一次谐波;其他各项的频率是原周期函数 $f(t)$ 频率的整数倍,称为高次谐波,如 $k=2$、$3\cdots$ 的各项,分别称为二次谐波、三次谐波等。各次谐波的振幅是随着频率增高而衰减的,频率越高的谐波其幅值越小,实际工程中一般取到 5 次或 7 次谐波就能保证足够的计算精度

(2)略

(3)①123 V;83.86 A;②2 535 W

(4)$u_{C1} = 14.1$ V;$u_{C2} = 2$ V;$u_{C3} = 0.2$ V

(5)①0.2∠90° Ω;0.5∠−90° Ω;∞;②0 W

第 七 章

一、填空题

(1)换路

(2)暂;稳;稳

(3)电感;电容

(4)$i_L(0+) = i_L(0-)$;$u_C(0+) = u_C(0-)$

(5)RC;L/R;结构;电路参数

(6)长;短

(7)初始;稳态;时间常数

(8)零;原始储能;零输入

(9)动态;一阶微分;零状态;零输入;全

(10)稳态分量;暂态分量;零输入响应;零状态响应

二、判断题

(1)~(9)× √ × √ × √ √ × √

三、单选题

(1)~(7)A C B A A C B

四、分析计算题

(1)电路由一种稳态过渡到另一种稳态所经历的过程称为过渡过程,又称"暂态"。含有动态元件的电路在发生"换路"时一般存在过渡过程。

(2)在含有动态元件 L 和 C 的电路中,电路的接通、断开、接线的改变或是电路参数、电源的突然变化等,统称为"换路"。根据换路定律,在换路瞬间,电容器上的电压初始值应保持换路前一瞬间的数值不变。

(3)RC 充电电路中,电容器两端的电压按照指数规律上升,充电电流按照指数规律下降,RC 放电电路,电容电压和放电电流均按指数规律下降。

(4)RC 一阶电路的时间常数 $\tau = RC$,RL 一阶电路的时间常数 $\tau = L/R$,其中的 R 是指

动态元件 C 或 L 两端的等效电阻。

（5）RL 一阶电路的零输入响应中,电感两端的电压和电感中通过的电流均按指数规律下降;RL 一阶电路的零状态响应中,电感两端的电压按指数规律下降,电感中通过的电流按指数规律上升。

（6）通过电流的 RL 电路被短接,即发生换路时,电流应保持换路前一瞬间的数值不变。

（7）6 mA

（8）$i_1(0_+) = 0$;$i_2(0_+) = 0.5$ A;$i_C(0_+) = -0.5$ A;$u_C(0_+) = 2.5$ V;$u_1(0_+) = 0$

（9）$u_C(0_+) = u_C(0_-) = 0$;$i_L(0_+) = i_L(0_-) = 0$;

$\quad i_0(0_+) = i_C(0_+) = 1$ A;$u_L(0_+) = R_1 i_C(0_+) = 8$ V

（10）$u_L(0_+) = 36$ V;$i(0_+) = -1$ A

（11）$u_C(t) = RI_S + (0 - RI_S)e^{-\frac{t}{RC}} = RI_S(1 - e^{-\frac{t}{RC}})$

（12）$u_C(48 \text{ ms}) = 8e^{-3}$ V;$u_C(80 \text{ ms}) = 8e^{-5}$ V

（13）0.25 s

（14）$i_L(0_+) = i_1(0_-) = 25$ A;$i_L(\infty) = 12.5$ A;$\tau = \dfrac{L}{R_{总}} = 0.5$ s

$\quad i_L(t) = (12.5 + 12.5e^{-2t})$ A

$\quad u_L(t) = -100e^{-2t}$ V

（15）$i_1(0_+) = i_C(0_+) = 1$ A;$u_C(0_+) = 4$ V;$\tau = RC = 1$ μs

$\quad i_1(\infty) = i_C(\infty) = 0$;$u_C(\infty) = 6$ V

$\quad i_1(t) = i_C(t) = e^{-10^6 t}$ A

$\quad u_C(t) = u_C(\infty) + [u_C(0_+) - u_C(\infty)]e^{-\frac{t}{\tau}} = (6 - 2e^{-10^6 t})$ V

（16）$i(0_+) = i(0_-) = 5$ mA;$i(\infty) = \dfrac{25}{3}$ mA;$\tau = \dfrac{L}{R_{总}} = \dfrac{1}{750}$ s

$\quad i(t) = i(\infty) + [i(0_+) - i(\infty)]e^{-\frac{t}{\tau}} = \left(\dfrac{25}{3} - \dfrac{10}{3}e^{-750t}\right)$ mA

波形图:

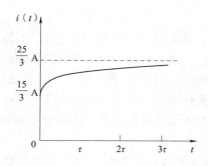

第 八 章

（1）对原先未被磁化的材料（即 $B=0$、$H=0$），施加单调增加的外磁场，所测得的单调非线性递增的曲线，称为起始磁化曲线。同一铁磁材料在工程中经常处于强弱不同的交变磁场反复磁化，H_s 不同，得到的一系列磁滞回线就不同，把这些磁滞回线的正顶点与原点 O 连成的曲线 Oa 称为基本磁化曲线。基本磁化曲线是稳定的。磁路计算时用的是基本磁化曲线

（2）软磁材料的特点是磁滞回线狭窄，磁导率高，磁滞损耗小。软磁材料又分为用于低频和高频两种，用于低频的软磁材料有硅钢、铸钢、坡莫合金等，电机与变压器中用的铁芯多为硅钢片。硬磁材料具有较大的剩磁 B_r、较高的矫顽力 H_c 和较宽的磁滞回线，属于这类的材料有铝镍钴合金、硬磁铁氧体、钴钢、钨钢等，主要用于磁电式仪表、永磁式电动机、电声器材等设备中

（3）磁滞损耗是铁磁性物质在反复磁化过程中因磁滞现象而消耗的能量。大块导体在磁场中运动或处在变化的磁场中，都要产生感应电动势，从而在导体内部形成一圈圈闭合的电流线，称为涡流。这些涡流使铁芯发热，消耗电能，即为涡流损耗。磁滞损耗和涡流损耗决定于铁芯中的磁通密度的大小、磁通交变的频率和硅钢片的质量等

（4）因为磁通穿过硅钢薄片的狭窄截面时，涡流被限制在沿各片中的一些狭小回路流过，这些回路中的净电动势较小，回路的长度较大，再由于这种薄片材料的电阻率大，这样就可以显著地减小涡流损耗。所以，交流电动机和变压器广泛采用叠片铁芯

（5）在磁路系统中，有一个磁动势 F，在 F 的作用下产生磁通 Φ，磁通 Φ 从磁动势的 N 极通过一个通路到 S 极，这个通路就是磁路。磁动势 F 类似于电路中的电动势，磁通 Φ 类似于电路中的电流，磁通 Φ 从磁动势的 N 极到 S 极通过的通路类似于电路中的导体。工程上，把约束在电动机与变压器铁芯及其气隙所限定的范围内的磁通路径称为电动机与变压器的磁路。全部在磁路中闭合的磁通称为主磁通，部分经过磁路周围的物质而闭合的磁通以及全部不经过磁路的磁通都称为漏磁通

（6）略

（7）略

（8）二次绕组增大为 85 匝

（9）$U_{2N}=229.2$ V

（10）略

（11）自耦变压器的一次电路与二次电路有直接电联系，所以不是安全变压器。自耦变压器的优点是结构简单，节省用铜量，且效率较高，自耦变压器的变压比一般不超过 2，变压比愈小，其优点愈明显。自耦变压器的缺点是一次侧电路与二次侧电路有直接电联系，高压侧的电气故障会波及低压侧。安全操作规程中规定，使用自耦变压器时要求自耦变压器一定要接线正确，外壳必须接地，自耦变压器接电源之前一定要把手柄转到零位，高、低压侧应采用同一绝缘等级

（12）仪用互感器分为电压互感器和电流互感器两种。电压互感器用来把高电压变成

低电压,它的一次线圈并联在高压电路中,二次线圈上接入交流电压表,使用电压互感器时必须注意:它的二次绕组一端及铁芯必须可靠接地,且二次绕组不允许短路。电流互感器用来把大电流变成小电流,它的一次线圈串联在被测电路中,二次线圈上接入交流电流表,使用电流互感器必须注意:它的二次绕组一端及铁芯必须可靠接地,且二次绕组不允许开路

第 九 章

一、填空题

(1) 1 200;1 000

(2) 手动电器;自动电器

(3) 刀开关;组合开关;断路器

(4) 电源引入

(5) 短路;过载;欠电压;漏电

(6) 熔体;绝缘底座

(7) 电磁机构;触点系统;灭弧装置

(8) 过载

(9) 指令;信号;接通;断开

(10) 5 A

(11) 异步;同步

(12) 定子;转子

(13) 星;三角

(14) 笼形;绕线型

(15) 旋转

(16) 星;三角

(17) 6.73;11.64

(18) 直接

(19) 三相笼形异步电动机;磁极对数

(20) Y/△;自耦变压器

(21) 变极;变频;改变转差率

二、判断题

(1) ~(22) √ × × × × √ √ × × × √ × × √ × √ √ × √ × √ √

三、单选题

(1) ~(10) D A C B B C A C B D

四、分析问答题(略)

五、计算分析题

(1) $n_1 = 1\ 500$ r/min;$n_N = 1\ 500$ r/min

(2) $I_N = 29.121$ A

(3)①$I_{st}=487.69$ A;②$0.02$ r/min;③$259.9$ N·m;571.8 N·m;415.8 N·m

(4)①$T_{st}=65.66$ N·m,能;②$T'_{st}=0.8^2 \times T_{st}=42.02$ N·m,不能

第 十 章

（1）由发电厂、电网和用户组成的整体称为电力系统

（2）水电厂、火电厂和核电站的一次能源分别是水位能、热能、核能

（3）电流对人体的危害与电流大小、触电持续时间、电流频率、人体电阻、电压大小、电流通过人体的途径等因素有关。36 V 电压不是绝对的安全电压。金属容器内、特别潮湿处等特别危险环境中使用的手持式照明灯应采用 12 V 安全电压,在水下作业等场所工作应使用 6 V 安全电压

（4）略

（5）略

（6）略

第十一章

（1）非线性电阻的阻值不是一个常数,而是随着电压或电流波动,它的 VCR 不再是正比关系,欧姆定律不适用,叠加定理也不适用。含有非线性电阻元件的电路称为非线性电阻电路

（2）略

（3）有源二端网络的端口外特性方程这条直线与非线性电阻的伏安特性曲线相交于 Q 点,称为静态工作点 Q

（4）特性曲线上任一点所对应的电压与电流之比,就称为非线性电阻在该点的静态电阻,或称直流电阻。当静态工作点 Q 附近电压发生微量变化 ΔU 时,电流也相应发生微量变化 ΔI,ΔU 与 ΔI 的比值的极限,就称为非线性电阻在 Q 点的动态电阻

（5）略

（6）略

参 考 文 献

[1] 邱关源. 电路:上、下[M]. 3 版. 北京:高等教育出版社,1989.

[2] 申凤琴. 电工电子技术及应用[M]. 2 版. 北京:机械工业出版社,2008.

[3] 陈菊红. 电工基础[M]. 2 版. 北京:机械工业出版社,2003.

[4] 赵辉. 电路基础[M]. 2 版. 北京:机械工业出版社,2008.

[5] 季顺宁. 电工电路设计与制作[M]. 北京:电子工业出版社,2007.

[6] 夏继军,宋武. 电路基础[M]. 北京:北京邮电大学出版社,2015.

[7] 丁振华,詹新生. 电工技术及应用[M]. 北京:高等教育出版社,2012.

[8] 卢秉娟. 电路分析基础[M]. 北京:机械工业出版社,2006.

[9] 白乃平. 电工基础[M]. 西安:西安电子科技大学出版社,2002.

[10] 江辑光. 电路原理:上、下[M]. 北京:清华大学出版社,1996.

[11] 秦曾煌. 电工学:上[M]. 北京:高等教育出版社,1999.

[12] 李树燕. 电路基础[M]. 北京:高等教育出版社,1994.

[13] 田淑华. 电路分析[M]. 北京:机械工业出版社,2002.

[14] 王兆奇. 电工基础[M]. 北京:机械工业出版社,2003.

[15] 李瀚荪. 电路分析:上、下[M]. 北京:高等教育出版社,1990.

[16] 叶国恭. 电工基础[M]. 北京:机械工业出版社,1991.

[17] 袁宏. 电工技术[M]. 北京:机械工业出版社,2003.

[18] 沈裕钟. 电工学[M]. 北京:高等教育出版社,1986.

[19] 孙英伟. 电工与电子技术[M]. 北京:北京邮电大学出版社,2018.